U0652674

教育部哲学社会科学研究重大课题攻关项目
"加强和改进网络内容建设研究"（项目批准号：13JZD033）资助

多主体协同共建的
行动者网络构建研究

DUOZHUTI XIETONG GONGJIAN DE
XINGDONGZHE WANGLUO GOUJIAN YANJIU

雷 辉 / 著

人民出版社

编 委 会 —————————————————————

唐亚阳　曾长秋　赵惜群　雷　辉　向志强　郭渐强
杨　果　刘　宇

主编前言

2013 年,在湖南大学唐亚阳教授主持下,依托湖南大学马克思主义学院、新闻传播与影视艺术学院、工商管理学院、法学院等院系专家学者,联合中南大学、湖南科技大学、新浪网、凤凰网等学界、业界专家学者组成了"教育部哲学社会科学研究重大课题攻关项目"申报组,并于同年 11 月成功中标"教育部哲学社会科学研究(2013 年度)重大课题攻关项目第 33 号招标课题《加强和改进网络内容建设研究》"(课题编号 13JZD033)。

本套"系列著作"作为《加强和改进网络内容建设研究》招标课题的最终成果,主要立足于十八大报告提出的"加强和改进网络内容建设,唱响网上主旋律"这一精神,着力探寻网络内容建设的理论诉求,着力梳理网络内容建设的现实追问,切实提出加强和改进网络内容建设的有效对策。旨在将加强和改进网络内容建设放在推进社会主义核心价值观融入精神文明建设全过程这个事业大局中来思考,坚持建设与管理的统一,以"理论分析——规律认识——问题把握"为立论起点,遵循"提出问题——分析问题——解决问题"的渐进式结构,着力回答网络内容"谁来建""建什么""如何建""如何管"等现实问题。

本套"系列著作"包括 6 本专著,除我的一本独著外,其他 5 本专著由其他 5 个子课题负责人主导完成,每本书稿均为 30 万字左右。其特色主要体现为以下几个方面:第一,着力探讨加强和改进网络内容建设的理论诉求,实现合规律性与合目的性的统一。按照科学理论体系要求和工作实践深入的需要,对加强和改进网络内容建设的理论基础问题给予较为系统的回答,为加强和改进网络内容建设的实践探索和工作创新奠定理论基石。同时,探索了网络环境下人的思想品德形成与发展的基本规律,探索了网络内容建设工作的基本规律。第二,着力探讨网络内容建设存在的突出问题,为推动问题的解决打下坚实基础。着眼于调研我国网络内容建设的现状,同时,立足于全球视野,探求国外网络内容建设和管理的理性借鉴问题。第三,着力探讨构建起政府、学校、企业、网民紧密协作的行动者网络,实现多元主体共建网络内容。突破单一主体"利益至上"的逻辑,有针对性地提出涵括政府、学校、企业、网民等在内的利益主体共同建设网络内容的框架体系,进而不断完善网络内容建设主体结构。第四,着力探讨社会主义核心价值观引领网络内容建设工程的现实追问,实现主线贯穿。社会主义核心价值观是社会主义先进文化的精髓,决定着网络内容建设方向,积极探寻了社会主义核心价值观引领优秀传统文化和当代文化精品网络化、网络新闻资讯、网络社交媒体内容、网络娱乐产品等网络内容建设的意义、原则、主体、路径、评价等。第五,着力探讨提升中国网络内容国际传播能力的对策,统筹国际国内两个大局。从不同层面深入、立体地分析了中国网络内容国际传播中取得的成绩与存在的不足,在此基础上,借鉴西方国家跨国传播策略,提出提升中国网络内容国际传播效果的对策与建议,以期进一步提升中国网络内容国际传播能力。第六,着力探讨网络内容建设的保障机制,不断提高建设工作的科学化水平。着眼于构建涵括法治保障机制、监管保障机制、教育保障机制、资源保障机制、技术保障机制等在内的网络内容建设的保障机制,进一步加强网络法制建设,坚持科学管理、依法管理、有效管理,加快形成法律规范、行政监管、行业自律、资源保障、技术保障、社会教育相结合的网络内容建设保障体系。

6 本专著紧紧围绕"加强和改进网络内容建设"这一主题,并在多校、多学科、多专业协同创新机制主导下,既强调各本专著的主题性、侧重性,又强调系列著作的体系性、完整性,分了 6 个专题展开。为了方便读者的阅读,做以下简介(按子课题排序):

一、《网络内容建设的理论基础与基本规律》(曾长秋、万雪飞、曹挹芬著)。本专著力图以党的十七届六中全会、十八大及习近平总书记系列重要讲话精神为指导,借鉴网络传播学、信息管理学、网络心理学、网络政治学、网络社会学等学科已取得的相关研究成果,以厘清"网络内容"的内涵和外延为切入点,结合具体案例,较为全面地分析了网络内容的主要特征,深入阐述了加强和改进网络内容建设的极端重要性。在此基础上,明确网络内容建设研究的理论基础和理论借鉴,并尝试提出网络内容建设的主要目标、基本原则以及网络内容建设的生产规律、传播规律、消费规律和引导规律,为今后进一步进行网络内容建设的研究奠定理论和规律等方面的基础。

二、《中国网络内容建设调研报告》(赵惜群等著)。本专著以网络信息技术的迅猛发展为时代背景,立足于国际视野和国内现状,采取社会调查与实证研究相结合、定性研究与定量研究相结合等方法,运用 SPPS 数据统计软件和相关数据分析法,从普通网民、政府、企业、高校的角度客观、全面地审视我国网络内容建设的主体、网络内容建设的价值引领、网络内容产品、网络内容监督、网络内容国际传播、网络内容安全建设等取得的成就、存在的问题及成因;比较系统地总结提炼了国外网络内容建设的经验及其对加强和改进我国网络内容建设的启示,以期为党和政府部门制定、加强和改进网络内容建设的决策提供现实依据和国际借鉴。

三、《多主体协同共建的行动者网络构建研究》(雷辉著)。本专著贯彻十八大关于互联网信息安全的会议精神,就网络内容传播主体间相互关系及其传播路径进行了深入的思考和研究。首先将行动者网络理论、社会网络分析、利益相关者理论等理论知识创新性地运用到网络社会信息传播实践的研究中来,先后从行动者网络的协同化、与外部环境的治理结构以及行动者正能量传播生态系统等角度来构建政府、学校、企业和网民的行动者网络的结构模型。并在此基础上,从政策层面,对现实生活中行动者网络工作体系的构建进行思考,得出了几点有用的结论,并指出了该工作体系未来发展的根本思路和关键。

四、《社会主义核心价值观引领下的网络内容建设工程研究》(唐亚阳著)。本专著以"理论分析—现状调研—问题把握"为立论起点,遵循"提出问题—分析问题—解决问题"的结构设计,着力回答:为什么要实施"引领工程"、实施的原则、由谁实施、实施的内容、实施的效果等现实追问。一是从现实角度回答为什么要引领。立足现实背景,着力探寻"引领工程"的时代诉求,从意识形态话语权、"四个全面"战略布局、网络空间"清朗工程"等角度阐明实施"引领工程"的现实必然性和可能性。二是回答实施"引领工程"的基本原则问题。主要从政府主导与多元主体相结合、顶层设计与阶段实施相结合、显性教育与隐性教育相结合、价值引领与网络传播相结合来回答。三是回答由谁来具体实施"引领工程"的问题。主要从"引领工程"主体间的关系形态、"引领工程"主体构建的现状及路径等角度来进行回答。四是回答"引领工程"实施什么内容的问题。主要从五个维度回答,即:优秀传统文化网络化构建、当代文化精品网络化构建、网络新闻咨讯构建、网络娱乐产品构建、社交媒体内容构建,实施社会主义核心价值观引领的网络内容建设工程。五是回答实施"引领工程"的效果问题。从"引领工程"评价体系的价值意义、建构原则、思路、主要内容,以及操作、实施、反馈等角度进行回答。

五、《中国网络内容国际传播力提升研究》(向志强著)。本专著分析了中国网络内容国际传播力提升的时代背景和现实意义,探讨了中国网络内容国际传播力构成要素以及提升目标,通过构建中国网络内容国际传播力评价指标体系,以人民网等国内十大网站为例,对中国网络内容国际传播力现状进行了较为客观全面的评价,通过内容分析等研究方法对中国网络内容国际传播力提升的微观路径和宏观措施的现状和存在问题进行了系统深入分析,通过问卷调查等研究方法对中国网络内容国际传播的受众需求进行调查,并对调查结果进行了数理统计分析,在上述研究基础上,依据新闻传播学的相应理论,系统阐述了中国网络内容国际传播力提升的战略、模式以及路径,深入探讨了中国网络内容国际传播力提升的宏观措施和微观路径的完善和改进措施。

六、《网络内容建设的保障机制研究》(郭渐强著)。加强和改进网络内容建设,必须一手抓繁荣,一手抓管理;一手抓建设,一手抓保障,需要建立和健全保障机制为其保驾护航。本专著从理论上概述了网络内容建设的保障机制的含义与功能,影响建立与健全保障机制的主要因素,阐释了对健全保障机制具有指导意义的理论,如网络内容规制理论、全球网络公共治理理论、整体政府理论、协同治理理论。本书的核心内容是分别全面客观地分析了构成网络内容建设保障机制的五个具体方面,即:法治保障机制、监管保障机制、教育保障机制、资源保障机制、技术保障机制存在的问题与缺陷,在深刻分析问题原因基础上,借鉴国外健全保障机制的经验,提出了健全我国网络内容建设的保障机制的对策建议。

这套"系列著作"的顺利出版,首先得益于湖南大学、中南大学、湖南科技大学等学界同人的鼎力协作,得益于新浪网、凤凰网、人民网等业界精英的倾力支持,得益于国家互联网信息办公室、湖南省委宣传部网络宣传办公室等主管部门的热心扶助。作为主编,对诸位的热情与辛勤付出表示深深的谢忱,在此,也由衷期盼本"系列著作"的出版能为我国网络内容建设实践提供理论资源,引导这一实践进程走上良性发展的轨道,对推动社会主义核心价值观培育和践行、形成共建共享网上精神家园、提升网络内容建设效能、保障网络内容建设科学发展、维护国家意识形态安全有积极价值。

唐亚阳

2017 年 9 月于长沙

目　　录

绪　　论

2015 年 8 月 12 日 23：30 左右，位于天津滨海新区塘沽开发区的天津东疆保税港区瑞海国际物流有限公司所属危险品仓库发生爆炸，爆炸地点是第五大街与跃进路的交叉路口，在强烈的爆炸声后，高数十米的灰白色蘑菇云瞬间腾空而起，随后爆炸点上空被火光染红，现场附近火光四溅，事故造成多人伤亡，包括参加救火的消防人员。

事故发生以后，党中央、国务院高度重视，中共中央总书记、国家主席、中央军委主席习近平对天津滨海新区危险品仓库爆炸做出重要指示，要求尽快控制，消除火情，全力救治伤员，确保人民生命财产安全。天津立即成立伤员救治、现场处置、保障秩序和群众工作、舆情、事故调查五个工作小组，全方位开展救援以及善后处理各项工作。全国各地也展开了一些捐款活动，然而就在大家为事故中的伤亡群众与救援官兵揪心时，也有部分害群之马借助这次事故进行敛财等不法行为。2015 年 8 月 14 号上午，微博认证为厦门市公安局集美分局灌口派出所教导员（原交警中队长）陈清洲，发布题为"警惕假冒天津爆炸事故诈骗敛财"的博文，后经证实确有网友利用天津爆炸患难家属的名义骗钱①。

除了利用此事故进行敛财外，更多的是充斥在网络上的一些有关这次

---

① 周婷婷：《天津爆炸事故后诈捐频现，骗子竟给警察发劝捐信息》，2015 年 8 月 14 日，见 http://www.thepaper.cn/newsDetail_forward_1364088。

事故的谣言,例如,网传爆炸发生以后天津市启动了空气污染预警,后被证实该预警消息是当月 11 日,气象局预测未来四天天津市空气质量将达到严重污染,因此发布了该消息,提醒老人和儿童应尽量避免外出活动,与此次爆炸事故并无关系①;还有网友对事故进行夸大,造成恐慌,有网友发微博称救援现场发生爆炸,所有消防员"全部壮烈牺牲",事后天津消防武警总队称该消息系谣言,还有称爆炸导致"一小区全灭"的说法,也被官方证实为谣言。甚至还有无中生有者,对于具体事故原因,官方尚在调查当中,然而网上早有谣言称该事故由乙醇罐爆炸引起,并违背基本常识声称乙醇是有毒气体,提醒广大市民关好门窗。甚至是一些"陈年谣言"也被网友再次传了出来,有微博网友称"塘沽爆炸急需 HR 阴性 A 型血",并附上了联系电话,随后该谣言很快被戳穿,早在 2015 年 1 月,微博上就开始了转发"急需 HR 阴性 A 型血"的消息,联系电话都是一样的,只是这次借助了爆炸作为引子。

这些造谣者或者传播者中的部分人也许并无恶意,可能是出于对事故的关心和对遇难者的同情,尽管如此,有些谣言依然会中伤他人。8 月 13 日,有网友在其个人微博上传了一张天津爆炸事故发布会现场照片,吐槽一位在发布会上打瞌睡的男子,随后更多网友指责这位"官员",而后得到证实,该"瞌睡男"是《人民日报》天津分社的一名记者,他是爆炸后第一时间进入现场进行报道的记者,一直到第二天都没有睡觉吃饭,致使身体太累,为了不影响接下来的新闻发布会,因此在座位上打了一个小盹,却被人误传为当地官员,并予以指责②。

这些或许出于善意和同情的谣言,给我们带来的却是中伤与恐慌,有些谣言甚至会损坏我国政府的国际形象。

8 月 13 日,一名美国有线新闻网(CNN)的记者在天津一家医院的大门口外用手机视频与美国连线对天津发生的爆炸事故进行直播,不料因误会

---

① 朱巍:《有关天津爆炸事故的十大谣言》,2015 年 8 月 14 日,见 http://news.xin-huanet.com/interview/2015-08/14/c_1116256346.htm。

② 卢鉴:《有官员在天津爆炸发布会上睡着? 真相是这样的》,2015 年 8 月 14 日,见 http://news.xinhuanet.com/local/2015-08/14/c_1116252646.htm。

被一群民众围住,要求这名记者"停止录像""删除视频",迫使直播的中断,随后,这一事件就被演化为"天津官员打断 CNN 记者连线"①,进而在网上进行了扩散,损害了我国政府的形象。

以上只是天津爆炸事故中的一部分谣言,更是网络谣言的冰山一角,这些谣言引起的后果是民众的恐慌,造成二次伤害,特别是如果造谣者是出于恶意的造谣,那后果更加严重,甚至可能引起动乱。网络传播消息虽然快,但是在进行传播扩散的时候,我们也应当看重消息的来源,对消息的真伪性进行甄别,避免谣言的扩散,对网络内容建设贡献出自己的一份力量。

一、新时代的信息传播

近半个世纪以来,计算机技术的飞速发展使得全球化进程进一步加快,当今社会逐渐成为一个信息网络社会,互联网的应用也有了极大的飞跃。互联网不仅仅是人与人沟通的平台及工具,也能为人们的工作和学习提供方便。人们已经习惯通过网络获取信息和资源,互联网的这种迅猛发展,极大地影响了我们的生活,其中,最突出的一点就是,互联网延伸了现实社会中人与人之间的关系,改变了传统社会信息的传播方式。

在我国,每天都有无数的新闻事件发生,传统的信息传播渠道如电视和广播,在传播信息时不可避免地会发生时间上的滞后,同时也无法得到人们有效的信息反馈,往往难以判断出舆论的真实情况。而互联网的出现不仅为信息的快速传播提供了有效途径,也为网民诉求的表达和网络舆论的形成提供了新的途径。例如,现实生活中身处不同环境、不同区域的网民在浏览信息的时候也在不知不觉中参与对某一话题的讨论,并可以随时表达自己的看法。

传统的社会舆论传播是一种基于人际关系网的传播,而互联网的出现改变了舆论发生、发展、传播及反馈的方式,舆论传播逐渐成为一种基于虚拟网络社会为平台的传播,网民在网络社会中广泛达成的自由言论,汇集而

---

① 李昭翼:《美国记者在天津采访被"围殴"? 真相在这里》,2015 年 8 月 13 日,见 http://news.cnr.cn/native/gd/20150813/t20150813_519536360.shtml。

成网络舆情,在现实生活中产生了不容忽视的影响。

特别是近年来移动互联网的普及和发展更是互联网时代的新革命,在移动互联网时代,网民的耐心显得越来越不够,碎片化时间的利用度增高,无论是在公交上、地铁上,甚至是马路上,随时都能看到拿着手机的网民。移动互联网之所以可以称为一个时代,并不是因为它创造了更多的信息,而是因为它改变了信息和人的二元关系,人通过手机等移动终端获取新闻视频等各种信息,同时通过微博和朋友圈进行分享和传播。让人成为信息的一部分,由此改变了人类社会的各种关系和结构。从本质上,移动互联网继承了移动和互联网二者的特征。互联网的核心特征是开放、分享、互动、创新,而移动通信的核心特征是随身、互动,由此不难看出,移动互联网的基本特征就是:用户身份可识别、随时随地、开放、互动和用户更方便地参与。移动互联网对信息传播产生的影响主要体现在三个方面:分享、信息的源头和订阅。在移动互联网之前,丰富的信息都是通过 PC 端来实现传播和共享,限制了信息传播的时效性和空间性,而移动互联网技术在社交化的基础上将传统的 PC 端方式做了位移,可以实现信息跨越时间和空间的及时传递。通过分享功能可以将自己获得的信息在自己的圈子内传递,进而一步步扩大,各种新闻的客户端及社交软件都有内置的分享功能,可以将信息分享到指定的互联网产品上。分享功能最大的特点就是促使人们去关注信息的源头,这使得原创信息传播的速度越来越快,每个人都可以将自己所见所感随时随地地作为一种信息在互联网上传播,这使得每个人都可以成为信息的源头。

在互联网时代,网络舆情对国家形象和社会的价值观都有着很重要的影响,根据《第 37 次中国互联网络发展状况统计报告》显示,截至 2015 年 12 月,我国网民数已达 6.88 亿之多,通过使用 PC 和移动终端,网民可以在微博、微信、博客等各社交工具上自由的发布各种消息,并能快速传播至周围的人。网民通过互联网曝光一些热点事件,在一定程度上加强了人民群众对政府的监督,但同时也有相当数量的网民通过互联网造谣,对构建和谐社会造成了不良影响。网络舆情是基于网络内容而产生的,然而,网络上的内容纷繁复杂,网络内容影响网络舆情的同时也影响社会舆论的发展。在网络舆情的发展过程中,网络谣言充斥其中,对社会的稳定发展造成了重大的不良影响。因此,网络内容建设越来越受到人们的重视。

二、政府关注网络内容建设

政府对于网络内容的建设一直都非常重视,特别是近年来随着网络犯罪的频繁发生,政府多次强调了网络内容建设的重要性。2014 年 2 月,中央成立了网络安全和信息化领导小组,习近平总书记亲自担任领导小组组长,李克强、刘云山同志担任副组长。这充分体现了党中央对互联网安全和信息化建设的高度重视。

党的十八大报告指出,加强和改进网络内容建设,唱响网上主旋律。加强网络社会管理,推进网络依法规范有序运行。开展"扫黄打非",抵制低俗现象。普及科学知识,弘扬科学精神,提高全民科学素养;要深入开展社会主义核心价值体系学习教育,用社会主义核心价值体系引领社会思潮、凝聚社会共识①。这意味着,要把社会主义核心价值体系融入网络建设内容当中,唱响网上主旋律,弘扬正能量,推进社会主义核心价值体系在网络内容中的转化。

十七届六中全会《中共中央关于深化文化体制改革的决定》中提到"发展健康向上的网络文化。加强网上思想文化阵地建设,是社会主义文化建设的迫切任务","要认真贯彻积极利用、科学发展、依法管理、确保安全的方针,加强和改进网络文化建设和管理,加强网上舆论引导,唱响网上思想文化主旋律"。

习近平总书记在全国宣传思想文化工作会议上的讲话中提到要深入开展网上舆论斗争,严密防范和抑制网上攻击渗透行为,组织力量对错误思想观点进行反驳。要依法加强网络社会管理,加强对网络新技术新应用的管理,确保互联网可管可控,使我们的网络空间清朗起来②。这意味着,我们

---

① 张威:《胡锦涛在中国共产党第十八次全国代表大会上的报告》,2012 年 11 月 17 日,见 http://news.xinhuanet.com/18cpcnc/2012-11/17/c_113711665.htm。
② 张智萍:《全国宣传思想文化工作会议在京召开》,2013 年 8 月 20 日,见 http://www.wenming.cn/xj_pd/ssrd/201308/t20130820_1422721.shtml。

必须寻求科学的理论和方法指导,从宏观上深刻认识和把握网络内容建设的基本规律。

三、网络正能量传播的必要性

近年来,智能手机的发展和普及使互联网有了爆发式发展,移动互联网和网络媒体终端也悄然成为人们获取信息的主要手段,移动互联网已经成为继报纸、广播、电视之后的"第四媒体",成为推动社会变革的一次新的技术革命。由于信息传播方式发生了重大改变,虚拟社会对现实社会的影响正在逐渐加强,在这种趋势下,一些互联网公司相继推出了博客、微博、微信等媒体平台,为网络内容的传播提供新型载体。截至目前,微博用户达到 3 亿多人,各类主体,如网民、政府、学校和企业都在这些平台上传递信息,进行互动交流。

网络舆情作为一种重要的网络内容,以网络为平台反映了民众对社会形势和社会事件的态度和意见。用户之间信息的交流往往成为网络中传播内容的一个个节点,推动着网络内容的形成和发展。网络内容受众多主体的影响,这种影响不是孤立的,而是相互交织在一起共同产生作用。在这样的背景下,政府如何引导网络内容的发展方向;如何实现互联网的开放和透明,使用户通过互联网了解更多真实的信息;如何有效地监控网络舆情的发展动态,处理好各利益相关者之间的关系,控制和疏导舆论意见,引领舆情走向等都成为网络正能量传播上的一个个亟待解决的问题。在党的十八大报告的指导下,深入开展加强和改进网络正能量传播的研究,能为我国加强和改进网络正能量传播提供正确的指导方向,对发展社会主义先进文化、推动社会主义核心价值体系的普及与实践、满足人们多层次的精神文化需求、提升国家文化软实力都有积极的作用。

加强网络正能量传播有助于凝聚力量,形成共建共享的网上精神家园;有助于科学评估网络正能量传播的质量,保障网络正能量传播内涵式发展;有助于统筹国际国内两个大局,维护国家意识形态安全。对网络正能量传播的研究重点应该放在分析这些媒体平台上各种角色的行为特征及其互动关系上,但目前在网络正能量传播的文献中,无论是国内还是国外,所做的工作基本集中于对网络舆情的监督和控制,多是政策性建议的研究,很少有学者从社会学的角度,利用社会网络学的概念和分析方法,来对网络正能量传播的主体进行结构上的分析。因此,使用社会学方法,分析网络正能量传播中的各个主体的内部特征和他们之间的联系,成为网络正能量传播研究的一个重要主题。本书从社会学角度出发,首先划分互联网用户类型,并分别对其特征和相互之间的关系进行结构上的研究,旨在为我国深入开展和加强网络正能量传播提供理论上的依据,指导这一实践进程走上良性发展的轨道。

四、网络传播主体的参与特征

（一）政府

2014年年初,李克强总理在视察中国政府网站时指出,要大力推进信息公开,而网络是重要的平台。政府网站一定要做出水平,真正具有权威性。让老百姓多看政府网站,了解政府工作。人们对政府工作了解越多,就会越相信政府,增强向心力、凝聚力。

网络的快速发展与普及迅速改变了社会的生产方式,也改变了政府的管理方式,当前我国政府正从经济建设主导型政府向社会服务主导型政府转变,其组织结构趋于网络化和扁平化,信息也越来越公开化和透明化,决策也趋于民主化和科学化,效率也在逐渐提高。在网络正能量传播中,政府起着领导和监督的作用。在用户生产内容的时代,要想完全控制网络内容是不可能的,政府应该及时迅速地发布真实的信息,防止各种负面谣言的产生和扩散,并通过对网络的检测来监督其他行动者。

在网络社会时代,政府处在各种利益相关者交织的网络中,其核心就是协调各利益相关者的利益关系,让互联网健康、有序地发展。在互联网时代,政府可以开展网上政务行政,简化烦琐的程序,利用互联网更方便和快捷地服务广大群众。同时,在信息泛滥的今天,政府更应该注意自身的言行,避免陷入网络舆论危机。总的来说,政府在网络正能量传播中的作用主要体现在以下几个方面:鼓励和推进网络技术的发展;加强对网络内容的规范管理,实行依法治网;加强社会主义核心价值观在网络上的宣传与建设。

另外,政府在网络文化建设中也存在着诸多方面的问题有待解决,主要包括以下几个方面:由于网络信息的充分自由化,政府的公信力得到了很大的挑战;网络安全问题日益严重;外来文化和本土文化的冲击;等等。

（二）企业

企业作为网络行为主体之一,其所作所为对国家的经济起着至关重要的作用,企业的最终目标是给行为主体带来利益,这也决定了网络是企业实现其盈利目标的平台和工具。近十年随着电子商务的不断发展,企业可以在全球范围内培养自己的客户和合作伙伴,实现资源的优化配置,网络化、自动化的管理和服务也极大地提高了管理效率、降低了企业生产成本。例如,企业在网络上主动发布关于企业产品的信息时,既拓宽了销售渠道,增大了销售量,扩大了企业的影响力,同时也会得到很多用户的反馈,以帮助企业更好地改善产品和服务,给企业带来巨大的利益。

在网络时代,利用互联网进行营销几乎已经是每一个公司都会用到的营销手段,与传统宣传方式不同,企业在网络营销中的内容能够很快地得到传播。很多大型企业都有自己的企业网站,企业网站是公布企业信息最权威的网站,企业进行网站建设,主要有以下几个方面的作用:有利于提升企业形象;使公司具有网络沟通的能力;可以更全面地介绍公司的产品,让消费者及时了解公司的产品及更新情况;实现电子商务功能;可以随时与客户保持密切联系,方便进行互动,及时得到用户的反馈信息,促进企业产品的改良;有利于与潜在的客户建立商业关系;等等。

但网络对于企业来说也是一把"双刃剑",它给企业带来前所未有的机遇的同时也带来了巨大的挑战。网络作为企业一个宣传自己的平台,网络内容的性质对于企业的影响是非常重要的,对企业积极的信息能给企业带来巨大的商机,而对企业负面的消息如果处理不当,往往能迅速威胁到企业的生存。因此,在网络时代,企业应当把握好互联网带来的机遇,利用互联网拓宽自己的影响力,同时树立一个良好的企业形象。

（三）网民

任何在网上发布信息,发表个人意见的互联网使用者都可以称为网民,并不受其在现实生活中角色分类的影响。他们当中,既有积极向上,促进互联网健康发展的引导者,也有肆意发布网络谣言或恶意炒作以混淆公众视听,制造恐慌情绪和不良舆论的破坏者。

网民是互联网上最重要的参与者和网络内容的制造者,他们在网络社会的形成过程中扮演着最重要的角色,是网络社会形成最重要的主体,是网络社会强大的监督者。如今,网络已成为民意表达的重要渠道,在社会舆论中发挥的作用日益重要。网络所具备的即时性、互动性等特点为民意表达提供了方便而快捷的平台,公众可以通过网络对社会事务发表自己的意见,表达自己的诉求。尤其是发生突发事件或面对社会热点问题时,不少民众往往会在第一时间通过互联网来获取和传递信息,并通过论坛、博客、微博等表达意见、参与讨论。一旦网络热点形成,各种舆论交织叠加,就会对现实生活产生影响,这有利于社会不公现象的暴光和解决,但是有时候网络舆论的非理性情绪容易引发极端事件。

透过频频发生的网络事件,网络舆论的作用已经不可小觑。在大量网民参与的网络事件中,网民对信息的辨析、价值的判断往往处于一种理性与非理性混杂的状态,在这种状态下,话语并非完全来源于通过传播形成的认识。互联网的兴起,既为人们表达利益诉求提供了更多的途径,也为网民抒发情感提供了载体。当前网络舆情的非理性因素突出,处理不当甚至会诱发各类突发事件,影响社会的稳定和谐,部分网络谣言虽然是网民无意识传播的,可信度不高,但即使是这样,也可能混淆公众视听,误导受众,甚至引发社会恐慌。

(四)学校

与企业不同,学校不以盈利为目的,而以传播知识,培养人才为最终目标。学校是培养社会人才,为建设中国特色社会主义现代化以及实现中国伟大复兴提供广大主力军的平台,而在互联网时代,互联网的飞速发展也让学校不可避免地成为了网络社会的主体之一。校园文化是学校的独特风貌,蕴含着一种潜在的力量,是学校人文传统和优良校风的根本之源。大力加强和建设校园文化是学校管理的一个重要内容。健康的校园文化,可以陶冶学生的情操、启迪学生的心智,促进学生的全面发展。特别是在互联网时代,网络上各种虚假、低俗的文化都可能对学生产生不良影响,此时学校更应该加强校园文化的建设,而利用网络开展校园文化建设存在着诸多优势,网络对校园文化建设的作用主要体现在以下方面:改变了传统的建设方式,为学校文化创新提供了更宽阔的平台;开拓了师生的视野,能够引发更多的思想的碰撞;给学生提供了一种自学的方式,能够让学习不仅仅体现在课堂上,网络教学不仅大大节约了教学成本,更是提高了教学效率和教学质量,是教学方式上的伟大变革。

广大的在校学生也是互联网的参与者,网络影响着学生的价值观和道德观的形成,网络内容的良莠不齐势必会对学生身心健康发展造成影响,因此,学校必须认识到网络内容对高校师生的科学文化素质、思想道德素质以及精神文化产生了越来越深刻的影响。在网络正能量传播当中,学校起到一个推动的作用,学校能通过网络引导学生价值观和道德观的形成,从而推动正能量的传播。因此,在一定程度上,学校对网络内容建设有着重要的影响,主要表现在以下几个方面,第一,学校通过网络能够培养学生的价值观和道德观,避免学生受到网络上不良信息的干扰;第二,学校可以通过网络平台为学生提供众多的专业知识和培育良好的行为习惯;第三,学校通过互联网给学生提供更多的知识,突破了地域的限制,为学生今后的发展提供了更宽阔的道路。

五、本课题的研究内容与研究方法

(一)研究内容

本课题以行动者网络理论、协同治理理论、利益相关者理论、传播理论和社会生态系统理论为理论指导,采用社会网络分析方法,对网络正能量传播中各主体的总体特征、关联性进行了探究,分析行动者网络构成主体的内部特征以及主体间的结构关系,再将各个行动主体联系起来,构建行动者网络内部子系统。

首先,从政治、经济、技术、社会、法律政策、人力资源等方面研究了行动者主体面临的网络宏观环境现状,根据不同的主体依次设计了政府、企业、学校以及网民四个行为主体的调查问卷,问卷结构包括调查问卷简介、调查量表以及被调查者的背景资料四个部分,根据调查问卷的结果分析各行动者之间的联系,以便找出构建行动者网络存在的问题与阻力。然后对行动者网络的运行机理进行了描述,并构建了一个正能量传播的行动者网络。在此基础上,又借鉴生态系统理论,从物质和信息等方面探讨了正能量在行动者网络中的传播,对交互模式及传播机制进行理论探究,构建以行动者网络的参与主体和外部环境构成的网络正能量传播生态系统,特别分析了其竞争合作的关系和物质与能量不断循环的关系特征,以及动态性、整体性、生态性和耗散结构等特点。将正能量种群的构成要素分为生物成分,包括政府、企业、学校、网民等,以及非生物成分,包括正能量政策、资源、科技、文化、服务等,并依次分析了它们的内在特征和相互之间的关系特征,分别从政府正能量层和辅助正能量层(网络媒介)的角度对构成要素进行了逐个分析,讨论了正能量环境层与各行动者正能量层及辅助正能量层的关系。之后对网络正能量生态系统的形成过程进行了初步探析,着重论述了行动者网络正能量生态系统的正能量主体聚集的模式和过程,以及行动者网络正能量链的形成过程,包括同类正能量链、企业横向正能量链、企业纵向正能量链、网民正能量链等。在此基础上,具体分析行动者网络的正能量传播驱动机制,包括摩擦协调机制、保障机制和聚合机制三大驱动机制。

接下来,又分析了行动者网络各要素间的结构特征和关系特征,解决如何对行动者网络内部各要素进行协同治理,使各要素积极地参与网络正能量传播,并分别论述了不同主体两两关联性的特点,然后以行动者网络为基础,最后,着重采用社会网络分析方法对行动者网络的结构模型进行了实证研究,在介绍社会网络分析方法的基本概念和研究软件的基础上,分别进行整体网络分析和个体网络分析,再根据社会网络分析的研究步骤依次选择样本、建立关系矩阵、绘出网络结构图后,得出关于整体的网络分析与个体网络分析指标并对描述行动者网络指标含义进行详细解释,对行动者网络进行了整体密度、派系、中心度以及中心势等概念的具体的理论界定,并以政府微博信息互动传播研究——以平安北京为例作为案例来构建政府微博的网络结构模型。最后针对以上研究,对如何加强网络内容的建设,传递正能量提出一些政策性的建议。

(二)研究方法

(1)调查研究法。根据研究的内容,在对政府、企业、学校、网民四个行动者与网络之间的关系作了一个较为透彻的解析之后,通过小组讨论、导师审核、专家审验等过程,设计了政府调查问卷、企业调查问卷、学校调查问卷以及网民调查问卷共四个调查问卷,通过对 MBA、EMBA、EDP 学生、科学学位研究生以及通过问卷星随机发放获得所需的数据,再利用 AMOS、SPSS等数据软件对数据进行甄选和分析。

(2)系统分析法。以行动者网络理论为基本指导思想,将整个社会看成一个网络,进一步分析网络中的政府、企业、网民和学校四大行动主体的特征和利益需求,从研究对象的整体与要素,整体与结构,整体与环境的辩证统一的角度出发,揭示事物的整体关系与整体特征。

(3)文献研究法。文献研究是任何科研课题都无法离开的,文献研究具有成本低、效率高等特点。通过参阅国内外有关研究网络内容建设等相关的文章和著作,找准理论研究的前沿,借鉴国内外学者的分析方法,从中得到启示,加强本文的说服力。

第一章 理论基础

绪论部分,我们在移动互联网的背景下,举例说明了网络传播内容对人们生活的影响,也让我们意识到加强网络内容建设对促进社会和谐,提高全民素质有着十分重要的意义,在信息时代,网络内容建设问题已经迫在眉睫。此外,对网络内容建设的主体进行了简单的介绍,在接下来的内容里,我们将对具体的理论、研究内容和过程进行一个详细的讲解。

任何一项研究课题,要对其进行研究,都是建立在已有理论的基础之上,有关网络传播的理论基础有很多,本文主要是借鉴了行动者网络理论、协同治理理论、社会网络分析理论、利益相关者理论、网络传播理论和生态系统理论的指导思想。因此,在本章分别对各理论进行介绍与汇总,主要是围绕理论的起源和内涵以及理论的应用来综述各个理论,为后续的进一步研究夯实理论基础。

第一节 行动者网络理论

一、行动者网络理论的内涵

20 世纪 70 年代,在科学社会学研究领域,欧洲逐渐兴起一种相对主义的认识论立场,在研究影响科学发展的外部因素的基础上的同时,强调社会学应该推进到科学知识的本身,认为包括科学理论在内的一切知识内容归根到底是由社会和文化因素二者共同作用形成的,这一认识后来被称为"社会建构论"。行动者网络理论来源于这一认识,并在随后的发展中形成了自己独特的本体论和方法论。

行动者网络理论又称为转译社会学(The Sociology of Translation),在20世纪80年代初由卡龙(Callon)、拉图尔(Latour)以及劳(Law)提出来的①②。这个理论原本旨在给科学技术提供一个新的思维角度,加强对科学技术的理解,因为在行动者网络理论看来,科学和技术涉及同一个过程。随后,它慢慢演变成一种围绕社会科学的一般社会理论,而不仅仅是技术科学理论。

1986年,卡龙为了阐述宏观和微观两个角度的双重结构,提出了如下三个概念:行动者网络(Actor-Network)、行动者世界(Actor World)和转译(Translation)。在卡龙看来,网络是由各行动者结合而成的,同时,也是这些行动者塑造了网络。他认为,行动者之间并没有社会地位和种群的限制,所有的行动者都是平等的。对于性质不同的行动者,不因其是否具有生命,是否来自不同的组织而区别对待。即在卡龙那里,根本就没有外部的和内部的(即来自社会的因素和来自技术自身的逻辑要素)二元区分。他否认了行动者中人与非人的区别,这是一种思想上的突破,他以"对称性原则"去看待网络中的各行动者,分析了在圣柏鲁克湾养殖扇贝的渔民,由于卡龙平等地看待了扇贝和渔民这两个性质完全不同的事物,因此他在文中提到的许多观点在当时引起轰动,褒贬不一,这篇文章也成为被人评论、批判最多的行动者网络理论的文献之一③。

① Law,"On the Methods of Long Distance Control: Vessels, Navigation and The Portuguese Route to India", *Power, Action and Belief: A New Sociology of Knowledge, Sociological Review Monograph*, 1986, No.32, pp.234-263.

② [法]布鲁诺·拉图尔:《科学在行动:怎样在社会中跟随科学家和工程师》,刘文旋、郑开译,东方出版社2005年版,第223页。

③ Callon M, *Some Elements of A Sociology of Translation: Domestication of The Scallops and The Fishermen of Saint Brieuc Bay. Power, Action and Belief: A New Sociology of Knowledge*, Boston: Routledge, 1986, pp.83-103.

与卡龙一样,劳对自然和社会也不进行二元区分,他也提出了一些新的看法,特别是在构建异质型网络时,他研究了当外在的敌对力量对网络的稳定性产生威胁的时候,要如何才能保持这种网络的稳定性。为了充实行动者网络理论的内容,在 1986 年,劳用葡萄牙人 15 世纪的航海扩张作为研究案例,运用行动者网络理论对其进行了分析,他把行动者网络看成是一种社会学科,各行动者之间有着不可忽视的联系,并将整个网络看成是一个动态的过程,是由所有行动者相互作用并维持的结果,虽然这些行动者是异质的,但是他们依然会通过某些关系而连接在一起,共同促进整个网络的前进①。

卡龙和劳在行动者理论方面进行的大量研究给后来学者提供了指导,拉图尔在二人的基础之上,加入了人学研究工作,对行动者理论进行了扩展研究。1987 年,拉图尔从理论和实践两个方面考虑,出版了《科学在行动——怎样在社会中跟随科学家和工师》,该书吸收了卡龙和劳的观点,对网络中的人类行动者和非人行动者在概念上并不做比较,而视为同等,并不像以往的学说一样,将有生命的有机体同无生命的无机体加以区分。拉图尔在此基础上,并采用巴斯德(Louis Pasteur)对炭疽病的研究作为案例,于 1983 年构建了一个具有代表性的行动者网络②。

拉图尔作为一个社会学家,对社会学有着深刻的认识,他通过对社会学的总结,在行动者网络理论的基础上对行动者网络理论上做了扩充,拓展了其研究领域,并通过发表关于行动者网络理论的文章,从而在学术上开创了研究行动者网络理论的新潮,因此奠定了他在该领域的地位。

此外,我国也有许多学者对行动者网络理论进行了相关研究。谢周佩(2001)认为"科学知识社会学"的行动者网络理论试图把自然科学和人文科学二者结合起来,通过给两种文化提供一个共同的基础,为消除两种文化

---

① Law, "On the Methods of Long Distance Control: Vessels, Navigation and The Portuguese Route to India", *Power, Action and Belief: A New Sociology of Knowledge, Sociological Review Monograph*, 1986, No.32, pp.234−263.

② 刘济亮:《拉图尔行动者网络理论研究》,哈尔滨工业大学人文与社会科学学院硕士学位论文,2006 年,第 25 页。

之间的分裂创造新的平台①。李洪杰(2011)指出拉图尔在行动者网络理论中把科学视为一种建构性的实践活动②,启发我们发展马克思主义的实践科学观(实践建构论),但这些都只是处于表层,并没有真正理解拉图尔行动者网络理论的真正内涵。他们都只是从某一个角度,对拉图尔理论进行论述,并不能挖掘拉图尔理论的全部视角。程安科(2010)对行动者网络理论有一个广义的描述,他提出在行动者网络结构中的一切活动都是通过各行动者的协作来完成的,其中每一个行动者都有各自不同的利益,为了实现自己的利益,行动者必须和其他的行动者一起活动,形成一个网络。行动者的最终利益是通过自己与其他行动者的共同联动来实现③。

二、行动者网络理论的研究现状

行动者网络理论有着独特的本体论、认识论和方法论,该理论本着一种对人与非人行动者一致看待的思想,通过转译过程解析网络关系。其基本思想是:科学技术实践是由多种异质成分彼此联系、相互建构而成的网络动态过程。现以行动者网络理论的四个核心概念为基础来阐释它的基本思想。

(一)行动者

任何与系统有关或者代表了系统某一属性的因素都可以称之为行动者,这也就意味着行动者既可以指人类,也可以指非人类的因素。不同的行动者在利益取向、行为方式等方面都是不一样的,我们可以借助对行动者转译的分析和对不同行动者的异质性联结分析来构建行动者网络;也可以通过追随行动者,再现行动者网络构建的过程,同时,基于尊重行动者多样性的认识,研究者只是去记录与描述行动者,而非取代行动者。

(二)异质性网络

行动者网络是一个异质性网络,其中充满了不确定性,在行动者相互进

① 谢周佩:《两种文化与行动者网络理论》,《浙江社会科学》2001年第2期。
② 李洪杰:《拉图尔行动者网络理论研究:一种实践科学观》,黑龙江大学哲学与公共管理学院硕士学位论文,2011年,第13页。
③ 程安科:《基于行动者网络理论的移动互联网产业盈利及利益协调研究》,北京邮电大学管理科学与工程系硕士学位论文,2010年,第24页。

行角色定义的过程中经常会发生改变。行动者通过转译过程的展开,共同建构成了一个异质性网络,并通过不断的相互嵌入,界定各自在网络中的角色。行动者网络的特点之一是将来自社会和自然两个方面的一切因素都纳入统一的解释框架中,发展网络以解决特定问题;其二是将关系思维和过程思维引入对科学事实的分析之中,扩展科学研究的视野。

(三)转译

转译是行动者网络构建过程中最核心的步骤,是一个把网络中各行动者联结起来的过程。具体过程如下:由事实建构者给出的、关于他们自己的兴趣(利益)和他们所吸收的人的兴趣(利益)的解释。简单地说,转译就是关键行动者将自己的兴趣(利益)转换为其他行动者的兴趣(利益),使其他行动者认可并参与由关键行动者主导构建的网络。

转译过程包括问题呈现、利益赋予、征召和动员四个基本阶段。问题呈现是转译的第一个阶段,在这个阶段,关键行动者必须意识到其他行动者实现利益的途径,让这些途径显然明了,让问题对象化,让核心行动者的问题成为其他行动者的一个强制通行点。利益赋予是转译的第二阶段,在这个阶段,关键行动者根据其他行动者的目标赋予其相应的利益,强化其他行动者对各自角色和利益的界定。征召则是通过各种手段使其他行动者进入网络中,接受各自的利益并充当关键行动者所界定的各自的角色。动员即关键行动者上升为整个网络联盟的代言人,并对其他联盟者行使权力,以维护网络的稳定运行。

(四)广义对称性

行动者网络理论强调一种"超对称"思维,它把社会世界和物质世界都作为网络的产物,在行动者网络理论中,它强调的人与非人都平等的对待,这对于传统的思维方式来说是一种突破,因此行动者网络理论是一种新型的思维方式。拉图尔认为:社会实在论和自然实在论并不属于行动者网络理论中的广义对称性,广义对称性的原则是指,当把二者看成是孪生的结果时,我们对其中一方更重视,那么相对一方就成为了背景。拉图尔认为,网络中所涉及的所有的行动者代表着一个成熟的转译体,每个行动者都在各自的位置上发挥着他应有的作用,这种思维方式强调了一个分工合作的问题,同时也强调了思想的流动性。在拉图尔的观点下,自然与社会并不是相互对立的,而是相互统一的,他们本质上并没有什么不同,都是作为网络中的一个元素而存在,彼此共生,生命体和非生命体都能表现出自身的利益。例如设计者设计汽车座椅安全带就是为了保证旅客安全,这就是安全带的利益,它通过旅客安全体现出来。也就是说,人类行动者和非人类行动者都有需要调和的利益,二者之间不存在重大差别,都可以管理和利用。网络的形成正是由于参与活动的行为主体在主动或者被动的参与活动过程中,通过资源的流动,形成了一些彼此之间正式或非正式的关系。因此,网络是由各行动者在交换资源、传递资源活动中发生联系而建立的各种关系的总和。在以往的研究中,多是以人为研究中心,因此在这种以人为中心的社会研究中,对于自然与社会,人与非人都存在着明显的区分,其对待二者的态度也完全不同,但是在现实中,非人因素占据着很大的比重,因此这种思维方式在研究上存在着很大的漏洞。广义对称原则打破了以人类行动者为核心的原则和以人为中心的传统思维,从一个全新的角度来看待社会网络各因素之间的关系。

三、行动者网络理论的应用

(一)国外应用

行动者网络理论自提出以来,作为一种与传统思维不同的思维方式,引起了很多学者的注意,并进行了大量的研究与证明。Paget E(2010)基于行动者网络理论的思想以法国阿尔卑斯山区某滑雪场作为异质性网络分析了其特点,采取了不同形式的串联,强调了联结的重要性①。Arnaboldi M.和Spiller N.(2011)通过对旅游业的研究发现,应用行动者网络理论的"征召"和"转译"的环节,可以为旅游区的合作建立一个概念化、情景化的解决路径来应对提供服务过程中出现的冲突②。营销学者 Jo Rhodes(2009)运用行动者网络理论的思想对南非乡镇企业的信息管理系统、电子商务和市场

---

① Elodie Paget, Jean Pierre Mounet, "A Tourism Innovation Case: An Actor-network Approach", *Annals of Tourism Research*, 2010, pp.828–847.

② Michela Arnaboldi, Nicola Spiller, "Actor-network Theory and Stakeholder Collaboration: The Case of Cultural Districts", *Case of Management*, 2011.

营销三个方面进行了全面的分析,指出了这些企业在以上三个方面所面临的诸多障碍①。René Vander Duim R(2007)借助行动者网络理论异质性联结的思路提出了旅游景观概念(Tourismscapes)——旅游景观实际上是一种包括人、物体、空间、权利等异质性元素在内的,共同相互作用而构成的网络②。Michela Arnaboldi(2012)将行动者网络理论应用于文化特区的建设中,将文化特区设想为一个包括公共、私营机构、企业、企业家、个人和当地社区的相互依存的实体系统,指出利益相关者之间如何合作,并应用行动者网络理论的"招募、事实建构和转译"的三个原则,为文化建设提供了各方面的建议③。Elodie Paget(2010)通过利用行动者网络理论对法国滑雪胜地的某旅游公司的成功原因进行分析,发现该公司实际上是建立了一个人类和非人类的行动者网络,通过顺畅的转译过程征召了行动者,并通过对现有资源的再配置创造了新的产品,从而获得了巨大成功④。Tribe(2010)则将旅游研究看成是行动者交织而成的一个复杂的网络,这个网络经常性地会出现合并与解散,重叠与变迁,如此反复以推进旅游业的发展⑤;Degenais,A Fodor 和 E Schulze(2013)把行动者网络理论应用于教育学,提出了行动者网络理论强调注重人类和非人类行动者之间的相互作用,继而了解这些相互作用如何影响语言学习者⑥。

① Jo Rhodes,"Using Actor-Network Theory to Trace an ICT (Telecenter) Implementation Trajectory in An African Women's Micro-Enterprise Development Organization", *Information Technologies & International Development*, 2009.

② René Vander Duim R,"Tourismscapes:An Actor-Network Perspective", *Annals of Tourism Research*, 2007, No. 4, pp. 961-976.

③ Michela Arnaboldi,"Actor-Network Theory:The Case of Cultural Districts", *Case of Management*, 2012.

④ Elodie Paget,Jean Pierre Mounet,"A Tourism Innovation Case:An Actor-Network Approach", *Annals of Tourism Research*, 2010, pp. 828-847.

⑤ Tribe J,"Tribes Territories and Network in The Tourism Academy", *Annals of Tourism Research*, 2010, No. 1, pp. 7-33.

⑥ Degenais,A Fodor,E Schulze,"Charting New Directions:The Potential of Actor-Network Theory for Analyzing Children's Videomaking", *Language and Literacy*, 2013.

（二）国内应用

随着我国学者对行动者网络理论的深入研究，在我国该理论也被应用于各个领域，诸如管理、教育、旅游等各行业都有该理论的应用，且其应用越来越广泛。

1. 在管理领域的应用

在"市场+政府"模式下，李椿（2012）结合行动者网络理论对我国物流业进行了实证研究①。主要选取了我国物流发展的一个典型方面——农产品物流，验证了该模式应用于我国农产品物流发展过程的正确性。陈仁川和刘慧（2010）在阐述了行动者网络理论基本概念的基础之上，着重探讨了该理论在营销学界的运用，以便为营销学者使用这一研究方法提供理论指引②。付朝干（2011）针对广西玉林市福绵服装产业集群的创新能力现状进行分析，从行动者网络理论的角度出发，提出了相应的探索性思考。指出企业通过确定"提升企业技术能力"这一个明确的目标，并告知其他行动者：我的目标（提升企业技术能力）会给你们带来什么利益。从而引起相关的行动者的兴趣，把他们征召进自己的创新网络中来，从而提升企业的运作效率③。马海涛、苗长虹和高军波（2009）运用行动者网络理论就如何提高产业集群的学习和创新能力，在对产业集群学习过程剖析的基础上，将内部和外部网络同时考虑，构建了一个容企业、组织、物质和概念在内的异质行动者网络④。

2. 在教育领域的应用

左瑛和黄甫全（2012）提出，行动者网络理论在认识论上作为一种新的

---

① 李椿：《基于行动者网络的我国物流发展综合模式研究——以农产品为例》，河北农业大学技术经济及管理系硕士学位论文，2012 年。

② 陈仁川、刘慧：《行动者网络理论在营销学研究中的运用》，《中国市场》2010 年第 41 期。

③ 付朝干：《玉林市福绵服装产业集群自主创新能力研究——基于行动者网络理论》，《中国—东盟博览》2011 年第 1 期。

④ 马海涛、苗长虹、高军波：《行动者网络理论视角下的产业集群学习网络构建》，《经济地理》2009 年第 8 期。

方法,对以往教育的传统观念具有一定的冲击性,他重视教育的实践,并对已有的教育学概念进行了重构,把抽象的符号变为直观的信号,给教育学开拓了一种全新的视角①。蔡丽芬和王伟(2012)则从行动者网络理论的思维出发,在项目教学方面作了较为深刻的研究,对其中的行动者作了较为详细的梳理,并在教学实践方面提出了一些实质性的建议:邀请代表性企业参与教学,对项目教学中的知识和能力进行分解与整合等②。崔永华和高迎爽(2013)将行动者网络应用到教育领域,并且从问题化、利益赋予、招募、动员和强制通行点等几个层面对每类行动者在校企合作网络中的角色定位及行动策略进行了分析③。

3. 在旅游领域的应用

黄超超(2007)以浙江余杭某乡村旅游地作为案例,通过调研的数据构建了一个行动者网络,通过对内生和外生因素的划分和比较,认为该地的乡村旅游趋向于内生,并构建了反映当地旅游开发过程中网络运作与社会重构的行动者网络④。张环宙、周永广和魏蕙雅等(2008)将行动者网络运用于旅游业,采取个案研究的方式,实地调研了浙江浦江县华山村,观察基于行动者网络理论的乡村旅游发展的情形,通过构建行动者网络,发现缺少基层组织是导致华山村旅游业停滞不前的主要原因⑤。

4. 在其他领域的发展与运用

林善浪和王健(2006)以资本市场为对象,建构了资本市场的行动者网络,确认了网络应涵盖的主体,分析了行动者的转译过程,研究了金融服务

---

① 左璜、黄甫全:《行动者网络理论:教育研究的新世界》,《教育发展研究》2012 年第 4 期。
② 蔡丽芬、王伟:《基于行动者网络的高职项目化教学实施过程的优化》,《教育与职业》2012 年第 3 期。
③ 崔永华、高迎爽:《行动者网络理论视角下的高职校企合作研究》,《教育发展研究》2013 年第 5 期。
④ 黄超超:《浙江省乡村旅游内生式发展探讨——以"山沟沟"为案例的行动者网络构建》,浙江大学管理学院硕士学位论文,2007 年,第 11 页。
⑤ 张环宙、周永广、魏蕙雅等:《基于行动者网络理论的乡村旅游内生式发展的实证研究——以浙江浦江仙华山村为例》,《旅游学刊》2008 年第 2 期。

业内部的网络联系特征①。陈东平,倪佳伟和周月书(2013)为了给农村信用合作社在融资方面提供充分的理论依据,从行动者网络的角度出发研究了农民资金互助组织的问题,将其归纳为信用合作社内部组建、信用合作社之间共同组建以及社区型资金互助三个方面,并分别对其机制的形成,适用范围等进行了较为具体的探讨②。

王春梅(2012)基于行动者网络理论,通过追踪行动者的行为,发现区域创新体系中核心行动者经历了从政府到科技创新人才的转变③。洪进和余文涛(2010)以行动者网络理论作为基本分析工具,进一步探讨中国生物制药产业技术网络的运行机制及其治理模式,并强调生物制药技术中的"行动者网络"的非人类行动者在被摄入整体网络的同时也进行着自身利益的转译,正因为如此,在生物制药技术的实际发展中,非人类行动者所起的作用才得到了充分的考虑④。蒋骁(2011)将行动者网络理论运用于数字版权保护方面,特别是在由信息技术引发的社会网络形成的研究中,行动者网络理论更是一种理想的分析方法⑤。王一鸣和曾国屏(2013)在行动者网络理论视角下打破了主客体二分法,分析了技术预见模型的演进⑥。

行动者网络理论虽然应用广泛,但也并非是万能的,它也有一定的局限性,刘宣和王小依(2013)通过研究表明,行动者网络理论的这种平等看待人与非人行动者的思想对城市地理和经济、旅游等方面都有很强的

---

① 林善浪、王健:《基于行动者网络理论的金融服务业集聚的研究》,《金融理论与实践》2006 年第 6 期。

② 陈东平、倪佳伟、周月书:《行动者网络理论下农民资金互助组织形成机制分析》,《贵州社会科学》2013 年第 6 期。

③ 王春梅:《基于行动者网络理论的区域创新体系进路研究——以南京为例》,《科技进步与对策》2012 年第 12 期。

④ 洪进、余文涛、汪凯:《基于"行动者网络理论"的中国生物制药产业技术的演化和治理研究》,《中国科技论坛》2010 年第 11 期。

⑤ 蒋骁:《数字版权保护中的跨组织合作框架——基于行动者网络理论的视角》,《管理研究》2011 年第 9 期。

⑥ 王一鸣、曾国屏:《行动者网络理论视角下的技术预见模型演进与展望》,《科技进步与对策》2013 年第 5 期。

启示作用,是政府制定政策的一种有效的分析方法,但是行动者网络也存在着一些局限性,因此在他们看来,这种理论不大适用于宏观的研究,更适用于中微观的研究,且应特别注意网络大小的控制和角色的选取①。而且目前国内对于该理论的研究多是对行动者网络理论框架的直接套用,极少涉及框架的改进和对理论深入思考,在广度和深度上与国际研究仍有一定差距。

作为一种研究方法,行动者网络理论最初应用于对社会领域问题的研究,特别是对于以行动和结构为导向的互动过程的研究来说,行动者网络理论更是一种理想的方法。随后,行动者网络理论便得到迅速发展,延伸至包括信息系统管理和科技创新等领域,慢慢作为一种一般性的研究方法,行动者网络理论逐步在更多领域当中得到发展与运用,在物流业、教育界、生物制药业、地理学、旅游业、金融业、营销学、信息技术、产业集群等方面,都有学者运用行动者网络理论对相关领域进行的探索。

当然,行动者网络理论的应用领域远不止以上所举,我们对其应用应该保持开放的态度,因为构建的行动者网络本身就是动态的。通过梳理文献,我们发现有关行动者网络的文献,大多数都是仅仅限于定性研究,定量研究的相关文献比较少。也就是说,在关于行动者网络的文献中,引入定量研究,将是一大突破。基于此,我们可以尝试,在行动者网络构建部分,进行网络的检验,采取实证的分析方法进行研究,在所查看的文献中,有些文章引用了实证分析的方法,但是具有很大的片面性,使用范围具有局限性,例如,黄超超在研究乡村旅游内生式发展时,只是以"山沟沟"为案例进行行动者网络构建,如果可以选取不同类型的乡村旅游地做案例进行比较研究,得出行动者网络的成功组建需要哪些充分和必要条件,该研究将更具有说服力。

---

① 刘宣、王小依:《行动者网络理论在人文地理领域应用研究述评》,《地理科学进展》2013 年第 7 期。

第二节　协同治理理论

一、协同治理理论的内涵

协同治理理论起源于西方学术界的公共管理理论,协同治理是在一个开放的系统中寻求有效治理结构的过程。协同治理理论主张不同的利益主体有着不同的利益诉求,但是各利益主体依然要通过协调并在某些方面采取一致的行动,这样才能够满足各自的利益需求。西方学术界对协同治理的研究较早,且作为一种有益的分析方法已被广泛运用于社会学、管理学、经济学和政治学等领域。

协同治理理论主要是从系统整体的角度来认识事物的发展,研究在多层次、跨部门的情况下应如何进行治理,强调了治理主体的多元化。协同治理理论将整个社会看成是一个由若干开放的子系统所构成的一个大系统,这些子系统并不是孤立的,而是相互影响,最终的目的是通过各子系统之间的相互协作而使整个系统的运作效率最大化。社会作为一个大系统,其具有动态性、多样性和复杂性的特点,协同治理理论对此有着较深刻的认识,所有子系统运动的整体表现形式就是社会规律性的有序运动。但由于不同的子系统的利益需求不一样,因此子系统的目标也就呈现出多样化的特点,协同治理理论并不否定这种多样化,而是尊重这种多样化,强调在各子系统竞争的基础下寻求分化与整合,寻求各个子系统之间目标和实现手段的协同,构建共同规则,不断地优化整体效果,实现各方的共赢,在整个协调当中最重要的一个环节就是如何建立程序以寻求具有不同利益需求的主体之间的平衡,从而提高决策质量。协同治理通常具有以下几个特征:

(一)治理主体的多元化

协同治理理论中包含有多个治理主体,政府组织、民间组织、企业、家庭以及公民个人在内的任何社会组织和行为体都可以成为治理的主体。这众多的行为体和组织都有着各自的利益需求和价值判断,在整个系统中,随着时代的进步,相互之间的联系越来越紧密,他们之间存在一种竞争与合作并存的关系。在协同治理主体多元化的背后,也同时存在一个治理权威多元化的问题,任何形式的治理都需要一个权威,协同治理也不例外,但是协同治理的权威并不一定是政府,其他社会主体也可能凭借其影响力与能力而成为协同治理中的权威。

（二）各主体之间的协同性

现代社会系统中,由于资源的分配,不同的主体掌握着不同的资源,一个单独的主体不可能拥有所有的资源,因此要想达到组织的目标,就必须在多主体之间进行物质和知识的交换,这种交换能否顺利进行,直接关系到组织目标能否实现。在协同治理理论中,强调交换主体的平等性与自愿性,虽然在交换的过程中,可能会有部分主体处于一种主导的地位,但是这并不表明该主体是一个独裁的主体。因此,在协同治理当中,政府管理公共事务多是通过和企业或民间组织等社会组织之间进行对话,建立相互之间的合作关系来达到管理的目的,而不是单独依靠其强制力执行。由于社会系统具有复杂性、动态性和多样性的特点,因此各子系统之间只有相互协调才能促进整个社会系统的良性发展。

（三）自组织间的协同

政府作为一个组织,本身具有很大的特殊性,作为影响社会系统运行的重要行动者,其能力却因诸多的原因而受到限制,这些原因包括政策过程的复杂、相关制度的复杂和多样性等等。从某种程度上来说,政府并不具备将自己的意志强加于其他行动者身上的能力,其他行动者在很多时候都是试图摆脱政府的控制,从而实现他们的自主,因此自组织在协同治理理论中有着很重要的地位,多个自组织构成的体系就能够充分体现自治的自由性。这种自组织最终是想削弱政府的控制,特别是在某些行业,希望能够彻底地摆脱政府的控制。

但即使存在这种自组织的自主性,政府在整个系统中的作用仍然是不容忽视的,也并不是显得越来越可有可无,相反,政府在其中的作用会越来越大。因为在整个系统中,每个行动体都有着不同的利益诉求,而由于其资源的不集中,通过其中任何一方单独行动都难以达到其目标,因此各行动者就需要进行协商,在这个协商过程中就必须要制定协商的规则,这个时候,政府的作用就体现了,政府出台的政策与规定对整个系统的运作以及其协商结果都有着不可替代的作用,也就是说,自组织相互间的协同与政府的行为是密不可分的。

（四）共同规则的制定

协同治理的目的就是把利益不同的各行为体都集中协商,制定出一个所有行为体都认可的规则,从而通过合作得到各自的利益需求。在整个协同过程中,信任与合作是非常关键的,虽然协同的规则是各行为体集体商议出来的,但是政府是作为整体规则的最终制定者,换句话说,政府可以把控一个方向性的问题,对全局有着不可忽视的影响,其他行为体都是在政府规定的大框架下进行协商,政府虽然不直接参与协商,但很大程度上政府的行为影响着其他行为体的决策,特别是政府的政策意向,而其他各行为体则在政府的大框架下通过商议最终形成一套共同规则。

协同治理理论还有一个特点值得注意:它是建立在对理性世界认同的基础上。协同治理理论相信在一个理性的世界里,可以化冲突为协作,但事物都是对立的,实际中如果行为主体的不理性占据了主导地位,则原本具有利益冲突的双方其冲突会更加明显,从而不可协调,这个时候协同治理的理念则是失去了它本该有的作用。简单说来,协同治理的目的就是要探寻一种最有效的治理结构,在这个协作的过程中,并不排斥相互之间的竞争性,协作只是要达到一个整体联合大于部分之和的效果。

具体而言,本文所指的协同治理即为在网络内容建设实践中,政府、企业、学校、网民等各子系统构成一个具有开放性的整体系统,在经济、法律、伦理等社会外在因素的影响下,各子系统按照某项既定的目标,发挥各自特有的作用,经过不断地协调,形成有序、可持续运作的结构,产生单个子系统所不具备的效能,以整体系统运作的模式共同作用于网络内容建设,从而达到优化网络内容以及扩大网络正能量的目的。因此,本文协同治理具有以下几个方面的特征:第一,跨部门。协同治理的参与方来自于不同的部门,如政府、学校、企业以及网民。第二,互动性。各参与者之间为了实现共同的目标进行积极的互动,互动表现为信息、资源的共享,必须指出,互动中信息的流动不是单向的,而是具有反馈性的。第三,动态性。协同治理并没有统一的运作模式,而是根据具体的情况,呈现出一定的动态性。这种动态性表现在组织架构、协同规则等方面,是由其所处环境及内部运作的诸多不确定性决定的。

二、协同治理的研究现状

(一)国外协同治理现状

最近三十年,政府、企业、非政府组织、公民之间跨部门的互动现象已经越来越多,理论界倾向于用协同治理概念来指代这种跨部门之间的协同。

在内容上,这些文献始于对美国政府与民众间关系的研究。随着美国社会的巨大变化,美国政府的行为也发生了天翻地覆的变化,但是美国的联邦制度是一种比较稳定的美国式伙伴关系。九十年代中后期,学术界将关注点放在对协同治理的理论研究上。协同是指单一或多个公共机构与非国家部门的利益关系人在正式的、以达成共识为目的的、协商的集体决策过程中直接对话,以期制定或执行公共政策或者管理公共项目或财产,通过与政府以外的行动者共同努力,并与之共享自由裁定权的方式去追求官方选定的公共目标,明确表示协同的每个参与方都不仅仅可以对目标达成方式有发言权,而且还可以影响具体目标的界定。这种方式突出了各参与方地位的平等性,在一个既定的政策领域内,强调了政府和非政府行动者进行日常性的互动,且在这个过程中,政府对问题的界定以及实施方法的选择上没有垄断的权利。

目前,西方协同治理理论的研究前沿主要体现在善治、全球治理和企业治理这三个方面。最早提出善治概念的是国际金融机构,国际金融机构认为,为了提升发展中国家的公共事务管理能力,改革是必不可少的措施,要增强管理的透明化;全球治理是指希望通过多边国家的协商,建立一套国际规则,促进各国共同发展;企业治理是希望能够探讨出一套新的企业管理方式,通过企业内部各利益方的相互交流从而促进企业的发展与创新。

协同治理努力建立的不是某种理论体系,而是一套科学的实践方法,是一系列广泛问题和冲突的调节机制。尽管协同治理在企业管理、体制改革和多边关系领域提出了共同的原则,但由于这个概念本身就比较模糊,所以至今没有形成系统的理论。

（二）国内的研究现状

协同治理理论近五年来在我国逐渐兴起，一些学者从不同的角度对协同治理理论展开了讨论，并取得了很大的进展，研究成果数量也呈现出逐年递增的趋势。但是，由于起步较晚，从整体上看，相关研究成果的数量还不丰富，研究的视角还相对狭窄，研究深度依然不足。从现有文献看，相关研究主要侧重于以下几个方面。

1. 协同治理的学理性研究

在协同治理概念框架的基础上，李辉与任晓春（2010）发现协同治理中众多主体的合作具有有效性、有序性、一致性等特性，且通过善治理论对协同治理理论进行了价值阐述①。杨志军（2009）以多中心协同治理为研究对象，强调治理主体的多元化与治理权威的多样性，期望在解决社会公共问题过程中建立起一种纵向的、横向的或纵横结合的、具有高度弹性化的协同性组织网络②。杨清华（2011）从协同治理与公民参与的关系视角进行了理论梳理，认为协同治理与公民参与之间存在逻辑同构③。何水（2007）指出，协同治理能够实现社会公共事务"整体大于部分之和"的功效，因而是处理社会公共事务的理想模式，而充分发达的社会资本则是协同治理得以实现的基础性条件④。

2. 协同治理视角下的公共管理改革与政府转型研究

刘晓（2007）认为，我国政府在由传统治理方式向协同治理方式转变的过程中必须坚持党的领导，着重推行政府再造，加强与协同治理相适应的生态文化重塑，构建较为完备的协同治理制度体系⑤。郑巧和肖文涛（2008）

① 李辉、任晓春：《善治视野下的协同治理研究》，《科学与管理》2010 年第 6 期。
② 《多中心协同治理模式：基于三项内容的考察》第 5 辑，地方政府发展研究 2009 年，第 16 页。
③ 杨清华：《协同治理与公民参与的逻辑同构与实现理路》，《北京工业大学学报》（社会科学版）2011 年第 2 期。
④ 《从政府危机管理走向危机协同治理》，中国行政管理学会 2007 年，第 4 页。
⑤ 刘晓：《协同治理：市场经济条件下我国政府治理范式的有效选择》，《中共杭州市委党校学报》2007 年第 5 期。

认为,由于协同治理它能够在整体上最大限度地维护公共利益,在促进社会资源的优化方面有很重要的作用,这正是政府的目标,因此对于政府来说,它是作为政府治理最理想的方式之一①。郑恒峰(2009)基于协同治理理论对我国政府公共服务的供给机制进行了分析,认为该机制应当强化公共服务导向,引入市场竞争机制,以培育出社会自治力量的协同治理组织,确立政府与社会良性互动的协同治理体系②。

3. 协同治理视角下的危机管理研究

明燕飞和卿艳艳(2010)对公共危机协同治理下政府与媒体关系的构建进行了探讨,认为我国目前已经进入公共危机频发时期,政府单独应对公共危机的能力并不充足,因此,构建一个在政府主导下由部门、媒体、企业和公民多元参与的公共危机协同治理体系显得尤为重要③;沙勇忠和解志元(2010)为了探寻危机治理模式的路径,对协同治理理论的结构机制和方法等进行了研究,并对政府与社会公民之间的协作模式进行了分析,最后提出了建立协同治理结构,培育社会资本是解决我国公共危机的主要途径④。

治理理论强调多元主体参与到治理中来。至于多元主体参与治理的秩序不同学者则各有论说,我国学者认为,西方学者在治理中论及的协同合作、资源共享的观点,可以应对转型期政府在改革传统公共行政时面临的挑战。在治理的诸多形态中,协同治理受到大家的重视,协同治理除了强调政府、企业、公民等主体的多元参与之外,还提出了政府治理改革,非政府组织建设,公民社会发展等政治中的重大议题,理论研究内容较为丰富。其应用涉及公共事务的各个方面,尽管如此,我国学者对于一些特别主题仍然有所

---

① 郑巧、肖文涛:《协同治理:服务型政府的治道逻辑》,《中国行政管理》2008年第7期。

② 郑恒峰:《协同治理视野下我国政府公共服务供给机制创新研究》,《理论研究》2009年第4期。

③ 明燕飞、卿艳艳:《公共危机协同治理下政府与媒体关系的构建》,《求索》2010年第6期。

④ 沙勇忠、解志元:《论公共危机的协同治理》,《中国行政管理》2010年第4期。

聚焦,目前学术界关注的焦点概括起来主要集中在公共危机、区域合作及生态环境等治理难题上。

协同治理理论结合了协同学和治理学的双重内容,提出了很多新的观点。首先,协同治理理论在方法论上给我们带来了新的视角,社会作为一个整体,是由很多个子系统构成的,各子系统都不可能独立于其他子系统而单独存在,都受其他子系统的影响,在整个社会系统中,如果各子系统的独立运动是占主导地位的,那么此时整个社会就会呈现出一种动荡不安的局面,这种局面是不稳定的,是一种无规则的运动,只有当所有的子系统都协同运动,相互合作,社会才会呈现出有规则的前进运动,在系统发生相变时起着关键作用的变量被称为序参量,协同治理理论一个重要的运用就是要找出这个序参量。其次,协同治理理论对社会系统的复杂性、动态性和多样性有着更清楚的认知。社会系统的复杂性是指社会系统是由不同的子系统构成,各子系统由于各自的利益需求不一样就会存在着一定的矛盾,而由于资源的有限性,他们之间又会存在着竞争,同时,有竞争就会有协作,因为各自拥有的资源不一样,为了达到目的,利益需求不同的各子系统会通过协商达成合作关系,他们之间都是相互关联的,只是不管是竞争还是合作,他们当中会有一个占主导地位而已。动态性是指整个社会系统不会静止在一个状态,而是一个不断发展的过程,各子系统间相互的竞争或者合作就是社会发展的根本动力,通过这种竞争与合作就能够实现资源的优化配置,达到资源利用最大化的特点,并满足各子系统的需求。多样性则是指每个子系统的需求与拥有的物质资源都是不一样的,整个系统也因此呈现出多元化的特征,这种多元在产生矛盾的同时也正是促进协作的原因,世界因不同而美丽,协同治理理论尊重这种多元化,并提出在多元化的背景下构建一个共同的规则,最后实现互利共赢,因此在多元化日益明显的今天,协同治理理论的指导意义显得尤为重要。我国近年来取得经济上发展的同时也带来了一些负面的问题,例如环境污染、贫富差距等日益成为焦点,如何把握整体,在发展经济的同时尽量减少对环境的破坏,如何均衡发展已成为主题,应用协同治理理论来指导环境的治理,对改善社会环境、促进社会协同发展有着重要的意义。

第三节 社会网络分析理论

一、社会网络分析理论的发展

(一)从隐喻到正式提出

社会网络最先是作为一种隐喻,用来比喻社会关系或社会要素之间的网状结构而出现的。Durkheim(1893)指出不同的社会结构或形态中,人们的社会联系状况是不一样的,科技的发展和劳动的分工导致了社会结构从"机械组织"到"有机组织"的变化。在"机械组织"中,个人直接系属于社会,没有任何中介关系,而在"有机组织中",个人依赖于构成社会的各个部分,劳动分工使个人摆脱了孤立的状态,形成了广泛的相互关系①。可以看出,Durkheim重视对社会结构和人与人之间的关系分析,但他并没有明确使用社会结构分析这个概念。英国人类学家 Brown 继承了 Durkheim 功能主义观点,他研究了个体之间的社会关系,将社会结构看作是"在社会上已确立的行为规范或模式所规定或支配的关系",Brown 的主要贡献是使用了"社会关系网络"概念来说明社会结构,并且将人与人之间的一切关系当成社会结构的一部分,因此可以根据人们的社会角色将其差异置于社会结构之下来分析,但其"社会网络"的概念还只是一个隐喻,用以形象地说明社会关系结构。将社会结构明确看作关系网络来分析的是德国古典社会学家 Simmel(1922),由他而起的形式社会学重视对社会关系的形式研究,在批判 Durkheim 将社会看作实体的基础上,提出社会的本质在于人与人之间的关系,他形象地把人们的交往关系比喻成"网络",分析了社会网络结构的改变如何影响到其中的个体。此外,Simmel 还试图具体说明群体成员数量对群体成员关系的影响,这成为了社会计量学的直接来源之一②。总的来

① Durkheim, *The Division of Labor in Society*, New York: The Free Press, 1893, pp. 20-40.

② Simmel, *Sociologica*, Berlin: Duncker And Humblot Press, 1992, pp.20-30.

说,早期的古典社会学家都意识到社会关系的存在,并试图从不同的角度对社会结构的形式进行思考,社会网络分析的思想开始萌芽。在 Brown 之后社会网络分析理论研究主要有三条发展主线,即社会计量学派、哈佛学派、曼彻斯特的人类学派。

1. 社会计量学派

社会计量是指运用定量的方法对个体在群体中的位置和群体的组织变化进行研究的技术。这一学派的出现和"格式塔"心理学派密切相关,Lewin 和 Moreno 等人是其代表人物,他们在 20 世纪 30 年代从纳粹德国移居到美国后,开始从心理学的角度对社会结构关系进行研究。1933年,Moreno 在一次讨论会上首次使用了社群图,他认为人与人之间的相互关联和信息传递渠道可以用图形特征来表示。1937 年,他创办了《社会计量学》杂志,开始运用定量方法对群体的组织变化以及个体在群体中的位置进行研究,并提出了诸多的社群图概念,例如社群"明星",即那些经常被他人提及,拥有极大声望和处于领导地位的人,代表着群体成员之间关系的可视化的图示。Moreno 关注人际关系与心理治疗之间的关系,他认为个体的心理满足与社会结构因素之间关系的基础是人与人之间相互选择、吸引、排斥和友谊等人际关系模式,这是一种整体转换的认识论,在这种认识论的指导下,社会心理学家 Lewin 根据物理学的概念,提出了著名的"场"理论,"场"是由群体及其社会环境共同构成的社会空间,决定了群体的行为。他试图用拓扑学和集合论等数学工具对"场"进行具体分析,这极大地推进了用数学方法表达群体关系的研究,此后,Lewin 的学生 Bavelas 在 MIT 创立了"群体网络实验室",根据大量的经验资料,用不同的图分析群体的关系结构,而他另外一个学生 Cartwright 则在密歇根大学同数学家 Harary 一起创立了用图论来研究群体行为的新方法,这种方法在 20 世纪 60 年代随着他们共同出版的《结构模型:有向图论的引导》而得到普及,随后与图论结合后成为一个非常经典的结构分析工具。社会计量学派的主要贡献是发明了"社群图",用来反映社会构型的关系属性,这为社会网络分析奠定了计量基础。Freeman(1979)对该理论的起源进行了长期探讨,发现 Moreno 的工作已表现出了当代社会网络分析所具有的四个基本特征①：社会网络分析来自于对行动者关系的结构分析；它建立在系统的经验数据基础上；依赖于图形表达方式；依赖于数学模型。

2. 哈佛学派

在 Durkheim 和 Brown 的群体动力学传统的影响下，哈佛大学的学者们对小群体的人际关系进行了研究。Mayo 等人于 20 世纪 30 年代开展了著名的"霍桑实验"，他们研究了群体成员在不同环境中的行为，发现工人的工作条件，如照明、休息时间以及其他的物质条件并不构成影响产量的主要因素，而社会因素和心理因素是决定工人生产率和满意度的主要因素，此后进一步的实验研究发现以情感、相互间的社会作用为基础的非正式组织在群体中有着巨大作用②。在"霍桑实验"中，为了说明组织中的人际关系，Mayo 使用了图示图形，这可以被认为是第一个在调查中使用社群图来描述群体关系的重要研究。

哈佛学派后期的学者 Homans 在前人的研究基础上，侧重对小群体的研究。他对群体结构及个体在群体中的位置关系进行了研究，旨在揭示特定小群体的结构和功能。Homans 的重要贡献在于首次使用"矩阵重组"法综合分析了以往群体研究的有关数据。综上可以发现，哈佛学派侧重分析组织中个人之间的关系或小群体中的结构特征，并展开了大量调查，在分析大量数据时使用社群图的表示方法，并提出一系列的处理方法，对以后的研究产生了较大的影响。然而，哈佛学派的研究并没有使理论取得进一步的发展，而接下来的曼彻斯特学派则使社会网络分析理论有了很大的进步。

3. 曼彻斯特的人类学派

从 20 世纪 50 年代开始，曼彻斯特大学的人类学家使用"社会网络"概念进行了大量的研究。在他们看来，社会网络不再是隐喻，而是一个分析性的概念，社会结构是一种"关系网络"，由此将抽象的社会学概念与形象化的网络分析技术完美地结合起来。

① Freeman，"Centrality in Social Networks：Conceptual Clarification"，*Social Networks*，1979，No.1，pp.215－239.

② ［美］乔治·梅奥：《工业文明的人类问题》，陆小斌译，电子工业出版社 2013 年版，第 206 页。

Barnes 是最早有意识地在人类学研究中引入"网络"概念的,1954 年,他在对挪威的一个渔村中跨越亲属群体和社会阶级的社会联系的分析中,精确地描述了这个渔村的社会结构,并提出,"社会生活的整体可以被视为一组由线段串联起来的点所形成的关系网络,而人际关系的非正式领域则可被视为这张整体网络中的一个部分,即局部网络"①,由此正式地提出了社会网络的概念,并将其定义为由关系所连接的社会实体网络。

Mitchell 是曼彻斯特人类学派最著名的代表人物。他在前人研究的基础上,对早期社会网络分析的系统化起到了关键作用。他认为社会关系可以分为结构秩序、类群秩序和个人秩序三种类型,强调这并不是三类不同的行为,而是对相同的实际行为的不同解释。Mitchell 重视微观的人际关系,"个人秩序是在结构或非结构情景中人们的行为,它可以借助个体跟其他人的个人联系,也可以借助这些人之间以及跟其他人的联系加以解释"。与此同时,他还对"整体网络"和"自我中心网络"进行了具体分析,并说明了网络的形态特征、互动特征等社会网络特征,明确地使用"密度""可达性""范围""频次"等概念②。总的来说,曼彻斯特人类学派主要关心对个体关系网的研究,他们主要分析个体与他人之间的直接或间接联系,试图通过对个体的调查来说明以个体为中心的网络结构特征,Barnes 分析了社会网络观点由隐喻到分析性工具的发展过程,曼彻斯特人类学派在这个过程中发挥了重大作用,并总结了社会网络的主要概念,然而,他们的研究并没有考虑到宏观的社会结构,没有将社会网络分析上升到明确的社会结构分析,因此也具有很大的局限性,有待后来学者进一步地发展理论。

总之,从 20 世纪 30 年代到 60 年代,在心理学、社会学、人类学以及数学等领域,越来越多的学者探讨和提出各种网络概念,"社会网络"的概念不断深化和明显化,形成了一套系统的理论、方法和技术,为研究个体之间以及整体之间的关系提供了新的研究方法。

---

① Barnes,"Graph Theory in Network Analysis", *Social Networks*, 1962, No. 5, pp. 35-244.

② Mitchell, *The Concept and Use of Networks*, Manchester University Press, 1969, pp. 1-50.

（二）从网络结构论到嵌入性理论

在社会网络分析理论进一步地发展和成熟过程中，起重大作用的是"新哈佛学派"。从 20 世纪 60 年代开始，"新哈佛学派"占据了社会网络分析理论发展的主要阵地近 20 年，涌现出一大批在国际上有重要影响力的学者，他们极大地推动了社会网络分析理论的研究，并试图把社会网络分析发展成一种有影响力的结构分析方法。

怀特（White）是该学派的创始人，20 世纪 70 年代后，White 和他的学生们一起，不断地改进和发展社会网络分析理论，并致力于建立各种社会结构模型，White 重视结构分析，他所主张的社会结构观可称之为网络结构观，他把人与人、组织与组织之间的关系看成一种客观存在的社会结构，由此分析这些关系对人或组织的影响。网络结构观认为，个体之间的关系都会对主体的行为产生影响，它的主要观点是：第一，网络结构观从个体与个体的关系来认识个体在社会中的位置；第二，网络结构观中的网络是不同个体组成的社会关系；第三，人们对网络资源的获取能力是不同的；第四，人们在其社会网络中是否处于中心位置取决于其所占据的网络资源的多少。White 明确指出，目前所存在的大量的关于社会结构的类型性描述不具有牢固的理论基础，而网络概念可以为建构一种社会结构理论提供独有的方式①。

在新哈佛学派后期，具有重要影响力的学者是社会学家 Granovetter。他被视为社会关系网络理论最主要推动者。Granovetter（1973）对找工作的过程中提供工作信息的那群人进行研究，由此提出了关系强度的概念，他创造性地将关系分为强关系和弱关系，并用四个维度加以测量：情感强度、交流的频率、亲密度和互惠交换。他认为不同的关系在人与人之间、组织与组织之间、个体与社会之间发挥着不同的作用，强关系维系着组织的内部关系，而弱关系则在组织之间建立了纽带联系，从而维系了社会系统的稳定。因此，个人的工作和事业最密切的社会关系不是强关系，而是弱关系，因为

① ［美］怀特：《机会链——组织中流动的系统模型》，张文宏、魏永峰译，格致出版社 2009 年版，第 78 页。

通过强关系获得的信息往往重复性很高,而弱关系则是在不同个体之间发展起来的,个体具有不同的社会经济特征,它能跨越其社会界限去获得信息和其他资源,在不同的团体间传递非重复性的信息,在个体与其他人的联系中,弱关系可以创造额外的社会流动机会,如工作变动等,此外,弱关系还可以进行团体间关系的讨论。据此,他认为虽然不是所有的弱关系都能充当"信息桥",但能够充当"信息桥"的关系必定是弱关系,即提供工作信息的人往往是弱关系①。

弱关系理论的提出对社会网络分析领域产生了重大影响,它使学者们开始注意到弱关系在社会网络中传递资源、信息和知识的重要作用,后期进一步地研究发展了 Granovetter 的弱关系理论,将其应用到不同的社群研究中,但也有学者提出了不同的观点,如华裔学者孙晓娥、边燕杰(2011)通过对中国内地的经验调查研究,重新肯定了强关系的作用②。

强弱关系概念回应了经济社会学家 Polanyi 提出的"嵌入性"观念,"嵌入性"表明经济与政治、宗教之间的互相嵌入关系,强调经济行动是一个制度化的社会过程,是社会的生机之源。在 Polanyi 研究的基础上,Granovetter 进一步对经济行为如何嵌入社会结构做出了合理的阐释,他在 1985 年提出"镶嵌理论",也称"嵌入性理论",梳理了以往的经济学和社会学中对人的行为的研究,提出了"过度社会化"和"低度社会化"的问题,前者过于强调人们在经济行动中社会环境的决定作用,后者则认为人们可以不受约束地实现个人利益的最大化。Granovetter 认为这两者都不能真实地反映现实生活,他指出经济行为是嵌入在社会结构中的,而核心的社会结构就是人们生活中的社会网络,经济行为不仅是理性思考的结果,还受到各种非经济因素的影响③。因此,要从人们所处的社会关系去解释其经济行为,人们的经济

---

① Granovetter, "The Strength of Weak Ties", *American Journal of Sociology*, 1973, pp. 1360–1380.

② 孙晓娥、边燕杰:《留美科学家的国内参与及其社会网络强弱关系假设的再探讨》,《社会》2011 年第 2 期。

③ Granovetter, "Economic Action and Social Structure: The Problem of Embeddedness", *American Journal of Sociology*, 1985, pp.481–510.

行为嵌入社会网络结构之中,经济行为是人们在社会网络内的互动过程中做出决定的,大多数的行为都紧密地镶嵌在社会网络之中,镶嵌理论是建立在群体社会认同的信任关系的基础之上,而不是实质的资源交换,在此之中,网络结构与社会连带关系对于信任关系的建立起着重要作用。个体的信任关系则镶嵌在网络之中,人际互动产生的信任是组织从事交易的必要基础,也是决定交易成本的重要因素。

镶嵌理论自提出以来一直是社会学家、人类学家、政治学家与历史学家的主流研究领域。理解它通常需要从两个方面去认识:一是在与新古典经济学的对话中,镶嵌理论提出了不同的假设;二是在方法论工具上镶嵌理论联结了微观和宏观社会学,社会网络理论和因果推论模型,正如 Granovetter所说"个体的经验与社会结构的主体方面密切相关,完全超越了具体个体的控制范围。因此微观层次和宏观层次的连接并不是多余的,它对于社会学理论的发展具有核心意义"。

在新哈佛学派这一系列的研究成果的影响下,到 20 世纪 80 年代初期,社会网络研究作为一个社会学研究领域真正成熟起来,主要表现在以下几个方面。第一,出现了专门的研究组织。如 Wellman 于 1977 年成立INSNA,即"国际社会分析网络",这是一个为同行间交换信息而成立的国际性网络;1978 年,Freeman 创办了《社会网络》,这是社会网络分析的主要学术刊物;此外,在美国、加拿大、英国等欧美国家也建成了一系列重要的社会网络研究中心。第二,出现了许多专业的研究人员,出版了大量的研究成果。如《社会网络:一个发展中的范式》(Leinhardt, 1977)、《社会网络研究的视角》(1979, Holland)、《网络分析》(Knoke & Kuklinski, 1982)、《结构分析导论:社会研究的网络方法》(Berkowitz, 1982)等,这些研究以研究文集为主,介绍最新的研究成果,也有部分系统性的基础读物,为新接触的研究人员提供入门的学习资料,为社会网络分析的进一步发展奠定了良好的基础。第三,为研究社会网络和社会结构提供了基础性的研究,也发展了与网络相关的行动理论,为之后出现的结构洞理论以及社会资本理论做了前述性的理论铺垫。

（三）从结构洞理论到社会资本理论

自 20 世纪 90 年代以来,经历了 80 年代大量研究成果的积累,以及计算机技术的飞速发展,社会网络分析理论进一步得到突破,不仅在理论上有了进一步的深化,在技术上也更加成熟,社会网络分析方法也因此得到了更加广泛的应用。

芝加哥大学社会学家和战略管理学家 Burt(1992)教授继承了"新哈佛学派"的结构分析观,特别是在 Granovetter 弱关系理论基础上,长期致力于社会网络与社会资本的研究。他首次提出了结构洞理论,从竞争的角度出发,研究人与人的关系在竞争环境中是如何运作的,他认为个体通过跟其他个体产生关联,彼此之间进行着信息的交换,结构洞就存在于竞争环境的社会结构中,而社会结构中的这些结构洞,简称洞,则是竞争环境中的竞争者之间的间断或非对称关系①。简单而言,结构洞就是指两个关系人之间的非重复关系。这是基于将社会网络分为两种不同形式的基础上而形成的理论。Burt 教授认为,社会网络可以分为"无洞"结构和"结构洞"两种形式。"无洞"结构是指社会网络中的任何个体与其他个体都发生联系,他们之间不存在关系间断现象,从而整个网络就是相互连接的,主体之间不需要通过其他第三者与某个个体才能产生联结;"结构洞"的形式则是指社会网络中的某个或某些个体与其他个体发生直接联系,但与另外一些个体不发生直接联系,他们之间只能通过第三者才能产生联结,这样,网络整体中网络结构出现了洞穴的情况。Burt 在对大量的结构关系进行研究时得出以下结论。第一,"无洞"结构只是存在于关系较少的小群体中,而"结构洞"则十分普遍,几乎存在于所有的社会网络中。第二,处于竞争环境中的个体之间的关系类型并不十分重要,因为结构洞的存在为间接连接个体之间的中间人提供了竞争优势,集中表现在信息优势和控制优势上,即中间人为了自身利益最大化可以决定是否传递信息以及控制结构洞的存在。第三,竞争优势不仅是资源优势,更是关系优势。社会网络中占据结构洞较多的竞争者,其关系优势较大,

---

① Burt, *Structural Holes*, *The Social Structure of Competition*, Harvard University Press, 1992, pp.24-40.

更易获得较高的经济回报。组织和社会中的个体都迫切争取占据结构洞中的第三者位置。第四,大多数竞争行为及其结果都可以根据个体在竞争环境中对"结构洞"的接近程度而得到解释。Burt 通过结构洞理论强调了社会网络中关系优势的重要性,虽然不同的个体可能拥有不同的资源或社会资本,但竞争优势更依赖于结构洞的存在,群体之间的弱关系就是市场的社会结构洞,这些社会结构洞为那些关系跨越了这些洞的个体创造了竞争优势①。这表明,结构洞理论与弱关系的假设二者之间有很强的渊源,结构洞之内填充的是弱关系,这是 Granovetter 弱连接理论的进一步发展。此外,在方法上 Burt 在 Granovetter 的一般经验分析的基础之上进行了明确的网络分析。

在 20 世纪 80 年代后期逐渐发展起来了一种新型资本理论。代表人物主要有 Bourdieu、Coleman 和林南等人。从其基本内涵看,社会资本即不同层次的社会主体,其表现形式有社会网络、规范、信任、权威以及为某种行动所达成的共识等,这些主体为了各自的利益会采取不同的行动,从而对社会流动方向产生影响。社会资本镶嵌于社会结构之中,它能通过人与人之间的合作提高社会效率,从而促进经济发展和社会进步。Coleman(1988)指出社会资本是个人所拥有的表现为社会结构资源的资本财产,他们由构成社会结构的要素组成,主要存在于社会团体和社会关系网之中②。林南(2001)认为社会资本是期望在市场中获得回报的社会关系投资,或者说在目的性行动中被获取的或被动员的、嵌入在社会结构中的资源③。在社会网络中,直接和间接互动的行动者通常拥有个人资源和社会资源,其中个人资源为个体行动者所拥有,主要通过继承或先赋、对自己资源的投资、交换三种方式来获取;社会资源是通过社会关系获取的资源。维持和获取有价值的资源是行动者在社会行动中的两个主要动机。社会行动可分为工具性行动

①　Burt, *Structural Holes*, *The Social Structure of Competition*, Harvard University Press, 1992, pp.24-40.

②　Coleman, James, "Social Capital in The Creation of Human Capita", *American Journal of Sociology*, 1988, pp.95-120.

③　[美]林南:《社会资本——关于社会结构与行动的理论》,张磊译,上海人民出版社 2005 年版,第 126 页。

和表达性行动,前者是为了获取不属于行动者拥有的资源的行动,后者是维持已被行动者拥有的资源的行动。社会互动可分为同质互动和异质互动两类。个人参加的社会团体越多,其社会资本越雄厚;个人的社会网络规模越大、异质性越强,其社会资本越丰富,社会资本越多,摄取资源的能力就越强。

经过多年理论研究,社会网络逐渐从一种隐喻发展为实质性的网络结构理论。在 20 世纪 60 年代,随着计算机技术的出现和图论的进一步发展,在新哈佛学派众多学者的推动下,部分学者开始提出把社会网络分析作为一种专门研究社会关系或社会结构的方法。经过 40 多年的发展,社会网络分析方法已经成为一种成熟的研究范式,形成了专门的研究领域,具有专门的概念体系和测量方法,至今仍占据着社会学主流地位。社会网络分析方法的研究对象是社会结构而不是个体,通过研究网络关系,有利于将个体间的关系、"微观"网络与大规模的"宏观"社会结构结合起来。Watts(1999)认为社会网络分析方法具有四个方面的内涵:第一,对具有不同程度局部结构的网络路径进行统计分析;第二,对网络结构做定性描述,如局部特征的聚类分析、非局部特征的弱关系等;第三,对社会网络进行标准化,将网络看作是高聚类的元网络或等价子网络;第四,对成员之间的关系形象化①。使用社会网络分析法进行分析,必须要满足两个要素,一是存在参与主体,二是参与主体之间存在联系,即要求必然存在某种现实的需求引导参与主体之间发生联系。同时社会网络分析法具有一些基本的假设。第一,关系的存在使互动的单位之间联系紧密;第二,行动者与行动者之间不是独立的,而是具有相互依赖性;第三,行动者之间流动的是资源或者信息,关系是其流动的"渠道";第四,网络模型把结构(社会结构、经济结构等)概念化为各个行动者之间的关系模型。Wellman 指出,社会网络分析已经从一种补充性的方法发展到了极高的范式地位,一切社会现象都可以通过揭示其社会结构而得到充分的解释。他总结了社会网络分析的几个基本特征。第一,根据对行动的制约来解释人们的行为,而不是通过其内在因素;第二,关注

---

① Watts, Duncan, *Six Degrees*: *The Dynamics of Networks Between Order and Randomness*, Princeton University Press, 1999, pp.156-210.

对不同单位之间的关系分析;第三,结构可以是具体的群体,也可以是抽象的群体,不用预先假定形成结构的组块一定是有严格界限的群体①。

二、社会网络分析的特征和方法

（一）社会网络分析的特征

从字面解释,社会网络分析是把社会看作一个网络结构进行分析。但如何理解社会网络,在社会学领域不同的学者对其有不同的定义。Mitchell（1969）从社会关系的角度出发,把社会网络定义为一群特定的个人之间的一组独特的联系②。这个定义强调在特定的组织内部,个人与个人之间的相互关系形式是不可替代的。Wellman（1983）从社会结构的角度出发,把社会网络定义为将社会成员连接在一起的关系模式。它强调社会成员间既定的社会结构是一种由关系网络产生而非由先赋地位产生③。以上两类具有代表性的观点都各有其独到之处,可以说为研究社会网络提供了重要的参考意义,但是,他们仅从个人关系的微观范畴出发定义社会网络的概念,而忽视了群体之间的宏观范畴。

社会网络分析是关于社会关系研究的新范式。简单地说,社会网络分析方法主要分析的是不同社会单位（个体、群体或社会）所构成的关系结构及属性,在此基础上,更多地倾向于对网络中互动节点间关系改变的研究,而不是对节点本身的研究。Wellman（1983）指出:"网络分析探究的是深层结构——隐藏在复杂的社会系统表面之下的一定的网络模式。"④Borgaitt（1999）指出,社会网络分析是通过研究行动者之间的关

① Wellman,"Networks Analysis:Some Basic Principles", *Sociological Theory*, 1983, No.1,pp.130-184.

② Mitchell, *The Concept and Use of Networks*, Manchester University Press, 1969, pp. 1-50.

③ Wellman,"Networks Analysis:Some Basic Principles", *Sociological Theory*, 1983, No.1,pp.130-184.

④ Wellman,"Networks Analysis:Some Basic Principles", *Sociological Theory*, 1983, No.1,pp.130-184.

系特征来分析行动者彼此之间的关系,通过这种方式更有利于了解行动者社会网络的基本特征①。Klovdahl(1989)则认为社会网络除了能帮助显示个人社会网络特征外,还能够用于解释丰富的社会现象,因为社会网络在不同的组织结构中扮演着相当重要的角色,当人们在解决问题或是寻找合作伙伴时通常倾向于寻找社会网络中最可能帮忙的对象②。Scott(2000)指出,社会网络分析方法可以对各种网络关系进行精确的量化分析,从而为中层理论的构建和实证命题的检验提供量化的工具,甚至可以建立"宏观和微观"之间的桥梁③。邬爱其(2004)通过对集群现象的研究指出社会网络分析的关键在于把复杂多样的关系形态表征为一定的网络构型,然后基于这些构型及其变动,阐述其对个体行动和社会结构的意义④,孙立新(2012)认为,社会网络分析法是综合运用图论、数学模型来研究行动者与行动者、行动者与其所处社会网络,以及一个社会网络与另一社会网络之间关系的一种结构分析方法⑤。可以看出,社会网络分析的发展和成熟经历了不同的阶段,学者们在理解和运用时存在一定的差异。但相同之处在于,不同的学者都关注特定网络中的关联模式是如何通过提供不同的资源来影响个体的,因此,在社会结构和处理复杂的综合问题的时候,网络分析作为一种研究方法从各个方面提供了一个新的思路。

社会网络分析主要的研究内容包括:社会网络基本属性的研究,如网络直径、密度等;社会网络高级属性的研究,如程度中心度、中间中心度、聚集系数,以及社区结构的研究等等。用图论的语言和符号可以精确简洁地描述各种网络,图是由若干给定的点及连接两点的线所构成的图形,通常用来描述某些事物之间的某种特定关系,用点代表事物,用连接两点的线表示相

① Borgatti, "Models of Core/Periphery Structures", *Social Networks*, 1999, pp.375–395.
② Klovdahl, "Urban Social Network: Some Methodlogic Problems and Prospets", *Network Analysis*, 1989, pp.89–101.
③ Scott, John, *Social Network Analysis: A Handbook*, Newbury Park, CA: Sage Publications, 2000, pp.3–10.
④ 邬爱其:《集群企业网络化成长机制研究——对浙江三个产业集群的实证研究》,浙江大学管理学院博士学位论文,2005 年,第 24 页。
⑤ 孙立新:《社会网络分析法:理论与应用》,《管理学家》2012 年第 9 期。

应两个事物间具有的关系。在社会网络分析方法中,有很多的用于描述节点地位和网络关系图属性的关键要素。

度:指的是社会网络图中某点邻点的个数。

密度:密度是图论中使用最为广泛的概念,描述了两个点之间关联的紧密程度,是实际分布图与网络图的差距。它的测量是用图形中实际存在的线与可能数量的线的比例来表示,该值越接近1,表示网络整体密度越大。

直径:网络中两个节点 i 和 j 之间的距离 d_{ij} 定义为连接着两个节点的最短路径上的边数,而网络中任意两个节点之间距离的最大值叫做社会网络的直径 D。

簇系数:又称作聚类系数,它衡量的是随机网络的集团化程度,是随机网络的一个重要参数。随机图中的结点的簇系数描述的是随机网络中与该结点直接相连的结点之间的连接关系,即与该结点直接相邻的结点间实际存在的边数占最大可能存在的边数的比例。

中心度:中心度是社会网络中描述行动者位置及其相互之间关系的重要概念,它是由 Freeman(1979)在系统定义"局部依赖性"这个社会网络概念时最先提出来的①,并在其著作中对一整套中心度的测量方法进行了详细说明,简单来说,中心度描述了行动者在网络中的"中心"地位。在有向图中,中心度还包括了内中心度和外中心度,分别对应"入度"和"出度"。

子群体:子群体是指社会网络的网络子集,该子集中行动者之间的联系比社会网络中的其他行动者之间的联系更加紧密。社会网络的基本元素除了行动者外,还包括由行动者组成的各式各样的小团体,称之为子群,子群内的成员包括网络中一小群关系特别紧密的行动者,子群与子群相互结合而形成复杂的社会结构。小团体分析有四种类型:节点程度分析、节点距离分析、绘图分析、小团体密度分析。在一个社会网络图中,派系指的是至少包含三个点的最大完备子图。有研究者对此概念进行了推广:如果一个点集的任何两点都可以通过一定的路径相连,这样的点集叫做成分(compo-

---

① Freeman,"Centrality in Social Netwrks:Conceptual Clarification", *Social Networks*,1979,No.1,pp.215-239.

nent)。很显然,派系比成分要严格得多,一个成分中的所有点之间不要求都是邻接的,而派系中的点都必须邻接,对于一个总图来说,如果其中的一个子图满足如下条件,就称之为 n-派系:在该子图中,任何两点之间在总图中的最短距离不超过 n。

(二)社会网络分析方法

社会网络分析方法作为社会学研究的一种方法,与其他方法遵循类似的研究程序。一般而言,科学的研究思路可以从经验观察到理论构建,也可以从理论到经验(理论检验),这是两种截然相反的逻辑。在第一种方法里,通过描述和分析现象中的事实,形成经验概况并以一定的命题形式上升到理论,并在此理论的基础上做出预测,再通过观察新的事实加以验证;第二种方法则从理论出发,由理论推演出合理的假设,再在假设的引导下进行经验观察,通过观察对理论或假设进行验证,最后修改或者提出新的理论。这两种不同的逻辑方法分别称为归纳推理法和演绎推理法。在实际中,社会网络分析具有自己独特的研究步骤,它的步骤一般为:选择研究对象、收集数据、数据分析、评估改善。在进行数据分析时一般通过社会网络分析软件进行定量计算,结合定性分析来提出评估改善措施。

社会网络分析方法正在引发人们越来越多的兴趣,然而,作为一种新的网络分析方法,它要求较高的技术语言和数学语言,这就给理论联系实际带来了一定的困难,良好地掌握社会网络分析方法,需要理解网络结构中涉及的主要测度,以及评价社会结构时所使用的关键概念,如:密度、中心度、派系等,同时也要对理论模型和研究对象之间的关系进行合理的判断。

社会网络分析已经被广泛地应用在对亲属关系、社区结构、连锁董事、精英结构等研究当中,从技术层面上可以分为三个不同的层次:第一,基本构成要素。把网络表达为由点和线构成的图,并且指出如何据此提出一些概念,如距离、方向、密度等;第二,点的中心度和整体网的中心势,指从局部的、个体中心测度转移到整体的、社会中心的测度;第三,社会网络内部子群,即网络分裂开后的派系和社会圈。

社会网络分析过程中涉及大量对网络中的主体(人或部门)之间交互情况的数据资料分析处理的工作,社会科学数据的特点是可以得到明确的理解,它们是通过意义、动机、定义和类型化建构起来的,数据主要分为"属性数据"和"关系数据"两类。属性数据指行为主体的态度、观点和行为方面的数据,这类数据的主要分析方法是变量分析法,把各种属性用一些特定变量的取值来表示;而关系数据则是关于联系、关联、群体依附等方面的数据,是反映个体之间联系的数据,这类数据把主体和其他主体联系在一起,不能看作是单一主体的属性,因为关系不是行动主体的属性,而是行动主体系统的属性。社会网络分析适用于分析"关系数据",而此类数据形成于一个解释过程中,在社会网络分析中,社会关系被认为是表达了社会成员之间的关联,既可以进行定量的统计计量,也可以对其网络结构进行定性测度。社会网络分析强调对社会结构进行研究,而结构是建立在关系的基础上,因此,关系数据处于核心位置。社会网络关系数据的处理包括数据的搜集和表示。尽管各种不同的数据类型都各有其适当的分析方法,但是收集各个数据的方法并没有什么独特之处,在任一情况下,问卷法、访谈法、参与观察法或者文献分析法等都可以收集数据。

社会网络分析使用的数据通常有两种表现方法,分别是图论法和矩阵法。一般用网络图和邻接矩阵来描述和刻画个体间复杂的关系结构。用图来表示关系数据,增加了数据的可视化效果,这是其他抽象的数据分析方法所不具备的优点。图示法以点和线的形式表示行动者及其关系,是指用社群图来描述社会关系的结构、特征等属性。社会关系的形成具有一定的方向性,它一般通过节点之间的连线方向表示关系的互动方向。矩阵法,又称邻接矩阵法,是把社会网络中的每一个节点或关系按照行和列的方式排列形成矩阵网络,矩阵中的行和列对应着社会网络中的节点,行和列对应的矩阵元素则表示节点之间的关系。用邻接矩阵来表示的关系数据与传统的属性数据表示也有很大不同,因为在属性数据表示中,以行作为行动者,列为行动者的各种属性,而在邻接矩阵中,行和列同时为行动者。矩阵法可以对群体关系进行具体描述,例如,在最简单的二值矩阵中,矩阵中的元素只能取值为 1 和 0,取值为 1 时,则对应的节点之间存在社会关系,取值为 0 时,可认为对应的节点之间不存在联系。与图示法类似,根据是否表示节点之间关系的方向性,分为无向社会网络关系矩阵和有向社会网络关系矩阵。

通过社会网络关系图,可以对社会网络有直观的认识,它能够形象地表示社会网络。但是,社会网络关系图不能利用计算机对社会网络进行分析,而邻接矩阵表示法则可以借助计算机这个强大的工具来分析社会网络。

三、社会网络分析的研究现状

(一)国外研究现状

在近几十年的发展历程中,社会网络分析的课题涉及职业流动、世界政治与经济系统、社区精英决策、社会支持、社区群体问题等诸多方面,社会网络分析方法表现出极大的应用前景。有学者试图把网络视为一种结构社会,试图用网络结构和过程来剔除一些结构概念中不必要的规范性成分,探讨建构一种网络式的社会结构。White(1988)和 Wellman(1990)分别从网络角度对市场和现代社区做出解读和诠释①②,在之后的研究中,部分学者沿着 Granovetter 的嵌入性观念深入挖掘,证明了关系结构的普遍性及其在解释和说明社会行动方面的不可替代性,同时,关系结构对关系网络影响和突破制度框限的潜力也是一种支持,它质疑了对诸如市场、组织等能够脱离关系网络而自主发挥作用的观点。如 Putnam(2000)认为,社会结构在性质上存在着沟通桥梁性和团结约束性之分③。同 Coleman 关注闭合结构的经济效应不同,他特别强调,开放性结构对作为民主政治之社会基础的公民精神的形成具有积极影响。近年来一些研究者开始关注对一些关系性概念的主观理解。行动者与研究者之间以及不同行动者之间对关系概念的不同理解,会影响到所收集的关系资料的质量。如有研究者认为"朋友"是一个相当棘手的概念,因为研究者和被访者的理解有很大差异,甚至不同的被访者在谈到朋友这一关系类型时,所指的关系内容亦千差万别。

---

① White, Harrison, *Social Structures: A Network Approach*, Cambridge University Press, 1988, p.35.
② Wellman, Barry, "Different Strokes From Different Folks: Community Ties and Social Support", *American Journal of Sociology*, 1990, pp.558–588.
③ Putnam, Robert, "Bowling Alone: The Collapse and Revival of Americian Community", *N.Y.: simon & Schuster*, 2000, pp.5–18.

（二）国内研究现状

社会网络分析方法兴起于西方,国外已经积累了较多的研究成果,相比之下,国内关于社会网络分析的研究还有一定差距,目前国内文献主要集中在两个方面:一是理论的梳理,试图系统性地介绍西方已经相对成熟的基本理论,尽量在国内形成标准化的基本概念、方法和术语;二是吸收和借鉴西方已有的研究成果,在各个研究领域尝试性地应用社会网络分析方法进行实证研究。

国内学术界自20世纪90年代末才开始重视社会网络分析方法的介绍和应用。1999年,《社会学研究》出现了社会网络分析专栏;近年来,部分学者系统翻译介绍西方社会网络分析成果,以及编写介绍社会网络分析方法的教材,并逐渐在国内运用社会网络分析方法进行本土研究,引起了广泛影响①②③。

中国传统社会与西方社会典型的团体格局有着显著的差异,后者强调独立个体之间的交往,而中国传统社会的格局是以"圈子"为基本特征的。差序格局与中国传统社会的基本特征相适应,描述了这种中国特有的关系模式。正如费孝通(1998)所说,"我们的格局不是绑在一起的柴火,而更像是在池塘里扔进一个石子激起的层层波纹圈,每个主体都是自己波纹的一个中心,被圈子的波纹所推及的就发生联系,每个人在某一时间某一地点所动用的圈子是不相同的",他认为我国社会的人际关系是以己为中心,然后逐渐向外推移,这也是导致差序格局的主要原因。而造成和推动这种波纹的是以家庭为核心的血缘关系,血缘关系的投影进一步又形成地缘关系,中国传统社会的人际关系以血缘关系和地缘关系为基础,血缘关系与地缘关系相辅相成,不可分离④。

国内在介绍西方社会网络分析成果的同时,也尝试运用它来开展一些

---

① ［美］林顿·C.弗里曼:《社会网络分析发展史:一项科学社会学的研究》,张文宏、刘军、王卫东译,中国人民大学出版社2008年版,第115页。

② ［美］约翰·斯科特:《社会网络分析》,刘军译,重庆大学出版社2007年版,第45页。

③ 刘军:《法村社会支持网络——一个整体研究的视角》,社会科学文献出版社2006年版,第65页。

④ 费孝通:《乡土中国》,北京大学出版社1998年版,第26页。

应用性的研究,并取得了一定的成功。1999 年,张文宏、阮丹青和潘允康对天津农村居民社会网进行了研究,这是关于中国内地社会网第一次系统性的问卷调查研究,研究得出,天津农村居民社会网具有高趋同性、低异质性和高紧密性的特征①。同年,张其仔为了探究社会网络理论是否适用于中国的社会网络环境,对我国的一个村庄进行了研究,认为该理论只具有部分适用性,同时,他的研究也验证了弱关系的力量假设对中国农村社会领域的适用性②。张其仔的研究具有明显的反思性,他运用本土案例去验证西方已有的观点和方法,具有重要的启示作用。香港科技大学的边燕杰教授利用对中国内地的经验调查数据针对格拉诺维特的"弱关系的强度"假设进行了研究,重新肯定了强关系假设。他提出,中国特有的人情关系通常是强关系,在以伦理为本位的中国社会条件下,信息的传递往往是关系的结果,而不是原因③。后来,他又结合林南的社会资本理论,进一步研究了城市居民的社会网络构成、不同阶层的社会网络和社会资本差异等问题,推动了国内社会网络分析的应用。

进入 21 世纪,社会网络分析方法作为一种分析工具广泛使用在各个学科领域,现已逐步发展到了图书情报、经济学、管理学、网络测量技术等多个学科领域,特别是在分析网络的具体形态、过程和作用上的应用。费钟琳和王京安(2010)介绍了社会网络分析在管理学中的知识管理、创新管理和产业集群研究上的应用,旨在为进一步在管理学研究中使用社会网络分析方法提供导引④。不仅如此,对社会网络分析本身的全面介绍或系统阐述也开始逐渐显现,如张存刚、李明和陆德梅(2004)不仅介绍了社会网络的基

---

① 张文宏、阮丹青、潘允康:《天津农村居民的社会网》,《社会学研究》1999 年第 2 期。

② 张其仔:《社会网与基层经济生活——晋江市西滨镇跃进村案例研究》,《社会学研究》1999 年第 3 期。

③ 孙晓娥、边燕杰:《留美科学家的国内参与及其社会网络强弱关系假设的再探讨》,《社会》2011 年第 2 期。

④ 费钟琳、王京安:《社会网络分析:一种管理研究方法和视角》,《科技管理研究》2010 年第 24 期。

本结构特征和社会网络分析的主要概念,还归纳了两种分析取向,即关系取向和位置取向各自的基本内容,并总结了它的基本特征①。

国内学者在应用社会网络分析方法的过程中也有将其运用到群体心理学的分析当中,他们率先对大学生人际关系进行心理学研究,然后从社会生活的方方面面,以各种不同的群体为研究对象展开了研究。薛靖和任子平(2006)从社会网络角度探讨了个人外部关系资源与创新行为的关系,得到个人外部关系资源会影响网络中心性,并且网络中心性在外部关系资源与创新行为关系中不起中介作用②。代吉林和张书军(2010)提出了一个集群企业网络、知识获取、组织学习、模仿创新与绩效关系的概念模型,并通过问卷调查的实证研究方法对概念模型进行了检验③。任义科、李树茁和杜海峰等(2008)利用深圳市的调查数据,分析了农民工社会支持网络和社会讨论网络的微观、中观和宏观结构,以及综合三种层次结构的复杂网络模型,探讨农民工社会关系的深层次结构特点和农民工的社会融合问题④。

在组织结构方面,嵇登科(2006)实证研究了企业内部网络和外部网络对技术对创新绩效的影响,指出企业外部网络的强度、规模和位置对提升技术创新绩效有积极的作用⑤。肖冬平和彭雪红(2011)以社会网络、新经济社会学、创新网络、组织关系、知识管理等理论为指导,将知识网络结构特征、合作伙伴关系、知识创新三者相结合,从网络密度、中心性、网络中心度、聚集系数、派系或群落、结构洞等方面对知识网络的结构特征进行了分析,研究了组织间合作伙伴关系质量受结构特征的影响程度,以及企业知识的

---

① 张存刚、李明、陆德梅:《社会网络分析———一种重要的社会学研究方法》,《甘肃社会科学》2004 年第 2 期。

② 薛靖、任子平:《从社会网络角度探讨个人外部关系资源与创新行为关系的实证研究》,《管理世界》2006 年第 5 期。

③ 代吉林、张书军:《集群企业网络结构的个案分析与实证检验》,《科技管理研究》2010 年第 3 期。

④ 任义科、李树茁、杜海峰:《农民工的社会网络结构分析》,《西安交通大学学报(社会科学版)》2008 年第 5 期。

⑤ 嵇登科:《企业网络对企业技术创新绩效的影响研究》,浙江大学管理学院硕士学位论文,2006 年,第 15 页。

创新能力受二者综合程度的影响①。蔡宁和吴结兵(2006)从网络的角度对产业集群进行了研究,从网络动态能力以及企业网络结构属性两个方面研究了产业集群竞争优势形成的微观机制,认为在集群竞争优势发展中,网络结构属性起着不可替代的作用②。梁孟荣(2007)从企业的外部关系角度研究了集群技术创新的相关问题,认为"知识累积""交互试错"和"集体学习"机制通过正式的关系网络对创新绩效有着积极的影响,并研究了非正式关系网络通过"环形通道"和"箭头通道"影响创新的内在机理,提出了娱乐网络的关系互动、"技术社区"的关系互动和劳动力流动等是实现非正式关系网络创新机制的主要途径③。

总的来说,国内对于社会网络分析方法的研究与应用还不够成熟,特别是在研究社会网络分析的理论研究以及在社会网络分析的基本建设方面,与国外相关领域的发展存在着一定的差距。但相比之前已经有了很大的进步,有学者尝试性地进行了实证研究,虽然在层次和理解上还有一定的欠缺,但出现了许多研究中国社会网络的新成果,可以看出,近几年国内关于社会网络分析方法的研究越来越多,不仅仅是因为它提供了一整套新的社会研究技术,更重要的是它提供了一种新的分析思路或范式,社会网络分析方法已经逐渐成为一套描述与分析社会关系结构的数学工具,由于其本身的优点,其应用范围也将越来越广。

(三)小结

网络无处不在,无论是现实中的亲人、朋友或是各种社会组织中的成员,还是互联网时代虚拟世界中的各种复杂关系等,这些都是以网络结构的形式出现在我们身边。在过去的几十年发展中,网络不管是在现实生活还是在虚拟世界,都呈现出越来越复杂的趋势。如今网络更是在社会结构的

---

① 肖冬平、彭雪红:《组织知识网络结构特征、关系质量与创新能力关系的实证研究》,《图书情报工作》2011年第18期。

② 蔡宁、吴结兵:《产业集群组织间关系密集性的社会网络分析》,《浙江大学学报》(人文社会科学版)2006年第4期。

③ 梁孟荣:《基于社会网络结构的产业集群技术创新研究》,南京航空航天大学经济与管理学院硕士学位论文,2007年,第43页。

各个层面都显示出其强大的影响力,网络关系已经遍及了社会的各个角落和不同领域,也跨越了众多的地域和国家,整个世界已经处于同一个网络之中,社会网络是它维系社会结构的纽带。

传统整体主义方法论者重视对社会结构本身的研究,但他们对结构概念的使用存在着分歧,而社会网络分析理论认为,社会结构在不同的层次上都可以用网络模型来解释其社会关系。社会网络分析假定:在互动的单位之间存在着非常重要的关系。这种关系是资源传递或信息流动的"渠道",既可能为个体的行动提供机会,也可能限制个体的行动。由此,Wellman(1983)概括了社会网络分析的基本原则:第一,世界是由网络组成的;第二,解释社会行为时,社会关系比社会成员特点更加有说服力;第三,行动者如何行动的规则源于其在社会关系结构体系中的位置;第四,行动者之间的关系是资源流动的渠道;第五,网络结构研究的单位是关系,而不是个人[1]。

社会网络分析是在人类学、心理学、社会学、数学以及统计学等领域的基础上发展起来的,现已经历了70多年的历史。一般而言,目前对于"社会网络"的使用有两种含义。一种是将网络作为一种分析工具;另一种则是将网络视为一种现实存在的实体,从而使之成为一个受多学科关注的研究对象。林聚任(2009)指出社会网络分析不仅是一种社会研究的具体方法,更是一种研究社会结构关系的新思路,社会网络是人类关系特征的突出表现形式,它集中体现了社会的结构属性[2]。社会网络分析认为,社会结构的实质是社会存在的一种形式,而非具体内容。随着网络技术的发展,这种方法开始被广泛地用于对关系更加复杂的网络虚拟社区中人际交流的研究。

---

① Wellman, "Networks Analysis: Some Basic Principles", *Sociological Theory*, 1983, No.1, pp.130-184.

② 林聚任:《社会网络分析:理论、方法与应用》,北京师范大学出版社2009年版,第10页。

第四节　利益相关者理论

一、利益相关者理论的特点

新古典主义经济学认为企业是一个投入产出的"黑箱",这种思想从 20 世纪六七十年代开始就受到学者们的批判,也因此引出了大量关于这方面的文献。这些文献大多以交易费用、委托代理、不完全契约、信息不对称等概念为核心而展开,形成了所谓的主流企业理论,认为股东是企业剩余风险的承担者,因此理所当然地享有公司最终的控制权与所有权。如果任何一个股东都没能拥有一个公司足够的股票以至于能控制公司,最终的结果就是控制企业的人并没有拥有企业全部的所有权,而任何股东对公司也并没有全部的控制权。于是,所有权与经营权开始分离,并通过委托协议,股东把控制权交给企业管理者,而管理者对股东的财富增值负有责任,他要从股东利益最大化的立场出发来经营企业,促进企业成长,这就是"股东利益至上论"。

伴随着 20 世纪六七十年代"股东利益至上论"的盛行,管理者开始忽略其他相关者的利益,比如债权人、社会公众等,于是开始出现一些社会矛盾。这种主流企业理论的观点也开始受到抨击,甚至在主流企业理论本身的观点当中,就可以发现利益相关者理论的影子。至 80 年代中期以后,部分学者就认为企业不仅仅是股东的企业,只要是与企业具有利益关系,对企业的生存与发展进行了投资,并承担了企业一定经营风险的人都应该拥有企业的所有权,这就是利益相关者理论的初现。

有关利益相关者的概念自该理论提出以来有很多不同的表述方式,对此并没有一个得到所有人认同的概念。卡拉克森认为,"利益相关者是指在企业中投入了一些实物资本、人力资本、财务资本或其他一些有价值的东西,并由此而承担了某些形式的风险的主体"①,这种表述则强调了利益相

---

① ［美］米切尔·伍德福德等:《宏观经济学手册(第 1A 卷)》,刘凤良等译,经济科学出版社 2010 年版,第 504 页。

关者与企业之间的关联关系,由此对于媒体和社区环境等便就不包括在内。整个定义的趋势表明对利益相关者的界定趋于具体化和集中化。在卡拉克森的基础上,我国的陈宏辉、贾生华对利益相关者的概念进行了进一步的表述,他们提出"利益相关者是指那些在企业中进行了一定的专用性投资,并承担了一定风险的个体和群体,其活动能够影响该企业目标的实现,或者受到该企业目标实现的影响"①。这种描述不仅强调其关联性,同时也强调了投资的专用性,相比卡拉克森的说法,其阐述更为清晰。不同的学者从不同的角度对利益相关者理论都有不同的认识,但不论是哪一种认识,都具有以下特点:

（一）企业剩余所有权和剩余控制权的分散对称分布

企业剩余权的分布问题是指企业的剩余控制权和剩余所有权在企业中是如何进行分布的,对于股东,当然拥有企业的剩余控制权与剩余所有权,但是对于如供应商、分销商、消费者等利益相关者是不是也应该拥有企业的剩余控制权和剩余所有权。

剩余所有权和剩余控制权的分散对称分布就是指在企业中谁拥有剩余的所有权,那他就应该拥有剩余控制权。早期学者发现,要想提高企业的运作效率,就要求剩余所有权和控制权的安排应当具有对应效果。如果在企业中的剩余所有权与剩余控制权发生了分离,也就是通常所说的产权残缺,那么企业就会表现出低效率,仅有剩余控制权则缺少激励性质,而仅有剩余所有权则表现为被动和空洞。只有当二者相匹配,才会达到权责统一的目标,对资产增值享有分配权的同时又承担其增值过程中的风险,从而实现公司价值的最大化,最大限度地利用公司的资产,实现社会资源的优化配置。

自所有权与控制权的这种理论出现以来,很多学者对如何实现剩余所有权与剩余控制权的对称分布进行了研究,在研究中发现二者之间的分布存在一个"集中"和"分散"的问题,即剩余所有权和剩余控制权应当在人力资本的所有者(或非人力资本的所有者)之间进行一定的分散安排还是应

---

① 贾生华、陈宏辉:《利益相关者的界定方法述评》,《外国经济与管理》2002 年第 5 期。

当完全归于其中的某一个所有者。而利益相关者理论则认为剩余所有权和剩余控制权应当在人力资本所有者和非人力资本所有者之间进行分散安排。

（二）企业的目标

随着时代的变化，企业面临着越来越多的风险，股东作为企业资本的最初来源，承担了企业的主要风险，但是非股东的投资者例如债权人也承担了企业的部分风险，例如破产风险。如果没有非股东的利益相关者对企业的资金投入，那么企业的经营很有可能就会陷入困境，因此利益相关者理论认为企业的目标不仅仅是股东利益最大化，而应当是所有的利益相关者的利益最大化。

在所有的利益相关者当中，有些非股东风险可能会大于股东风险，例如当企业的负债比较高，企业从事的经营活动又属于高风险高回报的时候，债权人承担的风险就会明显大于股东承担的风险。随着科学技术的发展，企业开始进入知识经济时代，人力资本在企业中的作用显得越来越重要，这些人力也是企业的利益相关者，为企业投入了知识劳动，也期望得到相应的回报。传统的委托代理理论则认为，企业的股东对企业的行为是最积极的，所以应当让企业的股东来监督企业代理人对企业的行为，只有这样才能使资本的使用得到最优化，最终运营的结果是：剩余收益归属于股东，而其他非股东投入者则在边际上获得正常的或市场竞争性的收益。而与此不一样的是，利益相关者理论则认为所有的拥有合法性利益的个人和团体参与到一家公司中，其目的在于获得一定的收益，而并不主张某一方的利益和收益要求比其他的参与者更优先。

（三）企业的本质

企业的各利益相关者通过企业连接着相互之间的关系，并通过各种方式来执行相互之间显性和隐性的契约，从而约束各利益相关者各自的责任与义务。这就是利益相关者对企业本质的理解。传统的观念认为企业中只有股东才是剩余风险的承担者，而实际上员工、供应商、债权人等都有可能承担剩余风险，企业中各种契约大部分都是以协商的方式来完成。以职工为例，拥有相同技术的职工在一些大型的企业中所取得的收入要高于同条件下在小型业主式企业中所取得的收入,从经济学的角度来看,这部分"高出收入"实质上就是因团队生产的优势所形成的一种对剩余收益的分享,这在某些特定的产业中表现更为突出。

当一员工长期受雇于同一企业以后,就会形成一种针对该企业的专用化技能,这种观点的提出主要是基于以下三个理由:第一,解雇那些高工龄员工的成本很高;第二,员工随着在公司受雇时间的增长,其收入的提高要高于他们所预期的仅因自己技术成熟而应该增长的收入;第三,在长期受雇中,职位的变化率要明显低于平均水平。从这种观点来看,人力资本也有一定的专用性质,这种专用性同时也就表明,人力资本的所有者也承担着企业的剩余风险。简单地说就是,如果某一员工长期从事同一企业的某一工作,由于其分工的专业化,一旦其所在的企业发生破产,这些员工就会面临着失业或者至少工资下降的风险。所以这些员工在分享企业剩余收益的同时也承担着企业的剩余风险。尤其是对于大龄员工,这种风险就更加明显,因为大龄员工的学习能力与适应能力都开始慢慢下降,其承担的风险也就越高。由此,非股东利益相关者同企业关系的密切度不亚于股东,他们对企业的生死起着至关重要的作用,同时企业的发展对他们的影响也非常显著,为了让企业保持一个健康持续发展的状态,所有的利益相关者都必须通过契约来形成一套相互间的协调机制,只是在这个机制中,股东和非股东各自的话语权并不相同。

二、利益相关者理论的应用

（一）公司治理

在我国,李维安和杨瑞龙等人是较早在公司治理方面运用该理论的学者,杨瑞龙在以知识分工为基础的决策权配置与最优企业所有权安排、控制权分配与企业治理、资产专用性角度的利益相关者分析等方面都作了较为深入的研究,他阐述了利益相关者共享企业的所有权,并共同治理企业的优越性,并在此基础上提出了"多边治理"的理念[①];共同治理虽然有其优越

---

① 　杨瑞龙:《由"股东至上"到"共同治理"》,《光明日报》2002 年 2 月 19 日。

性,但是也有其局限性,其治理的对象仅限于债权人和企业员工,机制主要限于董事会的参与,其功能也主要限于监督与制衡。与此不同的是,李维安从公司治理的角度研究了利益相关者参与的实现机制,提出中国国有企业治理应该实现从"行政型治理"到"经济型治理"的转型,构筑了"经济型治理模型",提出了"公司治理边界"等重要概念。在 2000 年率先推出的"中国公司治理原则草案"中,李维安也把利益相关者作为重要的一部分写进了原则①。让所有的利益相关者参与公司的治理具有多方面的优势:能够提升公司的盈利空间,最大限度地降低市场的不稳定性,对公司的长期绩效也具有积极的影响,等等。

(二)企业绩效评价

利益相关者理论作为对"股东至上"理论的否定,提出了以利益相关者的利益最大化为目标和利益相关者共同治理的治理结构,因此基于股东利益最大化理论的绩效评价体系也应进行相应的变革,这样才能使绩效反映出新的治理目标,适应企业管理的需求,企业绩效评价是利益相关者理论的研究核心。贾生华认为,在利益相关者理论的研究领域中,应主要关注评价企业哪方面的绩效、谁来进行企业绩效评价、如何将评价结果应用于企业的管理工作、采用何种方法评价等问题②。该理论下的企业绩效评价方法一般遵循如下程序:识别各利益相关者以及每一类利益相关者对企业的利益需求;对识别出的所有利益相关者进行排序;确定各利益相关者利益需求的实现方式;以利益相关者理论为基础对企业进行绩效评价;最后,考察企业绩效与利益相关者的利益要求及其实现方式的关系,施以必要的激励措施。

三、利益相关者理论的发展趋势

无论是股东利益最大化理论,还是利益相关者理论,二者均表现出一定的极端性。对于差异化的利益相关者,其在企业运营中表现出的重要性也

---

① 李维安、邱艾超、阎大颖:《中国公司治理主体和治理边界的变迁路径》,《中国社会科学报》2010 年 12 月 10 日。

② 贾生华、陈宏辉:《利益相关者的界定方法述评》,《外国经济与管理》2002 年第 5 期。

是不同的,他们向企业投入了不同的资金或其他资源,因而需要面对的风险
也各不相同,一些利益相关者基于自身需要,向企业投入了更多的资源,自
然也需要肩负更大的剩余风险,而其他一些利益相关者仅仅是以一种被动
的方式来承担风险,我们有必要对上述两种利益相关者加以区分,从而合理
确定所谓的核心利益相关者。所以,如何在实现股东利益最大化的同时,又
不损害其余利益相关者的利益,这要求企业应积极找寻和确定一个平衡点。
核心利益相关者对于企业而言,属于深度参与者,为了获得相应利益,他们
必须以企业为依靠,与此同时,企业为了可持续运营下去,也同样必须以他
们为依靠。陈宏辉和贾生华(2004)曾针对核心利益相关者这一概念进行
过下述阐释:在所有企业中,有三类人员不可或缺:一是股东,二是管理者,
三是员工,以上是企业日常运营的直接参与者,他们已经和企业形成了一荣
俱荣、一损俱损的关系。不管出于何种角度,他们均应当被归属于一个企业
的核心利益相关者。并针对此进行了实证研究,首先确立三大维度(均相
对于非核心利益相关者而言):一是主动性,二是重要性,三是要求的紧急
性,然后通过切尔评分法以实现对核心利益相关者的准确界定,结果发现股
东、管理者以及员工和企业存在直接且紧密的利害关系[1]。并不是每一位
股东均特别关注企业的未来发展,很多股东只着眼于股市的运作,所以,基
于参与企业治理这一视角,可将股东划分成两大类:一类是核心股东,另一
类是非核心股东。前者比较深入地参加企业的日常经营,关注企业的可持
续发展,而后者只着眼于股市的运作,关注企业的短期收益,通常不关心不
介入企业的日常经营。鉴于此,邓汉慧和张子刚(2006)针对核心利益相关
者这一概念进行了如下定义:那些为企业投入了高专用性投资,直接介入企
业日常经营,且肩负着较高风险的个体或者群体,其活动将会对企业的整体
运作产生直接且重要的影响,缺少了这一部分人企业将难以为继[2]。江若
尘(2006)从企业绩效这一研究视角出发,以企业不同经营目标的利益相关

---

① 陈宏辉、贾生华:《企业利益相关者三维分类的实证分析》,《经济研究》2004 年
　　第 4 期。
② 邓汉慧、张子刚:《企业核心利益相关者共同治理模式》,《科研管理》2006 年第
　　1 期。

者为研究对象,对其各自的重要性予以排序,实证研究结果显示,不管基于何种经营目标而进行的重要性排序,经营者均排在第一位,而员工则基本上位于所有目标的最后面①。这揭露了国内管理者对以人为本这一经营理念缺乏足够的理解和重视,同时也以一种间接的方式说明了普通员工的人力资本在稀缺性方面远远不如物质资本。由于在市场竞争中,人力资本的价格高度透明且已然成型,因而在生产型企业中,物质资本比人力资本表现出更为明显的优势。而经营者在所有目标上均表现出头等重要性,说明经营者这一类的人力资本是至关重要的,是所有企业可持续发展的关键性资源。对于经营者而言,其能力主要包括以下两大方面:一个是创新能力,另一个是前瞻能力。领导者素质往往可以决定企业的未来发展,因而相较物质资本而言,经营人力资本更加稀缺,且表现出难以定价的特征,所以,对于中国企业而言,做好对经营者的约束和激励工作便成了一项头等大事。何新明和林澜(2010)以对企业经营施加核心影响的利益相关者群体为研究对象,分析其对企业绩效的影响,结果发现,顾客导向会给实际总体绩效带来非常明显的影响,发现在所有的利益相关者群体之中,顾客是关键人员,其满意度关系着企业的生存和发展,现代企业均十分重视顾客忠诚度的维持和提升②。就本质而言,顾客忠诚也可以认为是企业针对顾客而进行的一种比较特殊的投资,即一种典型的基于信任的投资。所以从剩余所有权中剥离出相应比例分给顾客,能够帮助企业获得更为理想的顾客忠诚度,从而保证企业的可持续发展。当然不同性质的企业,其关于核心利益相关者的界定通常存在一定的差异,无论是核心股东,还是经营者,又或者是顾客,均可能是某个企业的核心利益相关者。值得一提的是,企业与其利益相关者之间的关系并非人为设计或控制的结果,而是一种市场运作的结果。正像米切尔提到的那样,对于核心利益相关者而言,其状态并不会保持着相对固定的特性,其构成往

---

① 江若尘:《企业利益相关者问题的实证研究》,《中国工业经济》2006 年第 10 期。

② 何新明、林澜:《企业利益相关者导向:组织特征与外部环境的影响》,《南开管理评论》2010 年第 4 期。

往处于一种动态的变化之中①。核心利益相关者的这种治理方式,主要表现出下述优势:第一,在所有企业中,核心利益相关者均表现出一定的相似性,均涉及专用性投资的大量投入,同时肩负着企业的剩余风险,并高度介入企业的经营,企业运营和发展的好坏将会对他们的经济收益带来直接影响,所以,他们均会从达成自身目标或者维护自身利益的角度出发而致力于企业的正常运营和可持续发展,而为核心相关者带来更多的财富也是企业的主要目标之一。如此一来,既能有效规避股东利润最大化这一治理方式存在的由于追求短期绩效而影响后续发展的问题,又能够有效规避相关者管理这一治理方式存在的由于兼顾全体利益相关者而导致企业服务主体泛化及其带来的效率低下问题。核心利益相关者共同治理这一模式既能够避免寄生关系的形成,又能够避免偏利共生关系的形成,从而构建一种互惠共生的、先进的、科学的利益相关关系。第二,在处理与非核心相关者的关系方面,通常有两种机制来完成,一种是政府机制,另一种是市场机制,且以第二种机制为主。企业肩负的额外的社会责任和其经济绩效之间存在一定的负相关关系,所以与其采用内嵌的方式,倒不如借助国家干预这一方式来保证和维护其应得的合法权益,但若采用市场机制,则效果更佳,且成本更低。陈宏辉(2007)通过实证研究指出,在我国现阶段的企业之中,特殊利益集团等通常不会被归结到企业利益相关者的范畴中去,因此企业完全不必为了满足某种理论上的需要而去肩负起额外的社会责任,而企业以经济性为代表的多目标发展很显然会给企业增添一些沉重的包袱,导致企业在经营效率上受到一定程度的负面影响②。

　　传统的企业理论把经济利益最大化作为企业唯一的目标。而利益相关者理论则认为企业除了实现经济利益外,在社会上、政治上也应当具有一定的目标。这就有可能在某些情况下会使企业陷入一种道德困境。而随着利

---

① 李维安、邱艾超、阎大颖:《中国公司治理主体和治理边界的变迁路径》,《中国社会科学报》2010 年 12 月。

② 陈宏辉:《企业利益相关者理论视野中的企业社会绩效研究述评》,《生态经济》2007 年第 10 期。

益相关者理论的普及,企业的行为也会受到更多无形的限制,需要满足更多方的需求,这就很有可能会损害企业的经济利益,就会陷入一种顾此失彼的境地,特别是在社会责任方面,通常为了实现一定的社会责任,企业不得不损失一部分经济利益,而过多地考虑到社会责任,又会让对手有可乘之机,丧失了经济上的优势。

对于利益相关者的界定一直都是一个比较宽泛的问题,那么其边界的确定就成了一个问题。

不同的学者对这个问题提出了很多观点,但是始终没有一个特定的答案,利益相关者涉及范围有十几种,但是孰轻孰重,直到现在学术界依然没有一个定论。如何将利益相关者理论运用于实践?国内很多学者从多方面对利益相关者的可行性进行了分析和探讨。不过,由于利益相关性理论本身的不完善,其实践中也存在诸多困难。比如,理论中所涉及的利益相关者太多太杂,仅顾客这一项,要想把他们集中起来并采取行动是不可能的。很多学者都提出的使利益相关者参与公司的治理,目前为止也不具备可操作性。虽然弗里曼提出了支持利益相关者如何参与公司治理的"利益相关者授权法则",但其实施过程需要操作人对利益相关者理论以及参与基础都有比较深的认识,再者,这些参与机制的实现可能本身就存在缺陷。

把利益相关者引入公司治理中,就会减少对企业的监督成本,对于企业的可持续发展有着很好的促进作用,同时也很大程度上降低了交易成本和信息不对称成本。同时与客户、供应商之间建立的稳定合作关系,形成了企业的核心竞争力,这是竞争对手难以模仿的无形资源。

利益相关者理论使得企业不再局限于满足股东的利益,而是全面地考虑了其他利益相关者,只要给企业注入了人力资本,承担企业的经营风险,那就拥有剩余控制权和剩余所有权。关注利益相关者的利益能使得相关者与企业形成一种长期稳定的合作伙伴关系,使得企业的效率和效益最大化。同时还应当致力于将利益相关者理论运用于实际,为企业带来更多的价值。这就需要结合不同行业的特征和实际情况进行具体分析,对利益相关者进行清晰地界定,使企业对利益相关者的利益能够更好地加以权衡。

第五节　网络传播和生态系统理论

一、网络传播理论

1958 年 1 月 7 日,美国为了促进国防部的发展,加强对国防部的管理并追踪那些风险相对较高的技术而成立了"国防部高级研究计划署"(AR-PA),随后聘请了行为心理学家利克莱德为办公室主任,并于 1963 年把办公室命名为"信息处理技术办公室"。1968 年,该办公室向 ARPA 提出了一个名为"资源共享的电脑网络"计划并得到计划署的批准,并把这个网络命名为"阿帕网"(ARPANET),也就是"国防高级研究计划网",这就是因特网的前身,1969 年十月,由四个节点构成的阿帕网正式投入运行,十一月美国加利福尼亚大学洛杉矶分校的计算机实验室中的一台计算机与千里之外的斯坦福研究所的另一台计算机相连通,宣告了网络世界的到来。

1972 年由于电子邮件等媒体的兴起使得网络成为人们交流的新型工具,1983 年 TCP/IP 协议的出现实现了网络资源的共享。1986 年为了更全面地使互联网成为人类信息的传播介质,美国成立了国家基金网,把当时所有研究机构和大学的资源全部连接起来,实现了科研资源的共享。直至 1989 年,万维网的出现取代了阿帕网,其链接功能远超阿帕网,从此阿帕网退出了历史的舞台,随后 1993 年,互联网首次实现了网络语音通话,这标志着互联网开始融入人们的生活,而不仅仅是实验室的工具,不管处在世界哪一个角落,只要拥有一台联网的电脑,都可以随时查看千里之外的信息,可以获得各种各样的资源,这种全球互联网的出现极大地方便了人们的生活,而且扮演着越来越重要的角色,它们成了新兴网络传播媒体的代表。

我国在 1994 年正式接入因特网之后,形成了由中国公用计算机互联网(CHINANET)、中国教育和科研计算机网(CERNET)、中国科技网(CSTNET)和中国金桥信息网(CHINAGBN)四个主干道构成的网络媒体。由于互联网的普及,相关的学科也开始在高校中兴起,网络传播就是其中的衍生学科之一,1998 年我国第一个网络新闻传播班在华中科技大学诞生,随后便有更多的高校开设了相关的专业,随着互联网时代的发展,对网络传播的深入研究必将对我国网络传播的发展起到极大的促进作用。网络传播作为一种当代新型的传播工具,具有不同于以往传播渠道的特点。

（一）虚拟性和真实性

互联网营造了一种虚拟现实的空间,经过网络传播所显示的是以信息形式再现的现实,它以信息、声音、图像、文字、音响等作为自己的形式,以不断完善的计算机科技手段为基础,让你感受到他的真实存在,创造了越来越逼真的虚拟环境,形成了另外一个时空概念。随着技术的发展,网络所创造的虚拟世界与现实世界越来越相似,从本质上讲,互联网传播信息首先要把原信息转换成二进制,然后到达接收者的时候再转换成原信息,每一个网络用户都是这个虚拟世界的成员,他们通过网络进行学习和交流,甚至从事现实生活中不现实的事情,在这所有的活动当中,用户提供给互联网的信息,比如性别、年龄、爱好等全凭用户自己而定,其真实与否只有用户自己知道,这便是网络这个虚拟世界中的人的活动规律和存在方式,从根本上改变了我们的认知方式。

（二）即时性和互动性

相对于传统的传播媒介,利用网络传播信息的速度大大提升,且其制作成本大大降低,传统的传播媒介如报纸期刊等,其封面制作、文字录入等工序都要耗费大量时间资源,当信息到达广大读者面前可能已经失去了时效性。广播电视在这方面弥补了报纸期刊的缺陷,但是广播电视传播的信息可能会经过一定的筛选与提前录制,并且这两种传播渠道都有着相同的缺点,就是不能与读者进行互动,或者进行互动的成本比较高,这种成本主要体现在时间成本上。除此之外,读者接收信息在空间上受到了很大的限制,并不能随时随地地接收信息。

但是互联网传播弥补了传统传播渠道的所有缺点,他将信息传播的时间观念又推到了一个新的高度——即时性。由于网络传播是以电子通信技术为基础,通过在光缆、无线电和卫星之间建立一个无间断的连接,保证了信息的采集、加工、制作和发布可以同时进行,这样信息传播在时间上便具有了即时性,能够在信息发生的第一时间就传播到读者眼前,在互联网时代,信息的报道可以完全实现不间断的即时报道,并且可以得到读者第一时间的反馈。随着时代的进步,互联网概念已经深入人心,在很大程度上已经成为一个网民共建的虚拟社区,网民不仅仅是读者,同时也是信息的创造者,这些都是虽能进行现场直播但是还要受到播出时段限制的广播电视所无能为力的。

(三)全球性和开放性

网络传播另一个重要特征就是跨文化性。互联网在各国的普遍使用,不论各国的文化背景及其表现形式如何,互联网都能够使其信息传播到世界各地,这充分说明了互联网在文化传播方面的巨大影响力,特别是网络中语言的多样化更加证明了网络在文化交流方面的显著作用。

网络信息传播不同于传统媒体,它可以几乎零成本进行无限制的复制和同步传播,它超越了性别、年龄和种族的限制,使用因特网的人都可以同时收到最新网络信息。网民通过网络获取知识,进行交流。这个世界被网络这种无障碍超地域的交流媒介连接成了一个"信息集中营"。

近十年来,国内相关学者对网络的传播模式进行了广泛的研究,经历了对传统模式的批判修正、对新模型的构建和社会网络分析三个阶段。虽然社会网络分析理论已经孕育了不少研究成果,但目前解释受众如何进行媒体间选择的理论模型尚未可知。

我国学者刘惠芬、彭兰、匡文波等对网络传播的传播模式进行了详细的研究。刘惠芬和阳化冰(2005)从技术层面的角度认为,由网络和计算机构成的互联网通信依然遵循着信息论的通信模式,但由于网络的特殊性,它实现了传统通信手段所不能达到的信息平等和双向交流,他把这种模式归为"双向传播模式"①;彭兰(2011)则从信息的生产到传播的整个过程出发,提出了在整个网络信息的传播当中,主要传播的信息只有两种:意见流和信息流②;匡文波(2001)则从传播形式的角度认为,网络传播在总体上形成了

① 刘惠芬、阳化冰:《多重互动的网络学习社区研究》,《现代远程教育研究》2005年第 2 期。
② 彭兰:《网络传播与社会人群的分化》,《上海师范大学学报》(哲学社会科学版)2011 年第 2 期。

一种散布型网状传播结构,在这种传播结构中,任何一个网节都能够生产、发布信息,所有网节生产、发布的信息都能够以非线性方式流入网络中①。

随着网络的发展,各学者对传播学相关理论也有了更深刻的认识,薛可、梁海和余明阳以社会网络分析理论作为理论基础,构建了一个以网络信息量为基点的传播模式,分析了网民在网络中的选择行为②。且近年来随着国外对新闻传播理论的深入研究,我国在此方面也有所创新,这主要表现在对传播学的理论研究、网络媒介以及网络传播活动研究的检验三方面,笔者主要对其具有代表性的理论进行了阐述。

在传播学中,有一个类似于经济学中"马太效应"的理论,被称为"沉默的螺旋",沉默的螺旋基本描述了这样一个现象:人们在表达自己想法和观点的时候,如果看到自己赞同的观点,并且受到广泛欢迎,就会积极参与进来,这类观点就会扩散的越快;而发觉某一观点无人或很少有人理会(有时会有群起而攻之的遭遇)时,即使自己赞同它,也会保持沉默。意见沉默的一方会造成另一方意见的增势,如此循环往复,便形成一方的声音越来越强大,而另一方越来越沉默下去的螺旋发展过程。谢新洲(2003)对该理论假设进行了一定的研究③,此外,周勇(2008)用华南虎的例子验证了一个类似的假设,观察到了一种"强者恒强、弱者恒弱"的网络传播现象,这是一种反"沉默螺旋"的效应,在外因作用下最终提升了网络传播对社会舆论的影响力,这对传统媒体的议程设置形成了挑战④。

此外,石长顺和周莉(2008)认为,网络媒体这种新的传播形式将对电视涵化理论这种传统的线性模式构成严重的威胁,这种新的传播形式使得观看时间灵活多变,观看地点也有着更宽的选择,加上其他一些社会因素,

---

① 匡文波:《论网络传播学》,《国际新闻界》2001年第2期。

② 薛可、梁海、余明阳:《基于信息平衡的网络论坛传播模式研究》,《上海交通大学学报》(哲学社会科学版)2008年第4期。

③ 谢新洲:《"沉默的螺旋"假说在互联网环境下的实证研究》,《现代传播》2003年第6期。

④ 周勇:《网络传播中的"马太效应"——关于华南虎照片真伪事件的实证研究》,《国际新闻界》2008年第3期。

致使这些改变都是不可逆的,正如他们阐述的,"新媒体中出现越来越多的非线性、非对称和抵消涵化的传播效果"①,互联网的出现使信息的表达与传播发生了颠覆式的改变,在传统的舆论环境下,信息的传播与表达很大程度上都受到了严格的限制,且其效率也不高,但是在互联网环境下就大大降低了这种限制。周葆华(2010)在"创新扩散"和"使用与满足"理论的基础之上,以上海民众为研究对象,对公众在互联网上获取信息以及进行意见表达的情况及其影响因素进行了探讨,验证了"新媒体权衡需求"概念的有效性②。也有学者从其他角度进行了相关研究,如韦路和张明新(2006)则没有接受"创新扩散"理论,而是以"技术接受模型"为研究指向,提出了"网络知识"的概念,并以此为出发点,阐明了网络传播在信息传播过程中至关重要的作用③。网络传播的出现和发展拓宽了信息传播的广度和深度,是信息传播史上一次伟大的变革。

二、生态系统理论

生态系统(Ecosystem)是指在一定区域环境中的所有生物(即生物群落)和其所在环境之间构成的统一整体,且生物与环境之间源源不断地进行物质循环和能量流动,是生态学上的一个主要结构和功能单位,属于生态学研究的最高层次,最早是由生态学家达尔文提出来的。而在社会科学中提及的生态系统是社会生态系统理论的简称,加深对社会生态系统理论的理解有助于让我们意识到人与社会环境的关系,从而促进社会主义和谐社会的构建④。

---

① 石长顺、周莉:《新媒体语境下涵化理论的模式转变》,《国际新闻界》2008 年第 6 期。
② 周葆华:《新媒体使用与主观阶层认同:理论阐释与实证检验》,《新闻大学》2010 年第 2 期。
③ 韦路、张明新:《第三道数字鸿沟:互联网上的知识沟》,《新闻与传播研究》2006 年第 4 期。
④ 钟耕深、崔祯珍:《商业生态系统理论及其发展方向》,《东岳论丛》2009 年第 6 期。

自达尔文提出生态系统概念以来,就开始有学者将该概念引入社会科学的研究当中,Mary Richmond 和 Jane Addams 首先提出了"社会处遇"和"人在情境中"的说法,成为了社会生态系统理论的先驱。在 20 世纪 80 年代,有学者把人类所处的社会环境看成是一个社会生态系统,提出了"生态模型"的概念,用一种相互联系的观点看待这个生态系统,认为人类周围环境是相互联系的,家族、社区、机构等并非相互独立而存在,它们是一个具有整体功能的组合体,每一个人都生活在这各组合体当中,并把这个社会生态系统分为三个层次:微观系统(Micro System)、中观系统(Mezzo System)和宏观系统(Macro System)。微观系统就是指个人系统,这主要包括个人的生理和心理系统,整个社会生态系统是一个宏大的系统,个人子系统是整个社会生态系统中非常重要也是非常特殊的一个系统,其重要性主要体现在其群体的庞大,其特殊性主要体现在个人的主观能动性;中观系统是指诸如家族,企业等让个人有一种归属感的由多个个人组成的集体,这是社会生态系统中非常常见的一种形式,也是生态系统中最重要的一种形式,对社会生态系统的稳定起着至关重要的作用,也是个人存在于社会最大的意义所在,一般来说,个人在集体中能找到他最需要的归属感和存在感;宏观系统则是指比中观系统更大的系统,例如社区等。将系统分为微观、中观和宏观只是从不同的角度去看待生态系统,便于研究和讨论,事实上三者之间并不存在严格的界限,例如社区属于宏观系统,但有时候我们也可以把它看成是中观系统。在整个社会生态系统中,个体与个体、个体与环境都是相互联系、相互影响的,个人的行为会影响整个系统的平衡,反过来,整个系统的大环境又会影响个人的行为,不同地区会因为文化、制度和历史的不同而呈现出不同的状态,但是随着互联网的发展,各区域的区域文化逐渐扩至世界各地,同时也受到其他地方的文化冲击。

社会生态系统理论作为社会学中一个重要的理论基础,将理论的抽象性与实务性联系得恰到好处,它强调从宏观的角度去看待人与社会的关系,主张个人及家族和群体、周边环境之间的和谐相处,这是构建社会主义和谐社会必要的前提之一,要达到这个目标,人与各系统之间的相互作用必须要得到关注,并要致力于改变环境,使之能有效地回应个人、家庭、群体和社区等各个系统的需要，同时，也使个人能够适应周边环境的要求。与其他系统一样，社会生态系统也有其自身的特点，主要包括四个方面：恢复力、适应力、变革力和扰沌现象。

恢复力的概念最初是出现在机械力学当中，1973 年，生态学家 Holling 首次将其引入生态学的领域当中，并定义其为"生态系统吸收变化并能继续维持的能力量度"①。随后，恢复力的概念又被引用到社会系统的研究领域，被定义为人类社会承受外部对基础设施的打击或干扰的能力及从中恢复的能力②；Holling（2001）又再次把恢复力引入社会生态系统中，并将其定义为经受干扰并可维持其功能和控制的能力③；Carpenter 和 Walker（2001）也对社会生态系统的这个属性进行了研究，并将恢复力定义为在社会生态系统进入到一个由其他过程集合控制的稳态之前系统可以承受干扰的大小水平④。关于恢复力的定义，很多学者都有所研究，也都有一定的差别，但是总的来说都没有脱离机械力学中对恢复力定义的本质。

适应力是指参与系统的行为者管理系统弹性的能力，系统不会一成不变，而是会随着时代的进步而发生变化，特别是在互联网时代，其变化更加迅速。人类要想和社会大系统实现和谐相处，就得学会适应这个系统，另一方面，人类适应系统不是单方面的，在适应系统的同时，也要适当地改变系统，让系统也适应人类，这都是一个相互的过程，同时二者相互的适应过程又会影响到系统的恢复力⑤。

与适应力相辅相成的是变革能力，它是指当现有的系统不再适应现有

① Holling C S,"Resilience and Stability of Ecological Systems",*Annual Review of Ecological and Systematic*,1973,Vol.7,No.4,pp.1–23.

② Adger W N,*Social and Ecological Resilience：Are They Related?*,Progress in Human Geography,2000,Vol.24,No.3,pp. 347–364.

③ Holling C S,"Understanding The Complexity of Economic,Ecological and Social Systems",*Ecosystems*,2001,Vol.6,No.4,pp. 390–405.

④ Carpenter S,Walker B H,Anderies J M,"From Metaphor to Measurement：Resilience of What to What?",*Ecosystems*,2001,No.4,pp.765 –781.

⑤ Berkes F,Colding J,Folke C,*Navigating Social-Ecological Systems：Building Resilience for Complexity and Change*.Cambridge：Cambridge University Press,2003.

状态时,创建一个全新系统的能力。社会生态系统随着时间的延续,可能会陷入一种不理想的稳态,通常当这种不理想的稳态刚开始出现的时候,人类首先的做法就是去适应,但是适应力也有一个限度,如果这种稳态破坏了平衡,适应力策略就不是最佳的选择,此时就需要变革,摆脱这样不理想的稳态可能会需要大的外部干预或者内部变革带来的变化①。

---

① Gunderson L H, Holling C S, *Panarchy*: *Understanding Transformations in Human and Natural Systems*, Washington: Island Press, 2002, p.26.

第二章 行动者网络实施现状分析

随着信息时代的到来,信息呈现出爆炸式增长,我们每天能够接触到的信息数不胜数。互联网、电视媒体、电话等信息传播工具无时无刻不在给我们传递各种各样的信息。这既给我们带来了便捷,也给我们带来了困扰。在这些信息中,传播的不仅仅是正能量,还有些带有负面引导倾向的信息,如暴力视频等。这些负面的信息不利于我们的生活与工作,不利于社会的健康和谐发展。

我们希望通过研究正能量传播过程、正能量传播主体等来构建一个行动者网络,促使信息的真实、正向传递。行动者网络是由法国社会学家卡龙和拉图尔提出的,他们认为在行动者网络中没有人与非人因素之分,在行动者网络中,没有所谓的中心,也没有主、客体的对立,每个结点都是一个主体,一个可以行动的行动者,彼此处于一种平权的地位。主体间是一种相互认同、相互承认、相互依存又相互影响的关系。非人的行动者通过有资格的"代言人"(Agent)来获得主体的地位、资格和权利,共同营造一个相互协调的行动之网。

基于该理论,我们将正能量传播中的人类因素和非人类因素进行整合梳理,分析其内在的联系,利用这些因素之间的相互作用构建一个正能量传播的行动者网络。在本章我们主要介绍了正能量行动者网络所面临的宏观环境和行动者网络参与主体的现状,在民意调查的基础上,探讨分析了行动者网络主体联动关系存在的问题。

第一节　行动者网络的宏观环境分析

行动者网络主体之间联系紧密,他们面临着共同的宏观环境,本节主要从政治环境、经济环境、技术环境、社会文化环境、法律政策环境五个方面来分析行动者主体面临的宏观环境。

一、行动者网络的政治环境分析

自 21 世纪以来,我国面临的政治环境越来越复杂,从传统计划经济下国家政治权利占据绝对中心地位,发展到目前转轨期,伴随政治、经济改革和发展的进程,政治权利资源开始重新配置,政治与经济、政府与企业的关系正处在发生重大变化的新阶段。党的十八大指出,要坚持走中国特色社会主义政治发展道路和推进政治体制改革。2014 年为了深入落实八项规定精神,以优良的党风、政风带动民风、社风,党内启动反腐败治标工程[1],11 月举行的 APEC 会议上,中国外交部部长王毅在记者发布会上宣布,今年 APEC 将加大反腐败合作力度,通过了《北京反腐败宣言》,成立了 APEC 反腐执法合作网络,加大亚太地区追逃追赃合作,携手打击跨境腐败行为[2]。政治体制的改革为行动者主体提供了良好的政治环境,也为互联网作用的发挥带来机遇与挑战。网络深刻地影响和改变着传统的政治传播模式,人们可以更加直接、便捷、彻底、多角度地了解政治事件,更快捷、更直接地做出自己的反应,借助网络平台发表网络言论进而影响到政治发展,改变着人们的政治环境。

网络越来越多地连接社会的构成要素,作为一种新的传播信息方式具有超时空、高速度、多媒体、大容量和交互等特点,它促使传统社会政治向网络社会政治方向发展。互联网的信息通信技术既能使政治扩散也能使政治

---

[1]　王吉全:《深入落实八项规定精神,以优良的党风政风带动民风社风》,2014 年 8 月 29 日,http://politics.people.com.cn/n/2014/0829/c1001-25561737.html。

[2]　岳菲菲:《APEC 部长会通过反腐败宣言》,2014 年 11 月 9 日,见 http://epaper.ynet.com/html/2014-11/09/content_95251.htm? div=-1。

集中。信息通信技术是一个自由技术,它提高了个人选择的自由,加强了组织和个人网络之间的水平联系,具有扩散功能。从某种程度上来说,信息通信技术是中央注册、监督和控制的工具,政府、公共管理机构、商业和其他组织的领导人可以借助信息通信技术对其组织和子公司进行严格控制,网民也可以借助网络对政府和公共管理机构进行总体监管,可谓机遇与挑战并存。

二、行动者网络的经济环境分析

经济环境是指构成行动者主体生存和发展的社会经济状况和国家经济政策。社会经济状况包括经济要素的性质、水平、结构、变动趋势等多方面的内容,涉及国家、社会、市场及自然等多个领域。国家经济政策是国家履行经济管理职能、调控国家宏观经济水平结构、实施国家经济发展战略的指导方针。我国经济的发展仍然处于重要战略机遇期,改革红利不断释放,科技创新能力逐步提高,国内需求和供给潜力巨大。十八届三中全会全面深化改革将更加充分发挥市场在资源配置中的决定性作用,政府职能加快转变、民营经济和小微企业的发展环境持续优化,将进一步激发工业发展活力①。

良好的宏观经济环境刺激着虚拟网络经济的发展。起初,网络的消费者是从事程序革新的商业部门和政府。当硬件和软件在产品革新中被制作得易学、有效并且便于使用之后,新媒体在普通消费者中传播开来,其他商业也日益向使用计算机技术和网络通信公司转变,这意味着一种完全不同于旧经济工作方式的经济——网络经济的诞生。

网络经济具有两个特征:第一,价值链转换,在网络经济中,传统的供应优势转变为需求优势,消费者更容易在互联网上进行大规模的价格比较,也可通过电子的方式组织购买者群组来降低价格,比如团购。一旦消费者确定订单,生产商就立即发货,需求直接转变成供应。第二,价值链的继续分

---

① 刘威:《十八届三中全会公报》,2013 年 11 月 12 日,见 http://news.xinhuanet. com/politics/2013-11/12/c_118113190.htm。

化和非物质化,形成知识网络。无论是物质产品还是非物质产品,所有关于生产、分配和消费过程的可利用信息都被渐渐地从过程本身分离出来,这个信息被电子处理并且分开销售,于是形成针对价值链各个部分的企业信息,即互联网建立了知识网络。信息和通信流对现代经济的重要性逐渐地要比物流更大。起初,它们仅仅在运输方面跟随物流,并且帮助它们之间协调关系,但是随后它们就变得日益独立。目前所有的发达国家都建立了一个所谓的服务和知识经济。在这种经济中,信息交换和通信是占支配地位的经济活动。所有企业都可以享有详尽而及时的信息经济活动。

网络经济作为一种新的经济体系,充分展示了其发展的巨大潜力。网络企业发展迅猛,以自己与网络这一新经济体系相适应的超前科技意识和市场理念,及时地把握了由网络所开辟出来的无限商机,引导和支撑了网络作为一种新经济体系的崛起。利用网络进行的"电子贸易"的交易额也出现非常惊人的增长。2004 年,中国电子商务交易总额累计达到 4400 亿元人民币,2006 年则超过 15000 亿元人民币。而在 2012 年"双 11",仅天猫便创造出 191 亿元营业额,2013 年则达到 350.2 亿元。2015 年上半年,中国电子商务市场交易规模达 7.63 万亿元,同比增长 30.4%[1]。可见,电子贸易的潜力非常大,它使人们现在的经营活动方式得到了改变,除生产、消费以外的全部经济活动过程都通过网络平台完成。然而新技术、新产品迅速发展的背后,离不开互联网人才、研发人才的重要支持,人才成为相关企业争夺的核心。2014 年,CSDN 旗下人才服务机构科锐福克斯发布的《2014年 IT 企业招聘趋势调研报告》中便指出,63.27% 的参调企业 2014 年人才招聘数量相对 2013 年呈现出持续增长态势。研发类人才更是如此,参调企业在 2014 年的招聘计划中,研发技术人员比例超过 50% 的企业高达六成[2]。根据 CSDN 旗下人才服务机构科锐福克斯对电商领域的研发人才招聘市场的调查显示阿里巴巴和去哪儿的人才需求量超过了 1000 人,需求在

---

① 中国电子商务研究中心:《2015 年(上)中国电子商务市场数据监测报告》,2015 年 9 月 21 日,见 http://www.100ec.cn/zt/2015sndbg/。

② csdn:《科锐福克斯:2014 年 IT 企业招聘趋势调研报告》,2014 年 4 月 17 日,见 http://www.199it.com/archives/210627.html。

500—1000 人的企业分别是苏宁易购、糯米网、国美商城、京东商城、美团网、唯品会。而在研发类人才需求上,阿里巴巴、去哪儿两家公司的量级依然非常大。阿里巴巴作为国内电商行业 No.1,且近年来在研发方面动作频频,呈现出的数字合情合理。除了自身业务线对研发人才需求之外,阿里云及新吞下的高德软件在研发人才方面的需求也不容忽视。在研发人才需求中,其中开发人才占比最大,约 89.4%,测试人才占比约 10.4%。团购行业中,美团网近年来逐渐巩固了自己的市场地位。在去年年底 CSDN 走进美团的活动中,我们了解到美团也在拓展云服务领域的业务。美团的招聘数据显示,开发人才占研发总需求的 67.63%,其他需求主要集中在产品和设计方向上,分别占 22.71%和 9.66%。

总之,网络不断地突破传统的流程模式,逐步地完成了对经济总量的重新分割,初步构建了增量的分配原则,并且重新构建了信息流、物流和资本流三者之间的关系,压缩甚至取消中间不必要的环节,从而可以将生产商和消费者在任何时间、任何地点连接起来,减少各类经济活动的中间环节,缩短整个经济活动过程的链条,并通过知识网络的信息技术向其他所有行业的渗透,改变了产业结构和产品结构,促使实体经济产业结构不断优化。

三、行动者网络的技术环境分析

互联网是一个数据通信和大众传播的综合体。起初,它仅仅是携带着大量文本数据通信的一种延展形式。在 1991 年万维网问世之后,互联网的大众传播特征变得更加清晰可见,在网址的数量和图解界面的形态上都有大量增加。互联网也进一步提高了文件传输(数据通信)和电子邮件到达的性能。详细地来说,网络社会的技术基础如下:

(一)微电子学

20 世纪末和 21 世纪初,第二次通信革命经过六次变革性发展为网络社会提供了技术基础。首要的发展是在微电子学中一系列连续性变革。它带来了计算机在 35 年间的五次更新换代。这一系列的变革主要是以计算机零部件的小型化为标志的。最重要的突破是集成半导体的发明,它是指在一个表面只有几平方毫米的面板上就能包括数十万个连接点的芯片。

（二）数字化

微电子学在其组成部分中所有的交换信号使用统一的语言,这种一致性称为数字信号的语言。数字化是电子、数据和大众传播中所有新媒体网络的固定结构。电信和大众传播使用声音和图像的自然模拟信号。在发送之前,这些模拟信号先被转换为电子信号。在接收终端,电子信号再被转换回模拟信号。数字化意味着所有的信号被分成若干的小碎片,这些碎片被称为比特,只包括 1 和 0。在微电子的帮助下,这些比特能够快速而不受干扰地被传输和连接。当整个连接从发射机到接收器都包括数字信号时,最佳的结果就实现了。由于数字化、数据传播和计算机技术在所有传播基础设备中成了占支配地位的因素。

（三）存储和前馈原理

存储和前馈原理是网络社会的另一个技术基础,这在数字微电子设备中已经被人们意识到。这就意味着人们已经在各种形式的数据库中使用电子记忆和存储。从传统上来讲,电话的内容是不能保存的。在中央交换所的电话接线员只能用手来转换线路。之后不久,通话内容就可以被保存在应答设备的磁带中。广播信息过去仅仅可以被保存在磁带里,发送者和接收者无法同时收听。而在电子记忆系统和数据库中的内容数字化存储,通过软件程序很容易得到,这对所有交互式媒体来讲都是一个强大的刺激。制造者、使用者以及所有那些和中介有联系的都充斥其中,存储和前馈原理通过大量的新设备的嵌入丰富了电信,并且为所有电子邮件、互联网检索网页、计算机软件和视频多媒体节目的交互使用奠定了基础。总之,它是在线和离线网络所有交界处的基础。

（四）分层组织

网络社会的第四个技术基础是计算机技术和计算网络的分层组织。计算机的分层组织把硬件、软件和应用程序区分开来。这个区别把计算机变成了多功能机器。软件被分成了操作系统和具体程序。在电子、数据和大众传播中,软件的使用变得越来越重要。它对传播流进行了越来越多的控制。如今,电话交换所已经由软件完全控制了。数据通信网络也被中心控制并用复杂的软件保护起来,通常这些软件是如此复杂以至于数据通信网络转变为技术网络自身,即所谓的增值网络。在大众传播中,程序被存储、分发并通过有条件的开闭管理系统、电子程序指南和账单系统管理起来。

（五）新连接

第五个技术基础是有线和无线之间连接的改进。这些改进不仅关系着所用导线和光纤的传输性能,而且也关系着过去使用的发射机、接收设备和所有转换器、路由器的性能。在网络中,直到这种联系能够传输大量的数字信号时,微电子和数字化的进步才产生了真正的改变。导线的传输性能在20世纪就大大提高了。伴随电话铜丝的出现是由铜丝组成的同轴电缆,它们扭成一束,用于有线电视。对于计算机网络而言,它们是被光纤和塑料导线逐步取代的。这些极细导线由玻璃和新型塑料制成,用于传输光信号而不是电子信号。光纤电缆的性能是一个六根导线构成的同轴电缆的四至五倍,是普通铜丝的若干倍。与此同时,无线传输因为高频的使用而大大改进。从用于半导体的低频和用于电视的中频,已经发展到用于远距离传输的卫星广播的高频和激光,或在宽带中可以到达短距离的红外线即时通信和无线计算机通信。

（六）融合

最后一个技术基础是电信、数据通信技术和大众传播的融合,目的是创造一个单一的数字通信基础设施。这个过程依赖于以上提到的五个基础,融合对网络社会的基础设施有主要影响。将史无前例地拥有一个能够连接社会上所有行为的通信设施,在线和离线通信都将以各种各样的方式连接起来。

目前,中国政府已对中国各行业、各地区互联网络信息资源情况进行全面调查,2015年12月,中国互联网络信息中心发布了《第37次中国互联网络发展状况统计报告》①（以下简称《报告》）,《报告》详情如下：

（1）截至2015年12月,中国网民规模达6.88亿,全年共计新增网民3951万人。互联网普及率为50.3%,较2014年年底提升了2.4个百分点；

---

① 郑汉星:《第37次中国互联网络发展状况统计报告（全文）》,2015年12月,见 http://www.199it.com/archives/432575.html。

中国手机网民规模达 6.20 亿,较 2014 年年底增加 6303 万人。网民中使用手机上网人群占比由 2014 年的 85.8% 提升至 90.1%。

（2）截至 2015 年 12 月,我国使用网上支付的用户规模达到 4.16 亿,较 2014 年年底增加 1.12 亿,增长率达到 36.8%。与 2014 年 12 月相比,我国网民使用网上支付的比例从 46.9% 提升至 60.5%。值得注意的是,2015 年手机网上支付增长尤为迅速,用户规模达到 3.58 亿,增长率为 64.5%,网民手机网上支付的使用比例由 39.0% 提升至 57.7%。移动网上支付与消费者生活的紧密结合催生了众多应用场景和数据服务功能,也带动了手机端商务应用的迅速发展。

（3）截至 2015 年 12 月,网民中网络游戏用户规模达到 3.91 亿,较 2014 年年底增长了 2562 万,占整体网民的 56.9%,其中手机网络游戏用户规模为 2.79 亿,较 2014 年年底增长了 3105 万,占手机网民的 45.1%。

（4）截至 2015 年 12 月,中国网站数量为 423 万个,年增长 26.3%;域名总数增至 3102 万个,年增长 50.6%,互联网上的信息资源数量日趋丰富。

在科研成果方面,截至 2014 年 12 月,CNNIC 已申请国内专利 162 件,国内专利授权 40 件,其中发明专利授权 38 件,PCT 专利申请 48 件①。CNNIC 已立项标准 80 项,行标出版 31 项,国际五项,IETF 发布七项②。

总之,行动者网络主体既被技术环境影响,也深深地影响着技术环境,例如在模仿成本很低的互联网世界中,用户体验可以说是将自家产品与其他产品相区别、相竞争的重要筹码。无论产品设计多么精美、巧妙,最终的评判权利永远都在用户手中,产品是否好用成为最实在的评判标准,也刺激着企业不断进行技术创新,完善产品。

四、行动者网络的社会文化环境分析

所谓社会文化环境是指人类在某种社会生活中,随着时间的推移形成某些特定的文化,它包括对某些事物的一些态度和看法、道德规范、价值观

---

① CNNIC:《专利工作历年进展》,见 http://www.cnnic.net.cn/gcjsyj/kycg/cgzl/。
② CNNIC:《标准起草工作历年进展》,见 http://www.cnnic.net.cn/gcjsyj/kycg/cgbz/。

和风俗习惯等。社会文化环境在人们的欲望和行为中扮演着非常重要的角色,由于国家和民族间的文化背景不同,所以不同的国家、民族有着不同的风俗习惯和风格。文化是人们在历史的特定时代中的一种特殊的生活方式,它制造出了各种各样的符号和人工制品并且通过信息生产和沟通渠道一代一代地传播开来。

数字化的互联网正逐渐地对我们的文化进行潜移默化的改变。数字化的含义就是任何东西都可以转化为由 1 和 0 这些单独的字节组成的序列。这适用于图像、声音、文本和数据,它们可以用任何一种方式通过分离组合来生产和销毁。数字文化以整理分裂和重组的形式出现。处理器的加速处理和网络与计算机的分布,促进了创意产品的生产,数字化也创造了一个速度文化。对速度的要求是由经济动机、组织效率和消费来决定的。这些由技术力量的快速增长所驱动的动机在现在被称为速度文化。这同时也意味着我们的文化的本质变化。

首先,文化的表达更新变快,它所带来的倾向也高速变化。现代社会中,各种各样的倾向互相竞争。其次为了吸引注意力,越来越多的信息正在更频繁和更快速地被传递。其结果就是在文化领域上的肤浅,产品的制造是预设和固化的。此外,交流和语言已经达到这样一种速度:我们甚至来不及坐下来去思考是写信还是开始交谈,取而代之的是我们立即拿起电话通过邮件或是打电话给出特别回答。在数字化过程中,作为金字塔的根基,大量比特、字节和不相干的信息被创造出来,而有用的信息、知识和智慧却几乎无法满足日益复杂的社会发展。知识的金字塔如图 2-1 所示。

使用信息通信技术的信息处理方式可以增加信息量,当从金字塔顶部降到比特和字节的底部时,信息量就会减少;相反,当一个人从金字塔底部向智慧顶部攀登时,使用信息通信技术能提高质量。但是,当你越来越接近顶峰,攀登金字塔就变得越来越难。为达到下一步,越来越多的"数据烟雾"或者信息超载就需要被处理掉。所以,要正确使用信息通信技术才能保证更高的信息质量。

总之,网络社会文化的多样性将有利于保持整个社会文化系统的稳定与和谐。对于参与网络社会活动的个体来说,文化的多样性有助于开阔眼

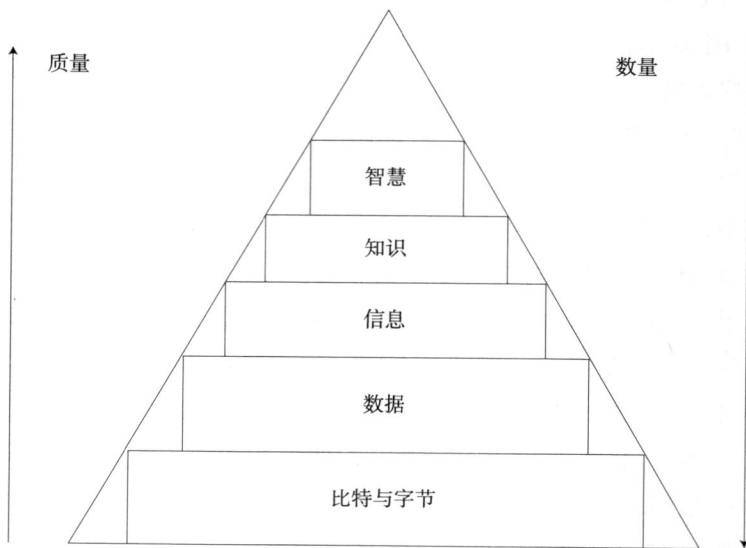

质量　　　　　　　　　　　　　　　数量

智慧

知识

信息

数据

比特与字节

图 2-1　信息处理金字塔

资料来源:《网络社会——新媒体的社会层面》,简·梵·迪克(Dijk J.V.),2014 年 1 月 1 日,清华大
　　　　学出版社。

界、增长知识、陶冶性情和愉悦身心,提高自身的科技文化素质和审美鉴赏
能力;对于参与网络社会活动的群体来说,有助于借鉴各国的先进经验和优
秀成果,为自身的发展和建设提供经验;对于网络社会来说,只有文化的多
元性被保障,政治经济才能全面发展,思想文化才能丰富多彩,人民生活才
能美满幸福。

五、行动者网络的法律政策环境分析

正所谓"无规矩不成方圆",法律在我国扮演着重要的角色,一是法律
法规具有明示作用,它主要是以法律条文的形式明确告知人们,什么事是可
以做的,什么事是不可以做的,人们哪些行为是符合法律法规的,哪些行为
是违法的,而违法者将要受到什么样的法律制裁等。二是法律法规的预防
作用,其主要通过法律法规的明示作用、执法机构的执法效力以及对违法行
为的惩治力度来实现。法律对于互联网活动只有微弱的直接控制。我国人

口众多,充分发挥我国人力资源的优势也离不开法律政策环境,近几年来,我国政府通过实施积极有效的政策措施,不断加强人力资源的开发和利用,显著改变了我国的人力资源状况,人力资源规模不断扩大。而在网络社会中,法律法规所涉及的领域非常广,国与国之间存在着文化观念、经济水平等差异,使得网络社会中存在的法律法规多种多样。一般来说,控制只局限于国家审判。为了管制互联网上跨国界的信息通信流动,政府不得不抛掉国际协议,尝试着运用间接控制,更多的借助于互联网服务提供商(ISPs)、硬件生产商和软件机构等市场因素进行调节。中国的网络社会部分法律体系如表 2-1 所示:

表 2-1　中国的网络社会部分法律体系表

国家法	《中华人民共和国著作权法》
	《中华人民共和国专利法》(修正案)
	《中华人民共和国商标法》(修正案)
	《中华人民共和国反不正当竞争法》
	《全国人大常委会关于惩治侵犯著作权的犯罪的决定》
	《全国人大常委会关于维护互联网安全的决定》
行政法规	《互联网信息服务管理办法》
	《互联网电子公告服务管理规定》
	《互联网站从事登载新闻业务管理暂行规定》
	《计算机病毒防治管理办法》
	《文化部关于音像制品网上经营活动有关问题的通知》
最高人民法院的司法解释	《关于审理涉及计算机网络著作权纠纷案件适用法律若干问题的解释》
国际公约	《保护文学艺术作品伯尔尼公约》
	《世界版权公约》
	《世界知识产权组织版权条约》
地方性法规	《上海市著作权管理若干规定》
	《关于对利用电子邮件发送商业信息的行为进行规范的通告》

资料来源:《网络社会——新媒体的社会层面》,简·梵·迪克(Dijk J.V.),2014 年 1 月 1 日,清华大学出版社。

尽管我国针对网络社会已经建立了法律体系,但法律和公正总是被新科技远远地抛在后面。网络对现行法律的考验,超过以前的任何科技。这种情况的出现,有以下几点基本理由:

(1)网络科技已经迅速地国际化,而法律主要是某个国家范围内的。(2)网络上的信息和沟通具有无法确定空间上不受约束和持续变化的特性。而现行法律依靠的则是能明确证实的、准确定位的和可信赖的法人与所有权凭证。(3)有关网络法律的利用问题。当立法者成功地研究制定出新法律的时候,由于网络是和其他网络联系在一起的,它们并没有终止的边界,导致法律实施过程中遇到阻力。例如,有关起诉,每个国家的司法都是不同的,控告者和被控告者可能来自不同的司法管辖区,尤其是涉及国际犯罪的时候。

总之,网络科技结束了电子通信、数据通信和大众传播之间的原有界限,也结束了这些通信方式中各种各样的媒介之间的原有界限。对于这样一个综合网络来说,分别立法已经不够了。我们需要一个通信信息法律的总体框架。这个框架不会再基于有形的物质技术差别,而是更多地基于信息与通信的抽象区别。同时,加强在网络中知识产权和个人隐私的保护,运用法律保护信息通信自由。

第二节　行动者网络各参与主体现状分析

一、政府公信力彰显不足

十七届六中全会《中共中央关于深化文化体制改革的决定》中提出,发展健康向上的网络文化,加强网上思想文化阵地建设,是社会主义文化建设的迫切任务①。在网络关系时代,政府处在各种利益相关者交织在一起的网络之中,其核心就是协调利益相关者之间的利益关系。政府在网络正能

---

① 金斌:《〈中共中央关于深化文化体制改革的决定〉亮点解读》,2011 年 10 月 27 日,见 http://china.zjol.com.cn/05china/system/2011/10/27/017948519.shtml。

量传播中贯彻积极利用、科学发展、依法管理、确保安全的方针,制定《互联网信息服务管理办法》和《互联网新闻信息服务管理规定》等法律法规,保障了网络依法规范有序地运行,与此同时,政府还带头建立官方微博、官方新闻网站等推动正能量的传播。

互联网的存在为政务工作提供了极大的便利性,以政府办案为例,2012年6月镇江京口分局禁毒大队注意到一名镇江男子傅某常在镇江新区大港、谏壁镇及江苏大学一代从事吸毒贩毒活动,毒品交易量达到数十克之多,与以往的"零星客"不同。抓住这一线索后警方立即对傅某展开了一系列的侦查活动,让人失望的是,经过一两个月的连续侦查,发现傅某并不是主犯,在傅某的背后还隐藏着一个毒贩——陈某。经调查,陈某是一个"资深"毒贩,狡猾异常且具有很高的反侦查能力,案件一度陷入僵局之中。经过多方排查,年轻的傅某某(女)进入警方的视线,傅某某并不知道行迹已经败露,竟然在网上公开炫富,与二十万赌资一起自拍,然而一个娱乐会所的"工作人员"显然不可能拥有这么多的现金,通过利用网络社交信息,公安局最终使陈某这一奸诈狡猾的毒枭落网,为和谐社会的发展肃清了一颗毒瘤。通过这一案例我们可以看出,互联网的推广虽然给政府的公信力带来了极大的挑战,但同时也给政府的工作提供了极大的便利性,借助大数据分析政府可以更快地获得相关信息,将犯罪分子绳之以法。同样,政府也可以利用互联网第一时间传递客观公正的信息,提高与公民的互动水平,更好地建设服务型政府。

然而,在互联网为政府带来便利的同时,网络也为政府带来了巨大的挑战。根据中国互联网络发展状况统计调查结果显示,截至 2015 年 12 月,我国网民规模达 6.88 亿,全年共计新增网民 3951 万人。互联网普及率为50.3%,较 2014 年年底提升了 2.4 个百分点①。就目前而言,网络社交已经成为组织和个体与内外公众沟通的主要方式。政府在利用互联网与民众进行更加便捷、快速、直接的沟通,体察民情、了解民意促进政府转型的同

---

① CNICC:《第 37 次中国互联网络发展状况统计报告(全文)》,2015 年 12 月,见 http://www.199it.com/archives/432626.html。

时,互联网也给政府带来了巨大的网络舆论危机,信息传播的快速性与偏向性使得政府形象面临瞬间受损且难以修复的挑战。

网络舆论是公众意见与网络传播媒介结合的产物,具有公众性、自发性和偏向性的特征。在我国网民已经达到 6.68 亿,互联网普及率达到 48.8%的现状下,网络舆论已经发展成为社会公众舆论的一种重要形式,具有普遍性特征。而且,网络舆论还原了民众的话语权,由于网络的平等性、匿名性等特点,民众可以更加自由地发表自己的言论和看法。更重要的是根据"染缸效应",新闻一旦发布在网络上就如同墨水滴进了染缸会迅速扩散,网络事件爆发之后,政府反应的及时性、应对是否得当都会影响政府形象和执政基础,若使负面舆论出现一边倒的情况,政府将陷入网络舆论危机。

政府网络舆论危机是指网络公共舆论因某些公共事件而背离政府主导的价值取向和话语主流,官民信任破裂、互动僵化,从而导致政府公信力骤降的紧急态势①。政府官员作为公众人物出现在民众面前,其言行举止对政府公信力有很大的影响。在人民心中,政府官员的形象是政府形象的浓缩。当政府部门失去公信力时,无论政府发表任何言论,采取任何措施,人民都会对其产生一定的怀疑,从而陷入"塔西佗陷阱"。

网络舆论危机给政府的公信力与执政能力带来了巨大挑战,由于其影响广泛、无法控制、后果严重等特点而备受政府部门的关注。与此同时,随着网络时代的发展,政府开始借助互联网进行在线办公,通过实行网络问政,政府可以改变传统的政府运作模式,提高工作效率,打造透明政府、民主政府和高效政府的形象。

但是,作为互联网的倡导者和管理者,政府需要借助一定的手段以保证其目标的实现。政策工具是政策目标和政策执行过程中最重要的环节,选择恰当的政策工具有利于公共政策的成功。陈恒钧、黄婉玲(2004)指出,政府所实行的政策工具可以划分为直接型工具、间接型工具、基础型工具和

---

① 李斌:《政府网络舆论危机及其治理策略——社会转型、网络政治参与、政治体制改革的交际》,《广东广播电视大学学报》2010 年第 6 期。

引导型工具四种①。直接型工具的实施过程中政府扮演的是主导者角色，通过提供产品和服务直接与顾客进行互动，政府提供财政支持、进行经济和社会的管制都是政府实施的直接政策工具；在间接型工具的使用过程中政府扮演着领航者的角色，通过经济政策、买卖许可、特许经营等手段引导市场的发展；基础型工具主要包括法规制定、经济体系的建立以及公共服务，例如信息技术基础设备建设等，政府主要通过协助机构自身或企业及非营利组织达成目标来实施这一手段；在引导型工具的使用过程中政府主要担任催生者的角色，并不直接提供最终的社会产品和服务，其实施手段包括公共信息、组织联盟等多种形式。在治理互联网构建的行动者网络的过程中，政府主要使用的政策工具包括直接型工具、间接型工具和基础型工具三种，其实施手段包括确保政策实施、提供财政支持、建立经济体制、完善教育机制以及信息技术基础设备的建设等。通过各种政策的实施，提高政府的形象，提高其公信力程度，使政府能够更好地实现互联网治理。

二、企业社会责任意识不强

企业是以盈利为目的，以提供特定产品或服务为手段，按照某种组织形式将各种人、财、物等生产要素结合在一起所形成的微观经济单位。作为网络世界中产品和服务的投资者和提供者，企业的终极目标是盈利。随着网络技术发展速度的不断加快，应用手段层出不穷，电子商务发展迅猛，网络与企业的融合成为大势所趋。数字化和网络化的人际关系背后蕴藏着巨大的消费群体，借助电子商务企业可以在全球范围内培养自己的客户和合作伙伴，实现资源的优化配置。

根据艾瑞咨询数据显示，2015 年第二季度中国电子商务市场整体交易规模达到 3.75 万亿元，同比增长 22.1%，环比增长 7.8%；中小企业 B2B 电子商务市场营收规模为 56.4 亿元，同比增长 18.6%，环比增长 13.0%。艾瑞预测未来几年中国中小企业 B2B 电子商务市场营收增速仍保持在 20%

---

① 陈恒钧、黄婉玲：《台湾半导体产业政策之研究：政策工具研究途径》，《中国行政》2004 年第 75 期。

以上,预计2018年营收规模将接近540亿元①(见图3-5)。2014年世界经济正在缓慢复苏,经济危机及欧债危机给经济带来的阴影正在慢慢褪去,企业的生存环境得以极大地改善,电子商务市场增长迅猛。麦肯锡全球研究院指出,随着中国迈进数字化新时代,2013年至2025年互联网年增长率预计将达到中国经济的0.3%—1.0%,这意味着2011—2017年中国电子商务交易规模在中国GDP增长总量中的贡献比例将达到7%—22%②。

电子商务是微电脑技术和网络通讯技术融合的产物,是一种融合了网络购物、在线支付、金融理财等功能的新型商业运营模式。目前,电子商务的运营模式主要分为:ABC(Agents to Business to Consumer)、B2B(Business to Business)、B2C(Business to Customer)、C2C(Consumer to Consumer)、B2M(Business to Manager)、M2C(Manager to Consumer)、O2O(Online to Offline)、B2A(Business to Administrations)、C2A(Consumer to Administration)这九类商务模式。从这九类商务模式中可以知道,电子商务的范围波及人们的生活、工作、学习及消费等广泛领域,其服务和管理也涉及政府、工商、金融及用户等诸多方面。电子商务是传统商务模式与网络技术结合的产物,作为一种新的贸易方式正在迅速地改变着我们的工作和生活方式,而各种业务在网络上的相继展开也在不断推动电子商务这一新兴领域的繁荣和昌盛。电子商务可以提供网上交易和管理等全过程的服务,所以它具有广告宣传、咨询洽谈、网上订购、网上支付、电子账户、服务传递、意见征询、交易管理等各项功能。正是因为这些特点,企业可以借助电子商务这一平台实现零库存管理,提高企业资金的流动性、商务活动的效率、扩大市场份额,进而增加企业的利润;网络化、自动化的管理和服务可以极大地提高管理效率、降低生产成本;大数据时代的到来使得企业可以精确分析消费者的行为和偏好,更为精准地进行营销,降低营销费用。然而,机遇总是伴随着挑战,网络的

---

① 艾瑞咨询:《2015Q2中国电子商务整体发展情况》,见 http://www.iresearch.com.cn/coredata/2015q2_2.shtml。

② 曹玲娟:《麦肯锡发布报告:2025年互联网将最高贡献中国22% GDP增量》,2014年7月24日,见 http://news.ifeng.com/a/20140724/41298192_0.shtml。

普及在给企业带来商机和巨大消费群体的同时也给企业的发展带来了巨大的挑战。在网络环境下，信息流、资金流、物流等纵横交错，产品信息的传播速度和覆盖面积大幅度提高，优秀的产品和企业可以快速地为消费者所知，负面的产品或服务信息也会迅速传播。

互联网成就了一个巨人——阿里巴巴，它是我国最大、世界第二的网络公司，由马云在1999年2月创办。1999—2000年阿里巴巴成功融入资金2500万美元，实现收支平衡，并在2002年年底实现了全面盈利。2003年阿里巴巴乘胜追击，投资个人网上贸易市场平台——淘宝网，将电子商务这一概念推广到大众消费者之中。考虑到网络支付安全问题，马云于2004年10月注册投资支付宝公司，正式开通了基于中介的安全交易服务。此后天猫、阿里云、双11、余额宝接连出现，让消费者应接不暇。2014年9月8日，阿里巴巴IPO路演正式开始，18日，阿里将其首次公开募股（IPO）发行价确定为每股美国存托股（ADS）68美元，其IPO融资额达到218亿美元，一举打破尘封六年半之久的美国IPO融资额纪录，成为美国融资额最大的IPO①。9月19日晚间，阿里巴巴集团在纽交所正式上市。2014年"双11"，阿里巴巴仅用了38分钟就突破百亿，马云用阿里巴巴的成功告诉我们，互联网可以成就一个企业，只有抓住时代的潮流，充分利用网络的企业才可以在竞争日益激烈的今天赢得一席之地。

自然辩证的观点教会我们，任何事物都有两面。网络也一样，它能促使一个商业帝国的形成，也能"摧毁"一个企业。正所谓"好事不出门，坏事传千里"，一旦企业的产品或服务出现问题，网民就会迅速转载，产生的负面影响将不可估量。2008年9月11日晚，中国卫生部发布公告指出，近期甘肃等地报告多例婴幼儿泌尿系统结石病例，调查发现患儿多有食用三鹿牌婴幼儿配方奶粉的历史，经相关部门调查，高度怀疑石家庄三鹿集团股份有限公司生产的三鹿牌婴幼儿配方奶粉受到三聚氰胺污染。卫生部专家指出，三聚氰胺是一种化工原料，可导致人体泌尿系

---

① 麻晓超：《阿里巴巴确定IPO发行价：每股68美元》，2014年9月16日，见 ht-tp://www.techweb.com.cn/world/2014−09−19/2077420.shtml。

统产生结石①。9月12日,三鹿案发的第二日,一份三鹿集团的网络危机公关方案出现在天涯论坛。在这份被推测来自三鹿内部的"危机公关方案"透露出,"百度作为搜索引擎,是所有网站的集结地,也是大部分消费者获取搜索信息的主要阵地,是三鹿公关的重要媒体。强烈建议在此事还未大肆曝光的特殊时期,尽快与百度签 300 万的框架协议。"这封被曝光的"危机公关方案"以及恶劣的产品质量问题,引起了全社会的愤怒。从电视媒体、平面媒体到网络媒体,几乎整整一个月时间的讨论焦点都是"三鹿"。在短短两周时间内,从 Google 中搜索一下关键词"三鹿危机",发现搜索量三百多万条。而此危机信息更是通过网络扩散到其他国家,三鹿危机事件在网络舆论的传播下影响之深远、损害之大,不仅严重打击了中国整个奶粉行业,也打击了中国食品品牌在世界的声誉。从中央电视台到地方电视台,再到中国最权威的平面网络媒体,掀起了一股股反思批判三鹿的舆论浪潮。在此负面舆论的影响下,三鹿在渠道商消费者心中已被定了死罪,品牌信任归零,市场信心全部崩塌。从三鹿奶粉事件中我们可以看出,舆论审判已经成为决定人心的最关键力量。

现今,随着移动互联网汹涌而来,企业因噎废食,只会错失大量的商机,唯有把握大数据时代的特征,依靠网络平台,企业才可以实现长足的发展。目前我国的电子商务正发展得如火如荼,许多实体经营也纷纷加入电商的行列中,电子商务行业呈现出百花齐放的壮观景象。企业的发展可谓成也互联网,败也互联网。我国的电子商务起步较晚,企业在发展电子商务的过程中都遇到了各种各样的问题,仅仅依靠其自身的力量根本无法抵挡网络带来的冲击,企业必须寻求与其他行为主体的联合。政府、网民、学校的加入不仅可以帮助企业更好地实现其利润价值,还可以督促企业保证产品质量,提高产品服务水平。例如:政府可以完善互联网相关的法律法规,监管社会舆论,控制和约束非法行为;网民可以监督企业的产品质量以及服务,提高企业产品的质量;学校可以为企业培养所需的高技术人才,解决网络技

---

① 百度百科:《三鹿奶粉事件》,http://baike.haosou.com/doc/5381224 - 5617536. html。

术故障问题。

三、网络舆论存在沉默陀螺效应

网民(Netizens)最早由美国著名政治学家霍本提出,他认为"网民是一个特殊的人群,这个人群使用网络态度、目的以及活动规律与其他人不一样,他们表现出更强烈的社会关注、社会参与"。2008 年 12 月,《现代汉语常用词表(草案)》正式收录了"网民"这个词语,2009 年该机构与时俱进地修改了网民的含义,指出凡是在过去半年内使用过互联网的六周岁及以上的中国公民都可以称为网民。一般而言,网民是指在网络上以"网民"身份可以享有政治权利,可以参与政治生活的社会个体,虽然其参与政治生活的权利和义务并未被法律所明确认可,但我们认为网民仅仅是借助网络技术的进步而转变了表达形式的公民,其本身传达的仍是公民的声音。

网民分布在各行各业、各个角落,在社会的发展过程中扮演着不同的角色。首先,网民是公民,扮演着纳税人的角色,是国家发展壮大的根基所在。一方面,网民扮演着选民的角色,借助选举权选举出代表其自身权益的政府机构;另一方面网民也扮演着纳税人的角色,为政府部门的有效运转提供经济支持。其次,网民充当着消费者的角色,网民是庞大的消费群体和潜在客户,是产品和服务的使用者。最后,随着信息技术的发展,学校已经基本建立了校园网络。远程教学、网络教学资源的利用以及计算机基本知识的学习使得学生生活在互联网的大环境中。因此,学生也是网民的重要群体之一。

目前,一些社会组织、民间群体和网络自组织等都利用互联网的特点在慢慢地、继而迅速地蓬勃成长,渐渐成为一支不可忽视的力量。网民的舆论监督主体意识越来越强,公众通过互联网参与政治生活、行使自身权利等逐渐得以体现,网络舆论一定程度上影响整个社会的舆论走向,对社会事件有着不容小觑的影响。

上海"钓鱼执法"是一起新老媒体共同发声、交互发力、形成舆论高潮以监督政府施政行为的经典案例。2009 年 9 月 8 日,上海一位白领张军(化名)因好心捎了一位自称胃痛的路人,结果遭遇"倒钩"——运管部门钓鱼执法,张军被扣车罚款一万①。9 月 12 日,"被钓"者张军在天涯社区发帖控诉,迄今访问数达 18.7 万人次,评论 1887 条;"80 后"作家韩寒在新浪博客中述评此事,迄今访问数达 48.5 万人次,评论 6216 条。9 月 16 日晚,闵行区交通行政执法大队大队长刘建强对质疑均以"不清楚""不能透露""这是工作秘密"作答,大多数网友对此表示不满,并称此事仍然疑点重重。事件引发强烈反响,上海舆论几乎一边倒地批评这样的执法手段。转述者对网民的影响远远超过当事人,显示了网络"意见领袖"的影响力。国庆过后,众多传统媒体介入,《中国青年报》和一些都市报通过深入采访,挖掘出其他"钓鱼"案例。特别是央视"经济半小时"栏目曝光整顿黑车中疑存在"职业拦车群体",把监督推向高潮。传统主流媒体的强力介入,响应民意,体现了体制内改良政务管理、倾听民声、化解民怨的坚定决心。《人民日报》连发两篇评论:网络转载 122 次的《钓鱼式执法,危害猛于虎》,网络转载 78 次的《钓鱼式执法还需继续回应质疑》。网民热情肯定主流媒体的宣示:"人民的质疑就是人民的要求,人民的监督就是人民的期待。"②

当前,中国已经出现"舆论引导新格局",党报党刊和电视台、电台是一个层次,都市类媒体是另一个层次,特别是互联网作为思想文化信息的集散地和社会舆论的放大器,显示出巨大的舆论能量;公众通过互联网这个平台积极地参与进来,而网民的呼声与利益诉求进一步地推进了事情的正向发展。自主积极的舆论参与更好地促进了社会主义和谐社会的发展。

无论是在现实社会还是网络社会,人们都必须遵循一定的道德准则,接受道德标准的约束。但是目前网络社会的道德规则还未成型,原本在现实社会中不被允许的道德现象与行为却到处滋生泛滥,道德虚无主义、个人主义、自由主义、无政府主义者在肆意传播虚假、色情、暴力等有害信息,非法获取并传播他人的个人隐私,甚至实施网络诈骗等犯罪活动破坏网络的正

---

① 北大法律信息网:《事件进展之二:车主遭遇执法陷阱,起诉执法大队行政起诉状公布》,2009 年 10 月 10 日,见 http://www.chinalawinfo.com/News/NewsFullText.aspx？NewsId=60941。

② 祝华新:《"钓鱼执法"案,舆论监督的经典案例》,2009 年 10 月 26 日,见 http://zqb.cyol.com/content/2009-10/26/content_2903241.htm。

常运行,导致目前的网络环境混乱,网络负能量肆意横行。以"中国网络暴力第一案"为例,2007 年,31 岁北京白领姜岩从家中跳楼自杀,并公布自己的"死亡博客",声讨丈夫的出轨行为。此后的四个月里,从论坛到各类专门的网站都可以见到网友对其丈夫王菲不忠行为的批判和谩骂,更有甚者开始"人肉搜索",公布他和第三者的私人信息,致使双方辞职,最终王菲忍无可忍诉诸法庭,这一轰动一时的网络大案才慢慢平息①,这场闹剧是由泛德主义所导致的网络暴力和网络侵权,但是网络负能量所衍生的问题绝不仅仅于此。

虽然,网民可以通过网络表达自己的主体诉求,了解更多的信息,从而满足自己在经济利益、情感等方面的基本生存诉求;可以通过网络互动实现自我表现、自我认同的自我心理诉求;与此同时,网民还可以通过网络手段实现其社会参与诉求和娱乐诉求。但是,网络社会并不是现实社会的真实反映,网民在网络讨论的过程中为了避免孤立,常常会出现"沉默螺旋效应",导致群体极化现象的产生。由于信息的不对称性,以及民粹主义、泛德主义的存在,网民往往从个人的情感角度出发,自觉维护自己认为的弱势群体,出现选择性失明,即凡是政府辟谣的就一定是事实,凡是官方发布的就一定有黑幕,凡是社会矛盾就一定是体制问题,凡事宁信其错,不信其对;宁信其坏,不信其好。近年来城管执法颇惹人关注,网民出于对小商小贩等弱势群体的同情,盲目地抨击城管的执法行为,这种是非不分、缺乏立场判断的行为会给国家、政府乃至整个社会的诚信道德体系带来不可估量的伤害。

网民是网络时代社会发展的主力军,他们构成了强大的社会群体,既可以为国家的发展奉献自己的一份力量,又可以通过舆论监督让政府、企业、学校更好、更健康地发展。然而,由于信息不对称以及泛德主义、民粹主义的存在,目前网民并不能客观公正地监督其他行为主体的行为。因此我们将网民纳入行动者网络中,一方面希望借助网民的力量推进网络内容的建

① 郭建珍:《中国网络暴力第一案开审,网友当庭哭声一片》,2008 年 4 月 18 日,见 http://news.qq.com/a/20080418/001385.htm。

设的发展进程、促进网络正能量的发扬和传承；另一方面也希望借助其他主体的力量肃清网络负能量，构建健康文明的网络环境。

四、学校价值观培养途径单一

当前，互联网等信息网络对高校师生的科学文化素质、思想道德素质以及精神文化生活产生越来越深刻的影响。网络精品课程、网络大师讲座、网络图书馆等遍布校园教学的各个角落，学生可以更快更清晰地了解身边的世界。学校担负着教书育人的重要责任，为了提升教育质量与时俱进，将以中国特色社会主义理论体系为指导，遵循信息网络规律，树立正确导向，着力内容建设，营造文明健康、积极向上的网络育人环境，维护高校网络文化信息安全。然而目前我国的思政教育却陷入了僵局，尽管思想教育贯穿整个学习生活，学生们长期学习马克思列宁主义、毛泽东思想、邓小平理论、"三个代表"重要思想和科学发展观等内容，但同学们只是机械地背诵并没有理解其精髓，传统的教育模式对学生人生观、价值观的塑造作用微弱。

2004 年 2 月，云南大学化学系学生马加爵三天内连杀四人后潜逃，被公安部列为 A 级通缉犯，本是同寝好友却不料因为一些口角问题引来杀身之祸。四名被害者与马加爵并没有利益冲突，都是贫困家庭出身，邵瑞杰作为马加爵最好的朋友因为口角被杀，唐学李因为妨碍杀人计划被杀，龚博因为生日未邀请马加爵被杀[1]，无辜的杨开红仅仅因为串门遇到事发现场被杀，四个年轻的生命因为这样薄弱的理由被同学无情杀害，不仅反映了马加爵个人价值观的扭曲，也从一定程度上反映了学校在价值观塑造阶段的不足与缺陷。

网络作为一种新兴事物，正在潜移默化地改变着我们的生活和学习，学生可以通过慕课等方式主动学习自己需要和感兴趣的知识，也可以接触到更多更有价值的信息和资源，借助网络提升自己的知识水平，搜索教育资源，进行科学研究。但是，现在我国的网络文化建设还不够完善，网络信息

---

① 周贺：《残忍杀害四名同学，马加爵今日上午被执行死刑》，2004 年 6 月 17 日，见 http://www.people.com.cn/GB/shehui/1061。

纷繁复杂,灾难、事故、贪腐、丑闻铺天盖地,内幕、揭秘、潜规则层出不穷,谣言、暴力、色情信息屡禁不止,曝隐私、秀下限、搏出位大行其道,各种丑恶与黑暗通过网络无限放大。由于学生缺乏独立判断的能力,很少用理智的方式去思考和甄别信息的来源与真实性,常会盲目地加入负能量传播的队伍中,甚至通过"人肉"、造谣中伤等行为伤害他人。

目前学校已经意识到了网络的重要性,力图通过建立校园网站拉近与学生的距离,为学生提供更加方便的教育资源。但是目前的校园网站更多地停留在校园信息的公布上,除非遇到网上选课、网上报名或者查询学校办事流程等问题,否则学生极少主动浏览校园网站,学校借助校园网站来规范学生行为的目的并没有达到。

学校本是一片学习的净土,但是受到网络的影响,学校尤其是大学已经不再是一座安静的象牙塔,而变成了一个复杂的小社会。学校延续原有的思政教育模式,导致学生的逆反心理不断升级,学生受到金钱、权利、美色等本不该出现在学校的事物的引诱变得偏激和极端,尽管师资水平不断提升,但学校的教育难度不断加大,培养出来的学生水平也逐渐降低。仅仅依靠学校自身的力量来肃清网络负能量对学生的影响已经无法实现,只有联合其他行动者的力量,多管齐下才可以培养出真正符合社会主义核心价值观的学生。

五、网络内容纷繁复杂

网络内容可以认为是网络上的数据,包括文字、视频、图片等。网络内容可能传递网络正能量也可能传递网络负能量,正能量是指一种健康乐观、积极向上的动力和情感,通过传播网络正能量网民可以更加积极乐观地面对工作和生活。负能量从心理学上讲是能迅速把人的心情拉低,让人意志消沉的东西。网络负能量的存在会使得阴暗心理、悲观情绪、网络戾气滋长蔓延、交叉传染,消解社会正气,压抑人的心理。网络负能量主要包括以下几种。

(1)教唆性、煽动性的内容,网络上盛行着一些类似于自杀网站的组织,他们通过文字和语言的描述煽动网民的情绪,导致网民极端行为的出现。

（2）污蔑、侮辱、诽谤、出口伤人、恶意攻击等违反道德的言论及虚假的信息。2004 年的铜须门事件以及 2008 年网络第一暴力事件等都是由于网民恶意攻击引发，社会影响恶劣。

（3）利用网络从事欺诈、毒品交易、洗钱、组织恐怖活动等。2011 年，全国首例网络吸毒案告破，275 名吸毒人员被抓获，此案中的吸毒人员利用网站进行犯罪活动，通过设立虚拟房间从事吸毒活动、表演吸毒行为、交流吸毒感受，并进行毒品交易。

（4）色情信息。色情信息又被喻名为网络"罂粟"，其发布和传播具有隐蔽性强、犯罪成本低、跨区域等特征，随着网络技术的不断发展，网络淫秽色情信息的清除难度大大提高。

网络内容覆盖面广泛，从传统媒体到用户手持终端都有它的身影。网络内容本身包含多种多样的信息，真实的、虚假的、理性的、非理性的、正确的、错误的，各种思想舆论在网上相互叠加，让人眼花缭乱，难以判断。随着网络技术的发展和网络内容的丰富，网络内容传播逐渐发展为一种重要的内容传播方式，且有成为主要传播的趋势。与传统内容相比，网络内容具有更多更强更综合的传播功能，网络内容传播的良莠问题直接关系着整个社会的健康发展。网络是一个虚拟的数字空间，由于网络的技术架构具有"不问内容"的特点，即只要可以数字化，所有内容均可在网上畅通无阻，人人都可以成为网络平台内容的传播者，导致网络内容的治理异常困难，也造就了今天虽然有海量信息存在，但筛选有效信息仍然困难的尴尬局面。

网络传播内容的纷繁复杂，迫使社会关注网络内容的健康问题。目前网络内容的管理模式主要分为四种。即政府立法管理，技术手段控制，网络行业、用户等自律以及市场规律的自行调节。通过这四种模式我们可以发现仅仅依靠政府或者行业、用户的力量无法保证网络正能量的顺利传播，网络内容的治理需要政府、企业、学校、网民各个主体的参与和配合。因此我们将网络内容这一非人类行为主体纳入行动者网络之中，通过构建网络正能量传播的行动者网络，肃清网络负能量，构建健康文明的网络环境。

第三节　行动者网络主体联动关系存在的问题

行动主体之间存在联动关系,一个行动主体的变化可能会导致其他行动主体发生相同或相反的变化,为了解行动主体之间的联系,本研究进行了民意调查,调查结果显示尽管行动主体之间存在联动关系,但是由于信息传播机制不完善、产学研一体化程度不高、问政现象两极分化以及权益保障体系不健全等因素的存在,行动主体之间的相互联系程度较低,下面将简要分析行动主体联动过程中出现的问题。

一、信息传播机制不完善

(1)政府与企业的信息沟通渠道过于单一。企业虽然在政府管理国家的过程中扮演着非常重要的角色,但与政府之间的信息沟通还有待加强。企业是市场经济的主体,作为国家税收的重要来源,企业可以为国家创造收入,为国家公共事业的顺利进行提供经济支持。创新是一个民族进步的灵魂,是一个国家兴旺发达的动力。创新在提高产品质量和服务水平的同时,也能够为社会的发展提供动力,从而为政府治理国家提供帮助。然而,企业与政府的联系紧密程度有待增强,问卷调查结果显示(见图2-2),只有58%的企业认为企业与政府应该保持着密切的联系,还有42%的企业与政府的联系不够,这也说明了在互联网时代,企业与政府的信息沟通渠道有待拓宽。

(2)政府与企业信息交流机制不健全。政府在企业的正常运营中也扮演着不可替代的角色,但存在着与企业间信息交流机制不完善问题。随着产业结构调整和产业升级的呼声越来越高,政府对科技创新的投入力度也不断提高。政府为了创造良好的投资环境,引进和吸收先进的经验和技术,提升我国的自主创新能力给予互联网技术创新型高新技术企业税收等方面的优惠,放宽产业发展政策,积极鼓励企业进行科研创新。问卷调查结果(见图2-3)显示,50%的企业认为政府对本企业的技术创新活动是非常支持的。虽然政府大力支持企业进行科研创新,并给予企业极大支持,但我国

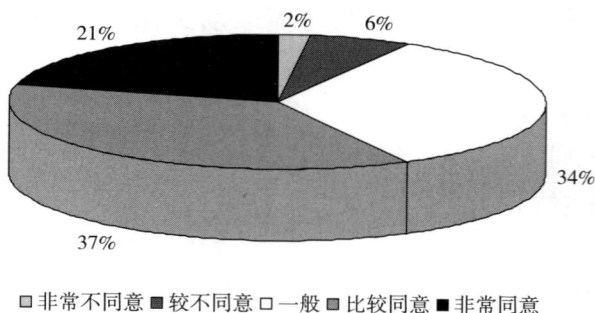

非常不同意 较不同意 一般 比较同意 非常同意

图 2-2 政府与企业联系的密切程度

资料来源:问卷调查。

企业的自主创新能力仍然薄弱,企业的核心竞争优势有待建立,究其原因主要是因为政府与企业信息交流机制不完善。政府不了解企业真正的需求所在,企业也不能充分利用政府所提供的便利条件,信息沟通渠道不畅通、资源无法得到有效配置增加了企业发展的难度,也阻碍了我国社会主义现代

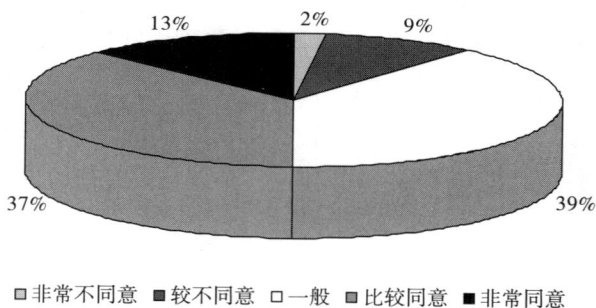

非常不同意 较不同意 一般 比较同意 非常同意

图 2-3 政府对企业技术创新的支持度

资料来源:问卷调查。

化建设。互联网在政府与企业间的普及度还远没有达到期望值,政府与企业之间的信息交流还有很大一大部分停留在传统的方式上,如电话、电视、报纸等,互联网的利用率还不够高,没有充分认识互联网的优势。这也说明了政府与企业间的交流(包括法律政策信息、企业困难信息、国家

宏观调控)平台有待扩展,及时将政企双方所需要的信息在两者之间快速传播,一方面企业可以快速了解国家政策,朝着国家支持的方向发展,实现企业利润最大化,同时给社会带来巨大的财富效应,促进社会的进步;另一方面政府可以及时了解企业的相关信息,监督企业,实现国家经济健康快速的发展,弘扬社会主义核心价值观,巩固政府的领导地位。特别是在"互联网+"的环境下,政府与企业间的交流更应该充分利用互联网,完善政企间信息交流机制。"互联网+"是对创新2.0时代新一代信息技术与创新2.0相互作用共同演化推进经济社会发展新形态的高度概括。2015年3月5日上午,十二届全国人大三次会议上,李克强总理在政府工作报告中首次提出"互联网+"行动计划。李克强总理所提出的"互联网+"与较早相关互联网企业讨论聚焦的"互联网改造传统产业"基础上已经有了进一步的深入和发展。李克强总理在政府工作报告中首次提出的"互联网+"实际上是创新2.0下互联网发展新形态、新业态,是知识社会创新2.0推动下的互联网形态演进。从"互联网+"的提出也可以看出,政府对互联网的重视度在逐渐提高,政府与企业信息的交流平台要紧跟潮流,与时俱进,这样才能双赢。

(3)政府与网民的沟通渠道不畅通。本研究分别调查了政府领导与网民的交流情况、政府网络新闻发言人的设立情况以及遇到网络舆论危机时政府采取的措施。观察图2-4可以发现,仅有25%的被调查者表示领导会开设官员博客与网友在线交流,而45%的人表示政府领导与网民互动性一般。

通过调查政府是否设立了专门的网络新闻发言人与社会公众联系,我们发现,32%的人认为政府没有专门的网络新闻发言人,网民也无法得知其工作内容和联系方式(见图2-5)。

一旦出现政府的负面新闻,政府往往采取回避方式,31%的被调查者表示,当出现批判政府的网帖时,政府会通过删帖、关闭论坛等方式解决(见图2-6)。通过分析调查数据可以发现,目前政府与网民的沟通渠道单一,网民不能得到充分有效的信息,其负面情绪无法舒缓,才导致政府与网民沟通矛盾重重。

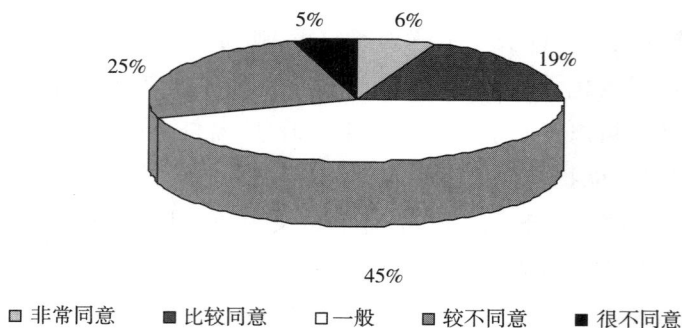

□ 非常同意　■ 比较同意　□ 一般　■ 较不同意　■ 很不同意

图 2-4　政府领导开设官员博客与网友进行在线交流

资料来源:问卷调查。

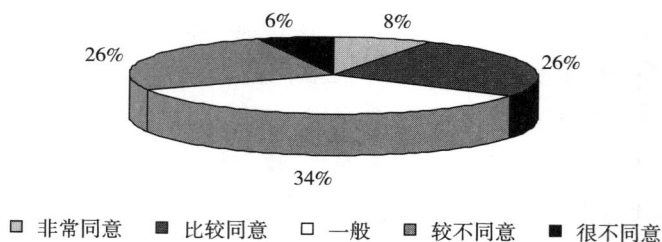

□ 非常同意　■ 比较同意　□ 一般　■ 较不同意　■ 很不同意

图 2-5　政府设立专门的网络新闻发言人,并公开其工作内容和联系方式

资料来源:问卷调查。

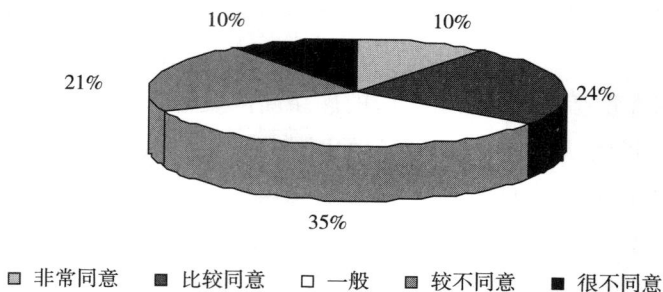

□ 非常同意　■ 比较同意　□ 一般　■ 较不同意　■ 很不同意

图 2-6　当负面信息出现时政府会采取删帖、关闭论坛等方式解决

资料来源:问卷调查。

总而言之,在互联网快速发展的时代,网民更容易在网上畅所欲言,表达自己的意见,而某些信息在互联网上的快速传播,促使网民参与其中。在网民群体中,网民素质参差不齐,理性意识较为薄弱,容易跟风,导致出现极端的想法,这就是网民群体极化现象。群体极化作为一种群体心理现象,最早是由 James Stoner 在 1961 年提出来的。所谓群体极化是指在群体中进行决策时,人们往往会比个人决策时更倾向于冒险或保守,向某一个极端倾斜,从而背离最佳决策。在互联网时代,网民群体极化现象更容易出现,当群体信息朝着好的方向前进的时候(这也是朝着弘扬社会主义核心价值观的方向),它能促进群体意见的一致,增强群体凝聚力和网民群体行为。但当出现不好的极端信息时,其他网民容易受到这些不理想信息的干扰,常常做出与实际情况不一致甚至极端的错误决定,降低政府的公信力。与之相对应的是政府在处理舆论问题时不及时,对舆论监督力度不够,这也导致了政府公信力在人们心目中的地位在下降,政府的领导力有待加强。在网络舆论的利用程度方面,美国有自己的一套方法。尤其是在对待快速发展的中国态度方面,总是无中生有,渲染"中国威胁论",他们这么做的目的就是给中国制造"舆论"压力,拖慢中国发展的脚步,这也能证明美国在衰落的事实。但中国有句古话"身正不怕影子斜",这也是美国目的一直没有达成的原因。然而在新世纪,政府要充分利用互联网,对网络舆论进行及时的响应,避免处于中性的群体被不理性的意志所驱动,这样才能提高政府的公信力,提升政府的领导能力,才能实现中华民族的伟大复兴。

二、产学研一体化程度不高

企业是技术创新的主体,在国家的技术和知识创新体系中都居于中心地位。产学研是国家科技创新的摇篮,企业技术的基石,学校实践发展的平台,政府、企业与学校之间联系密切。学校可以为企业培养高科技人才,企业可以为学校提供科研资金,与学校合作研发新产品、新技术,政府可以通过促进企业与学校之间的合作提升我国自主创新能力,提高国家的综合实力和国际竞争力。其中高校与企业结合的一个实践就是法国的达·芬奇大学的成立,它的名声缘于它的特点:学校与企业紧密结合,学校为企业培养人才,企业为学校提供资金和实践场所。达·芬奇大学的创办就是大学教育改革的一种尝试。

在互联网时代,机遇稍纵即逝,而机遇只青睐于有准备的人。在这样复杂的网络环境下,只有加强技术创新,在技术上获得领先优势,企业才能抓住机遇,使企业获得发展。而这其中的关键环节就是企业对网络技术人才的需求。为此,企业与学校就必须合作研发新技术,充分利用学校的教学资源,使学校能为企业培养所需要的网络技术高科技人才。然而通过分析调查结果(见图 2-7)可以发现:只有 39% 的企业很乐意和高校展开合作,研发新技术。究其原因主要是因为学校人才实用价值不高,科研能力有限。

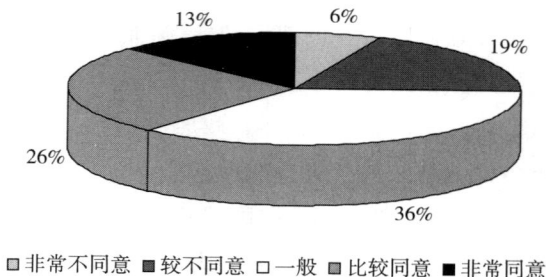

图 2-7　企业与高校合作研发新技术

资料来源:问卷调查。

企业与学校合作其中一个重要的模式就是产学研的结合。产学研结合即将产业、学校、科研机构整合起来,让其发挥各自优势,从而形成强大的研究、开发、生产一体化的先进体系,并在运行过程中体现出他们的整体优势。从顾佳峰、张嘉栋(2014)企业与学校的动态博弈分析中可以了解到,目前国内主流的产学研结合的模式就是依托契约合作的联合模式。企业和学校通过签订协议、契约等形式确定合作的具体范围、标的、权责、产出等,明确界定企业与高校在合作过程中的具体角色①。产学研合作模式多种多样,既可以通过技术咨询、技术服务快速解决企业的技术问题,又可以通过技术

① 顾佳峰、张嘉栋:《企业与学校的动态博弈分析——以产学研合作为例》,《现代管理科学》2014 年第 2 期。

转让、技术移植、技术培训、委托开发、合作开发及数据共享快速提升企业的技术水平,还可以借助人才培养等形式增加与学校互动,培养企业需求的人才。产学研结合就是一个动态博弈的过程,在现实中,由于存在信息不对称,学校和企业双方都具有投机心理,这就使他们之间的博弈更加复杂。所以说要想有效实现产学研的结合,推动技术的进步就必须满足各方的利益,只有在各方利益都得到满足的情况下,各方才会尽力研究开发新技术,才能促进技术创新。科技创新是企业在信息时代竞争的核心竞争力的表现,因此,越来越多的企业愿意展开与高校的各项合作。但是,产学研合作对企业来说是把"双刃剑":如果企业通过产学研解决了企业本身遇到的技术瓶颈问题,并且能够确保信息合作过程中能充分共享,那么产学研就会为企业带来益处;但是当产学研无法解决出现的瓶颈问题时,或者说不能在实践中得到应用的时候,那么企业付出了时间和资金成本,却得不到相应的收益,这对企业来说是不能接受的。因为企业和学校合作的最主要的目的就是能够研发出新技术,解决企业的技术故障问题,为企业带来利润。除此之外,在大学阶段,学校都开设了信息技术的课程,学校的主要目的就是培养一批能够在互联网环境下站住脚,为企业解决技术问题,为社会创造财富的学生,这些学生正是现在企业所急需的。对于一个企业而言,要在这竞争日益激烈的互联网环境中获得竞争优势,也需要学校培养的网络高等技术人才。根据 CSDN 旗下人才服务机构科锐福克斯对电商领域的研发人才招聘市场的调查显示,阿里巴巴和去哪儿的人才需求量超过了 1000 人,需求在500—1000 人的企业分别是苏宁易购、糯米网、国美商城、京东商城、美团网、唯品会①。所以说企业与学校的合作需要更紧密些。

企业的根本目的是获取利益。对一个企业而言,它所期待的是学校为其提供技术支持,进行产品创新,获得市场优势,获得超额利润。一方面,当企业在运营过程中发现一些技术瓶颈问题时,企业和学校展开合作,共同研发新技术来解决技术瓶颈问题。由于信息技术更新换代的速度极快,企业

---

① 《科锐福克斯:2014 年 IT 企业招聘趋势调研报告》,2014 年 4 月 17 日,见 ht-tp://www.199it.com/archives/210627.html。

也需要与学校合作进行研发、创新,跟上进步的节奏;另一方面,企业可以将在工作中遇到的技术问题通过网络传递给学校科研机构,而学校也可以通过网络平台传授解决之道。网络为企业与学校的信息交流提供了非常方便、及时的平台。问卷调查结果显示(见图2-8),60%的学校经常通过网络平台与企业开展合作,企业与学校的互动平台有待拓宽。

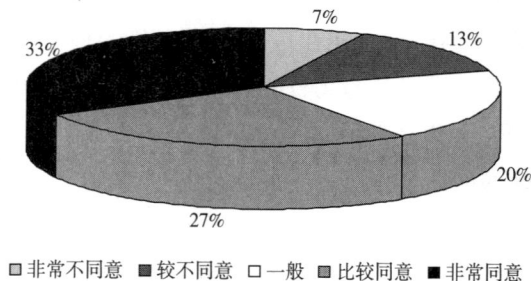

图 2-8　学校通过网络平台与企业开展合作的程度

资料来源:问卷调查。

　　政府是企业与学校进行产学研研究的促成者,产学研的发展离不开政府的支持。调查结果显示,政府部门在推动产学研合作方面力度不足,仅有24%的政府人员表示其所在政府积极推动产学研合作(见图2-9),从一定程度上表明政府产学研推动力不足,对产学研的重视程度不高。

　　然而,在现实生活中,特别是在互联网环境下,政府对学校学生价值观的引导方式单一,主要通过一些教育部颁发的文件,要求学校将师生集合起来宣传其思想,这既花费了大量的时间,效果又得不到保障,这也是政府在引导社会主义核心价值观过程中没有充分认识到网络的重要性,以及网络在学生中的普及程度。网络上信息传播和交流的工具无处不在,而网络又是21世纪学生乐于接受的交流平台,政府可以充分利用网络平台,通过网络平台引导社会主义核心价值观,这不仅使学生更方便、及时地进行交流,而且还是以学生喜欢的网络方式进行交流,这对于弘扬社会主义核心价值观,提升引导效率有较好的促进作用。除此之外,学校的素质教育进程缓慢,效果不太明显,学校培养出来的学生大部分科研创新实用价值不高,也

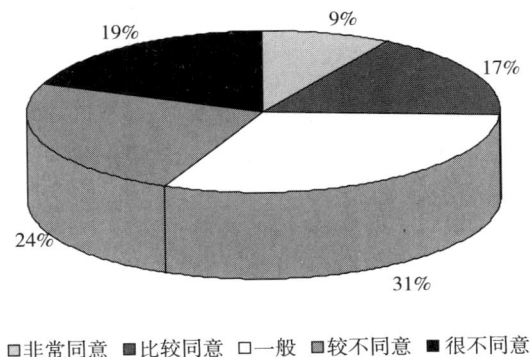

19%　9%　17%　24%　31%

□非常同意　■比较同意　□一般　■较不同意　■很不同意

图 2-9　政府部门积极推动产学研合作

资料来源：问卷调查。

就是说学生基本都是理论知识丰富，实践能力较差，这也说明学校与社会没有紧密的联系，没有充分利用互联网了解社会的需求，学校为政府培养的学生网络技术不强，不能快速有效地处理故障。所以，政府和学校要把自己置身于"互联网+"的环境下，不断开拓新的社会主义核心价值观的引导方式，培养科研技术创新型人才，满足社会和政府的需要。

现如今，学校培养的学生实用价值不高，学校培养学生主要集中在理论培养方面，而对实践性没有足够的认识。根据权变理论，企业的需求是随着环境的变化而变化的，然而学生在学习理论知识过程中没有意识到企业需求的变化，导致学校培养的学生与实践脱轨，不能满足企业的需求，这些都是学生实用价值不高的表现。所以对学校而言，多加强与企业的沟通，及时了解企业所需要的人才，在培养学生理论知识的同时更加注重学生实践能力的培养。企业的根本目的是获取利益，它所需要的是能够为企业创造财富的实用价值高的人才，因此企业更倾向于选择那些适合企业发展的实践能力较强的学生。而互联网的出现使学校与企业之间的交流更加方便、快捷。然而，现阶段学校与企业互动平台不完善，没有充分利用互联网交流平台，间接导致了学生实用价值不高的问题。所以对于企业和学校而言除了做好产学研，还需要充分利用互联网交流平台，及时地进行信息互换，能够让学生实现自己的价值，也能够为企业创造更多的财富。

三、问政现象两极分化

我国是一个社会主义民主的国家,而社会主义民主政治的本质是人民当家做主,社会主义民主政治的核心是人民代表大会制度,中国共产党的根本宗旨就是全心全意为人民服务。人民群众在国家的治理和发展过程中扮演着非常重要的角色,随着信息技术的发展,网民俨然成为国家治理的重要组成部分,网民可以通过民主监督和参政、议政和政府一起治理国家,而政府也可以通过对网民以及网络舆论的监督更好地管理国家,促进社会和谐健康地发展,这恰恰说明了网民与政府联系密切。

在现实社会中,网民的监督和参政议政以及政府对网络舆论的监督管理对促进国家健康快速地发展起着举足轻重的作用。网民参政议政进行民主监督是公民自主意识的觉醒,有利于我国民主化进程的进一步推进。随着我国反腐倡廉工作的深入,网民问政现象也呈现出两极分化的局面,一部分网民积极地进行民主监督和参政议政,但由于信息不对称性及网络泛德主义、沉默螺旋效应的存在导致网络舆论呈现一边倒的局面,网民常常陷入"凡是政府做的都是错的,凡是政府说的都是假的"的怪圈,长此以往不利于政府网络话语权的提升,更不利于社会主义和谐社会的建设;还有一部分网民成了网络上的潜水军,他们游离于各大新闻网站,但从不发表或者很少发表自己的言论,漠然旁观网络事件的发展。调查结果(见图2-10)显示,只有17%的网民积极地参与政府相关活动,这表明网民对政府活动参与的积极性不是很高,这与我们现阶段人民参政议政的现状基本相符。

网民可以借助网络进行民主监督与参政议政为国家建言献策,维护自身合法权益,使社会更加民主。政府也可以有效地利用互联网拉近官民之间的距离,与网民进行交流,了解人民群众的需求,更好地服务于人民,推进我国社会主义政治文明建设的进程。网络舆论监督是现代民主政治体制下群众利用网络参与政府政治的重要体现,其快速发展体现了人民对社会公平与正义的追求和渴望,但是网民问政现象的两极分化给政府治理带来很大困扰。网络是一把"双刃剑",在搭建人与人之间沟通桥梁的同时也增加了网络信息判断的难度,增加了社会发展的不安定因素,一旦处理不当很有

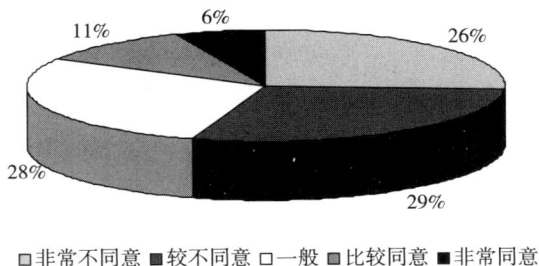

图 2-10　网民参与政府活动的积极程度

资料来源:问卷调查。

可能造成巨大的社会影响。

四、权益保障体系不健全

企业的服务对象是消费者,在互联网时代,网民是消费者的最主要的组成部分。根据中国互联网络中心报告,截至 2015 年 6 月,中国网民规模达 6.68 亿,半年共计新增网民 1894 万人,网络普及率为 48.8%,较上半年提升了 0.8 个百分点①。从图 2-11 中可以发现我国网民的规模非常大,而且每年都在快速增长。与网络经济快速发展相对应的是我国权益保障体系的不健全,在这个物欲横流的时代,部分企业仅注重攫取短期利益,忽视产品和服务质量,导致产品质量参差不齐,严重损害了消费者的合法权益。

企业产品质量问题是网民非常关心的问题之一,产品质量问题不仅关系到网民的合法权益,对企业长期发展来说也至关重要。网络平台是网民与企业沟通的重要渠道,网民可以借助网络平台将产品问题反馈给企业,企业通过网络平台收集信息,及时反馈将企业的损失降到最低。调查结果显示(见图 2-12),65%的网民借助网络平台与企业协商解决问题。但仍有相当一部分网民由于网络维权过程烦琐、漫长,网络维权渠道不畅通选择自认倒霉。以网购为例,经常网购的人会先查看商家的评价,然后再做出实际购

---

①　冯文雅:《CNNIC 发布第 36 次中国互联网络发展状况统计报告》,2015 年 7 月 23 日,见 http://news.xinhuanet.com/politics/2015-07-23/c_128051909。

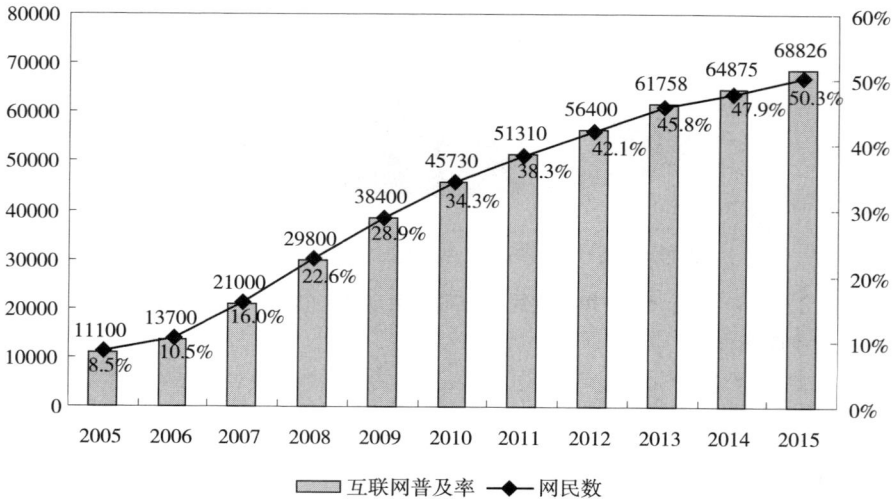

图 2-11　2005—2015 年网民规模数量变化

资料来源:《第 37 次中国互联网络发展状况报告》。

买。了解了网民这一特性之后很多商家会雇用职业好评师刷高其评价,虚假的商家评价导致消费者权益受损,高额利益的背后显示出的是现在网络舆论监督体系的不健全。

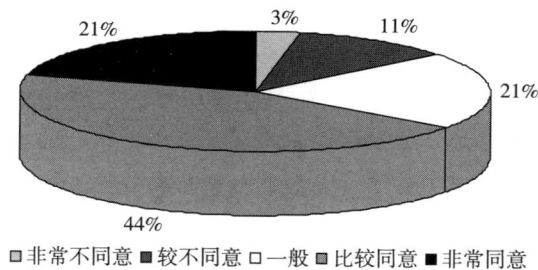

图 2-12　网民通过网络平台解决产品问题

资料来源:问卷调查。

　　综上所述,企业是以盈利为目的,企业社会责任的履行情况往往是建立在盈利的基础上,也就是说,企业大多时候履行社会责任,主要是提高企业知名度以及企业声誉以达到更好盈利的目的。所以,网络上的产品质量参差不齐,有的产品价格高、质量差,这些都不利于弘扬社会主义核心价值观。这些企业注重的是短期利润而非长期利润,因为一个生产质量较差产品的企业一旦被发现,网民就可以通过网络在网民群体中快速传播,导致企业声誉下降,进而降低企业的销售利润,更严重的会导致企业倒闭。而出现这种现象的一个原因就是网络监督机制不完善,网民对企业的监督过程受阻,监督平台有待拓宽。舆论监督机制的不完善也会助长企业生产质量差、价格高的行为以获取超额利润。所以,一个企业要想在互联网时代获得发展,一方面要提高企业产品和服务的质量,不断履行社会责任,时刻为群众着想;另一方面要和政府、网民共同完善监督机制,时刻提醒自己不要背离社会主义核心价值观的方向。更重要的是需要网民积极参与其中,不断提高自己的维权意识。只有这样才能净化网络环境,使网络朝着健康的方向发展,断绝不良企业利用网络盈利的想法。

第三章 构建正能量传播的行动者网络

第二章主要对正能量传播的行动者网络所面临的宏观环境、行动者主体的现实状况及相互关系进行了介绍。在上述的环境背景下,我们要构建行动者网络还需要对行动主体在行动者网络中发挥的主要作用进行更深的了解和探讨。只有在深入了解各行动者主体在行动者网络中发挥的主要作用,才能更好地构建行动者网络,促进正能量的传播。

因此,在第四章构建正能量传播的行动者网络中,我们首先对行动者网络的运行机理进行了描述;然后,通过李克特量表问卷调查探讨分析各个行动者对行动者网络的主要影响因素;最后,基于行动者网络理论,根据行动者网络的形成过程构建正能量传播的行动者网络。

第一节 正能量传播的行动者网络构建机理

一、行动者网络的运行关键

行动者网络(ANT)是指把网络看成是各异质行动者的联盟,其中人与非人参与者在行动者网络中扮演的角色同等重要。在本书的研究中,尽管政府、学校、企业、网民等行动主体所需要的利益机制有所不同,但是可以通过重塑每个行动者主体角色,将各参与者的利益进行动态转化,从而形成较为稳定的利益共同体,以达到协同治理的目的。通过本章的分析可以发现,目前政府、学校、企业、网民各行动主体之间的联系较为薄弱,各自为政的发展模式已经无法满足社会及其自身发展的需求,各个主体在构建行动者网络时亟须一个利益联盟点。

网络正能量是指网络上积极的、健康的、催人奋进的、给人力量的、充满希望的人和事,是一种向上、向前、向善、自觉践行社会主义核心价值观,追求真善美的力量。所包含的内容十分广泛,学校网络思政教育、网络课程开设、政府公信力传播、企业社会责任的承担、网络舆论传播等均属于网络正能量的范畴。通过上述分析可以发现政府公信力彰显有待提高、企业社会责任意识不强、网络舆论存在沉默螺旋效应、学校价值观培养途径过于单一,加之网络内容纷冗繁杂,网络文明建设前景不容乐观。网络正能量作为非人类参与者,具有能动性特点,是行动者网络运行的关键所在。将网络正能量引入行动者网络中来,构建正能量传播的行动者网络是抢占网络阵营、唱响网上主旋律的必经之路。

二、行动者网络的协同配合逻辑

行动者网络理论的核心概念主要包括行动者(Actor)、异质性网络(Heterogeneous Network)和转译(Translation)三个,由于人和非人的行动者之间的行动能力以及利益驱动不同,我们要构建的网络正能量传播网络具有异质性,要想建立并维护网络正能量传播网络,需要我们通过利益对异质性进行转译。因此,我们在这里着重分析行动者网络转译的过程:问题呈现、利益赋予、征召、动员、异议。

(一)问题呈现

根据卡龙的观点,问题化就是指核心行动者对其他行动者的属性和存在的问题加以界定,并建议其他行动者认同行动中存在的"必经之地",以解决各行动者遇到的障碍。通过行动者主体及强制通行点图可以发现,各行动主体共同面对的问题是"如何使网络正能量快速传播",为了解决此问题,逐渐形成了网络正能量传播网络。而这里所说的强制通行点是指网络正能量协同治理过程的强制通行点(OPP),它是指各部门的自律、监管以及监督机制,也正是因为这些机制的存在,为网络正能量的有效传播提供保

障。通过这一强制通行点,政府可以在网络谣言发生的第一时间采取相关
有效的措施发布信息,尽最大可能解释事件的来龙去脉,打消群众的疑虑,
将损失降低到最少,与此同时政府要加快精神文明的建设步伐,为人民群众
创建良好的网络环境;而企业可以通过网络正能量的传播来达到提高企业
自身的经济利润和企业知名度的目的,以及需要承担更多的企业社会责任
以达到提高企业声誉的目的;学校可以完善其思政教育的渠道来促使网络
正能量的有效传播,培养出一批全面的人才以提高学校的知名度,扩大招生
来源;网民通过自律、政府的监管、社会的监督这些强制通行点,可以更好地
有效地传播网络正能量,网民在维护自身合法权益、实现自我价值的同时还
可以对企业、政府进行监督,使其朝着期望的方向发展。

(二)利益赋予

利益赋予是核心行动者试图将其他行动者的角色稳定在预先设定的位
置上,从而努力维护网络稳定的过程。实际上利益赋予就是行动者加入我
们构建的行动者网络中能够获得什么利益,通过利益将他们吸引到行动者
网络,形成利益联盟,寻找行动主体的最大利益公约数,从而实现行动者的
目标。

(三)征召

征召是指核心行动者通过一系列的策略,为其他行动者分配可以接受
的任务,并使其角色之间产生联系。在网络正能量传播这个网络中,每一个
行动者都被赋予了相互可以接受的任务。政府往往是征召的主体,而非被
征召的主体。企业受到网民的征召提供产品和服务,提供网络技术创新,随
后受到学校的征召提供就业岗位;学校受到企业的征召提供先进的科研、技
术和人才,受到网民的征召提供师资、教育;网民加入网络正能量的传播中
属于自发行为,并非受到征召,在加入这个网络之后,受到其他行动者主体
的征召进行监督。

(四)动员

动员阶段要求核心行动者通过一系列措施,确保事先设定的利益代言
人能够正确代言网络的利益,并忠于行动者网络。一般而言,政府对于企业
的动员能力较强,政府可以通过政策扶持、财政支持、资源控制等手段对企

业进行动员,提高企业的利益驱动。同样的,学校一般是公立性质的,受到国家政策和财政的支持,所以政府对于企业和学校的动员能力较强。但是政府对于网民的动员能力较弱,虽然政府为网民提供了信息基础设施,但由于政府公信力下降,这种动员能力反而大打折扣。反而是与网民息息相关的企业以及学校对于其动员能力较强。因此,政府作为核心行动者可以直接通过政策和财政手段动员企业和学校,并通过间接手段动员网民,以保证整个网络的健康运行。

(五)异议

异议是指事物在运行过程中产生的矛盾和分歧,行动者网络存在五个主体,主体之间背景差异相去甚远,存在异议是正常的。行动者网络的正常运行不可避免地出现异议,在构建行动者网络的过程中应该及时正确地面对异议,将异议转变为网络产生变化的动力,推动网络正能量传播的行动者网络的健康运行。

从上一节我们可以知道,在行动者网络中,各行动主体相互联系,相互依存。为了行动者网络更好地运行,提出更切实可行的建议,我们针对各个主体的作用因素进行了问卷调查。

第二节　行动者网络构建的影响因素调查

一、问卷设计

(一)问卷设计过程

本书的调查问卷主要包括政府调查问卷、企业调查问卷、学校调查问卷以及网民调查问卷四个。问卷设计过程主要包括三个部分。首先,在问卷设计前对政府、学校、企业、网民四个行动者与网络之间的关系有较为透彻的了解,同时需要梳理相关的理论及文献。其次,参考相关理论及成熟量表,设计各问卷的初始量表,通过小组讨论、导师审核、专家审验等过程反复斟酌问题和选项,修改词意不清、题目重复、选项设置不合理的题项。最后,发放预调查问卷,并使用 AMOS 和 SPSS 软件分析问卷的信度、效度,修改和调整不可靠的题项,并在此基础上形成正式问卷。其中,政府部分、企业部分的预调查对象为湖南大学 MBA、EMBA、EDP 进修班的学生,学校的预调查对象为湖南大学工商管理学院 2014 级研究生,网民的预调查则通过问卷星随机发放。

（二）问卷结构

本研究四个问卷的问卷结构均包括调查问卷简介、调查量表以及被调查者的背景资料三个部分。调查问卷简介部分表明问卷采取匿名填写方式,简要说明各部分课题的研究内容,并对被测试者表示感谢;四份调查量表根据行为主体的特征不同,进行不同设置。其中政府部分主要调查政府的公信力现状,企业部分主要调查市场竞争和市场环境状况,学校部分主要调查高校网络信息传播、高校网络文化以及网络人才培养状况,网民部分则针对网络安全、网络正能量传播等三个部分进行展开;测量均采用李克特五分量表,从一分到五分分别代表非常不同意、比较不同意、一般、比较同意、非常同意;被调查者的背景资料也根据行动者的不同进行了适当的调整。其中,政府部分主要包括被测试者的性别、年龄、受教育状况、所处部门、网龄及上网地点六个题项。企业部分主要包括企业类型、企业规模、成立年限、主页网站状况、企业与员工及政府的沟通方式等八个题项。学校部分主要包括被测者的身份、经常浏览的网站、浏览校园网的频率及内容以及日均上网时间等五个题项。网民部分主要包括性别、年龄、政治面貌、文化程度、日均上网时间、网络评论参与程度、发帖频率七个题项。问卷以上述基本信息依据进行分类,在剔除无效问卷的基础上进一步归类,以便分析各主体的现状及发展状况。

（三）各变量测量工具

为了保证各问卷的信度和效度,我们在问卷设计之初阅读了大量的文献资料,参考和整合成熟的量表作为初始问卷,在此基础上进行预调查,并依据预调查的结果删除不恰当的题项,经过不断地修改和完善,最终得到本研究所使用的四份调查问卷。本研究采用李克特的五级量表进行测量,四份问卷选项赋值相同,其中 1 代表非常不同意,2 代表比较不同意,3 代表一般,4 代表比较同意,5 代表非常同意。

1. 政府调查问卷

我国是一个人民民主专政的社会主义国家,政府代表人民行使权力,其宗旨是"全心全意为人民服务。"一方面,政府要很好地发挥政治、经济、文化和社会公共服务职能,更好地服务人民,不是政府单方面的努力即可,也需要人民、社会组织的积极参与。政府需要及时与群众和组织等进行交流沟通,了解人民真正的需求;而人民群众的积极参与公共事务管理也能为政府提供好的建议,对政府的关注能够加强对政府的监督。21 世纪以来,随着互联网的发展,网络参政议政已经成为一种新型的参政方式,逐渐地被广大民众接受,网络参政议政也成为人民群众参政议政的重要手段之一。我国网络参政议政时代到来的标志性事件是胡锦涛同志于 2008 年 6 月在人民网上通过视频直播与网民群众进行了在线的交流互动,而网络民意也越来越受到重视,人民通过网络这个便捷、共同的平台,发表自己的想法,提出自己的建议,积极参与社会主义的建设。另一方面,地方政府不仅是中央政策的执行者,而且还是具体工作开展者,政府形象对政府的号召力和影响力有着很大的作用。它影响着政府执政目标的实现、政策的顺利实施等。公众心目中的政府形象对政府的执政理念、公共政策、行政效率的高低及政治权威的建立有很大的影响,政府形象的培养俨然已是政府工作的重要组成部分。良好的政府形象来源于群众对政府的信任,而政府信任即基于公众期望而运作的政府行为的公众评价。在 21 世纪这个网络大环境下,互联网为政府形象的培养提供了新的工具和途径,政府网络形象概念也随之出现,成为政府的重要资源。政府利用互联网的传播快、广的特点,传播公开、透明、廉洁的政府形象,为政府工作的实施,与群众良好关系的建立打下基础。根据上述分析,本研究从政府政务公开程度、群众的政治参与程度以及政府网络形象三个角度设计问卷,问卷采用李克特五级量表进行度量,分别设置选项衡量,要求被测试者根据自身情况进行答题,其中 1 表示非常不同意,2 表示比较不同意,3 表示一般,4 表示比较同意,5 表示非常同意,具体题项见附录。

2. 企业调查问卷

企业是社会经济的重要组成部分,极大地促进了社会发展。一方面企业的发展带动了国家经济的进步,另一方面,外部环境的变化也影响着企业的发展。通过梳理文献,我们发现现有研究从不同的角度分析了企业所处的外部环境。王书秋(2014)从政治经济环境和行业企业环境两个方面分析企业的外部环境①;梁广文(2010)将中小型科技企业的外部环境分为政治、经济和技术环境,并对其进行了分析②;陈晓红、王陟昀(2008)在分析中小企业外部环境时将其分为硬环境和软环境,并指出硬环境分为自然环境、基础设施两个方面,而软环境则包括人文环境、经济环境、政治环境、市场环境、技术环境、政府环境、企业网络环境等多个方面③。

随着电子商务的迅猛发展,绝大多数企业都开始搭建自己的网络商店和平台,技术环境和经济环境从不同程度上影响着企业的发展,企业的发展无法脱离我国经济环境的制约,蓬勃发展的经济环境有利于企业的发展,衰退落后的经济环境则会将企业拉入发展的低谷。本文借鉴陈晓红、张亚博(2008)测量经济环境的量表以及南京市科技局有关企业信息技术应用状况的问卷,在此基础上结合本文的研究目的及对象对网络营销、电子商务对采购和销售的影响以及交易成本三个维度进行测量④;企业的技术环境是企业发展网络业务的必要保障,安全便捷的购物环境有利于企业业务的发展。本文借鉴陈晓红、张亚博(2008)测量技术环境的量表,在此基础上结合清华大学企业创新研究课题组的问卷及本文的研究目的及对象,最终选择了网络技术研发、硬件和软件的使用方法的掌握程度、网络技术故障的处理能力三个维度②。本部分问卷采用李克特五级量表进行度量,分别设置六道题目进行衡量,要求被测试者根据自身情况进行答题,其中 1 表示非常不同意,2 表示比较不同意,3 表示一般,4 表示比较同意,5 表示非常同意,具体题项见附录。

3. 学校调查问卷

学校是培养学生成才的摇篮,学生是网络大军的主力,对网络具有高度

① 王书秋:《企业外部环境分析》,《经济视野》2014 年第 2 期。
② 梁广文:《中小型科技企业外部环境分析》,《商情》2013 年第 5 期。
③ 陈晓红、王陟昀:《中小企业外部环境评价方法比较研究》,《科学学与科学技术管理》2008 年第 9 期。
④ 陈晓红、张亚博:《中小企业外部环境比较研究》,《中国软科学》2008 年第 7 期。

依赖性。在问卷设计的过程中我们设计了网络舆情环境、网络文化环境以及网络人才环境三个一级指标，其原因如下：首先，高校是培养高等学历人才的集中营，言论空间相对畅通和宽松，青年学生大部分都会关注国内国际时事，虽然这些学生有一定的科学文化知识，但实践经验相对缺乏，对社会现实没有深入的了解，一些突发事件、负面的社会舆论很容易影响他们的言行，导致高校舆情危机，阻碍高校思想政治教育工作以及构建和谐校园的进程。而网络舆情环境是社会网络舆情的重要分支，关系到校园网络环境的稳定以及健康和谐校园的建设工作，因此我们将网络舆情环境作为一个指标对高校进行衡量；其次，作为高校校园文化的一个重要组成部分——高校网络文化，它对那些具有较高文化层次的大学生来说影响非常大。随着信息化不断在大学校园推广，如何科学地管理、建设、传播高校网络文化，抵制不良网络文化的侵袭，充分发挥网络文化德育的优势，成为高校工作的重点。网络平台使社会上各种不同性质的思想文化、价值观念相互交融和碰撞。由于大学生对新事物的好奇心较强，但是鉴别能力较弱，在大量信息面前，判断是非的能力降低，有时甚至会受到西方的一些消极腐朽的文化价值观念的迷惑和影响，因此在学校调查问卷部分我们对高校网络文化这一指标进行了进一步考察；再次，随着互联网的飞速发展，网络产业逐渐成为信息产业的核心产业之一，网络产业的竞争从根本上来讲是人才的竞争。网络产业快速发展，需要大量高素质与高技能的网络应用型人才。因此，需要不断提高网络应用型人才的素质以及技能，不断地完善网络应用型人才培养体系，这是未来中国网络产业快速发展的坚实基础。而高等教育在教育战线上处于重要的战略地位，培养网络应用型人才是高校必须承担的重要任务，因此，我们将网络人才环境也纳入学校调查问卷中来。本部分问卷采用李克特五级量表进行度量，分别设置 6 个题项进行衡量，要求被测试者根据自身情况进行答题，其中 1 表示非常不同意，2 表示比较不同意，3 表示一般，4 表示比较同意，5 表示非常同意，具体题项见附录。

4. 网民调查问卷

互联网的迅速发展悄然改变着我们的生活，借助网络网民可以随时随地查阅资料、分享观点，可以无所顾忌地进行政治参与，表达政治诉求，可以便捷地进行购物和交流,工作和生活都变得更为便捷。然而网络在给网民带来便利的同时也给网民的生活带来了一定的困扰,通过梳理有关网民的文献发现,目前网民主要受到两方面的困扰:首先,网络安全隐患仍然存在,随着人们与网络的关系日益密切,网民的信息和财产安全也越来越受到重视,但是由于我国网络基础设施相对落后,网络安全意识还有待加强,我国的网络安全工作还有待提升;其次,网络内容纷杂,网络负能量肆意流行。网民可以在网上自由地发表言论和观点,网络对发帖人也没有严格的审核制度,导致网络上信息纷杂,反动、暴力、淫秽信息等大量传播,网络环境杂乱无章。网民在不明事实真相的情况下极易被"意见领袖"所鼓动,出现意见一边倒的情况。为了分析我国互联网网络内容的发展现状,维护网络这一思想的前沿阵地,本研究在网民调查问卷部分重点探讨网络安全这一基础问题以及网络正能量传播这一核心问题。问卷采用李克特五级量表进行度量,分别设置六个题项进行衡量,要求被测试者根据自身情况进行答题,其中 1 表示非常不同意,2 表示比较不同意,3 表示一般,4 表示比较同意,5 表示非常同意,具体题项见附录。

二、问卷测试

(一)预调查样本选取与数据收集

为了保证调查问卷的信度和效度,本研究在大规模进行调研之前首先对初始量表进行了小规模的预调查,根据调查结果调整和删减部分题项,形成最终调研所需要的真实量表,为大规模调研和数据分析整理奠定坚实的基础。

1. 政府部分预调查

政府部分的预调查对象为学校、网民、企业三个主体,主要由湖南大学工商管理学院 MBA 班学员以及 2013 级和 2014 级在校研究生根据自身情况填写,调查内容为政府公信力。共计发放预调查问卷 100 份,回收 88 份,其中有效问卷 85 份,问卷回收率为 88%。

2. 企业部分预调查

企业部分的预调查对象为企业工作人员,主要由湖南大学工商管理学院 EDP 学员、EMBA 学员根据自身情况填写,调查内容主要包括企业的市场竞争及技术环境两个方面。共计发放预调查问卷 50 份,回收 43 份,其中有效问卷 40 份,问卷回收率为 86%。

3.学校部分预调查

学校部分的预调查对象为高校学生,主要由湖南大学工商管理学院 2013 级、2014 级在校研究生根据自身情况进行填写,调查内容主要包括高校网络舆情环境、高校网络文化环境以及高校人才环境三个部分。共计发放预调查问卷 50 份,回收 48 份,其中有效问卷 45 份,问卷回收率为 96%。

4.网民部分预调查

网民部分的预调查采取随机抽样原则,通过网络调研工具问卷星发放电子问卷,由小组成员随机邀请朋友圈的朋友进行填写,调查内容为网络安全和网络正能量传播两个方面。共计发放预调查问卷 80 份,回收 41 份,其中有效问卷 40 份,问卷回收率为 51.25%。

(二)初始量表的检验

为了保证调查的准确性、统计分析结论的科学性和研究成果的质量。我们首先对量表进行了预调查,分析量表的信度和效度以保证量表的有效性。大多数学者通过分项对总项的相关系数(Corrected Item-Total Correlation,CITC)以及内容一致性信度,即 Cronbach's α 系数分析;对样本数据进行分析,学者们主要分析其表面效度和结构效度。

我们的调查问卷沿用上述验证工具对初始量表进行检验和处理。首先利用 CITC 分析,对题项进行调整。当量表中某个题项的 CITC<0.3 时,就可以认为该题与其所在量表的相关性较低,它们的同质性不够高,因此可以将该题项删除;如果当删除某个题目后,量表中 Cronbach's α 的指标值变大,就可以认为该题目与其所在量表本质不同,可以考虑将该题项删除。其次,需要对量表信度进行检验,可以通过测量量表中 Cronbach's α 系数指标值来判断量表的信度。一般而言,如果 Cronbach's α 系数小于 0.5,则认为该量表的信度不理想,当系数在 0.6~0.8 之间时,该量表则具有相当的信度,当系数达到 0.8~0.9 时,则该量表的信度非常好;最后使用主成分分析,对效度进行重复检验。利用结构方程进行验证性因子分析,检验量表的效度;对于量表效度的检验,学者一般会检验其内容效度(表面效度)和结

构效度,由于该量表在设计过程中经过专家、学者的审评和同意,所以满足表面效度;而对于结构效度,通常学者们会报告 x^2/df、RMSEA、CFI、IFI、TLI 的值。表 3-1 是各指标的评价标准。

表 3-1 验证性因子分析指标的评价标准表

项目	x^2/df	RMSEA	CFI	IFI	TLI
标准	2~5	<0.1	>0.9	>0.9	>0.9

(三)初始量表的检验结果

下面是各量表利用 CITC 系数对初始题项进行删选后,进行信度、效度分析的结果:

1. 信度分析

(1)政府环境量表的检验

为了测度政府环境,我们设计了八个题项来测度政府的公信力。首先对政府公信力环境量表进行 CITI 分析,对题项进行删选后得到以下题项;然后进行信度分析,由表 3-2 可知政府公信力环境量表的 α 系数为 0.876,删除该题后的 α 系数均有不同程度的变小,因而可以得出量表具有较好的信度。

表 3-2 政府环境量表信度表

量表	题项	初始 CITC	最终 CITC	删除该题后的 α 系数	α 系数
政府					0.876
公信力	GX1	0.595	0.595	0.865	
	GX2	0.635	0.635	0.861	
	GX3	0.634	0.634	0.861	
	GX4	0.706	0.706	0.854	
	GX5	0.570	0.570	0.869	
	GX6	0.714	0.714	0.853	
	GX7	0.703	0.703	0.854	
	GX8	0.540	0.540	0.870	

资料来源:问卷调查。

公信力量表所有题项的 CITC 值均处于大于 0.5 的高水平,说明量表的内部一致性程度高,且每个题项与分属量表都具有相当的同质性和相关性。

（2）学校环境量表的检验

从相关文献可知,学校网络环境构成成分主要是主体参与网络活动、文化和人才培养等方面。对于学校环境的测量,我们设计三个题项,分别是学校网络信息传播、网络文化和人才培养。针对这三个潜在变量,分别设置了三个或者四个观测变量（见表 3-3）。

表 3-3 学校环境量表信度表

量表	题项	初始 CITC	最终 CITC	删除该题项后的 α 系数	α 系数
学校					0.726
信息传播	XC9	0.362	0.362	0.771	0.635
	XC10	0.527	0.527	0.434	
	XC11	0.587	0.587	0.321	
网络文化	WH12	0.641	0.641	0.711	0.807
	WH13	0.739	0.739	0.641	
	WH14	0.580	0.580	0.811	
人才培养	RC15	0.496	0.496	0.795	0.795
	RC16	0.657	0.657	0.721	
	RC17	0.671	0.671	0.711	
	RC18	0.612	0.612	0.721	

资料来源:问卷调查。

同上,首先对学校环境量表进行 CITI 分析,对题项进行删选后得到以上题项;然后进行信度分析,由表 3-3 可知学校环境量表的 α 系数为 0.726,其他单个因子的 α 系数均大于 0.6,删除该题项后,除 XC9、WH13 外其他的 α 系数都有不同程度的变小,XC9、WH13、RC15 的 α 系数与总体 α 系数接近,所以满足信度要求,因而在信度分析中,这个量表具有较好的信度。

学校环境量表题项的 CITC 值除 XC9、RC15 外均处于大于 0.5 的高水平,XC9、RC15 的 CITC 值也均大于 0.3,说明该题项对整体有一定的贡献,所以并没有对该题进行剔除,这表明整个量表的内容一致性较好,且每个题项与分属量表都具有相当的同质性和相关性。

(3)企业量表的检验

从各专家学者的研究来看,互联网技术的发展对企业产生的影响主要集中在技术和市场方面,所以对于企业环境的测量我们主要从技术环境和市场竞争两个维度展开,分别设计了三个题项。

在对企业环境量表进行 CITI 分析后,我们选出了最能代表技术环境和市场竞争因子的题项进行信度分析,由表 3-4 可知企业环境量表的 α 系数为 0.837,其他单个因子的 α 系数均大于 0.7,删除该题项后的 α 系数都有不同程度的变小,满足信度要求,因而在信度分析中,这个量表具有较好的信度。

量表中各题项的 CITC 值均大于 0.5(见表 3-4),表明整个量表的内容一致性较好,且每个题项与分属量表都具有一定的同质性和相关性。

表 3-4　企业环境量表信度表

量表	题项	初始 CITC	最终 CITC	删除该题后的 α 系数	α 系数
企业					0.837
技术环境	JS19	0.66	0.66	0.812	0.838
	JS20	0.79	0.79	0.684	
	JS21	0.652	0.65	0.818	
市场竞争	SC22	0.506	0.506	0.748	0.752
	SC23	0.628	0.628	0.611	
	SC24	0.613	0.613	0.632	

资料来源:问卷调查。

(4)网民环境量表的检验

在网民量表中,我们从网络安全和网络正能量两个方面分析网民的网络环境。研究表明,网民对网络安全关注度很高,而其所进行的网上行为,对正能量传播的影响也很大,所以我们认为网民的网络环境主要是由网络安全和网络正能量两部分构成,并分别对其设计了三个题项,具体可见表 3-5。

表 3-5 网民环境量表信度表

量表	题项	初始 CITC	最终 CITC	删除该题后的 α 系数	α 系数
网民					0.654
网络安全	AQ25	0.422	0.422	0.638	0.672
	AQ26	0.521	0.521	0.528	
	AQ27	0.498	0.500	0.529	
网络正能量	ZH29	0.371	0.400	0.624	0.580
	ZH30	0.543	0.543	0.235	
	ZH31	0.359	0.410	0.518	

资料来源：问卷调查。

从表 3-5 中的 CITC 值可以看出，各个题项的 CITC 值均大于 0.4，网民环境量表的 α 系数为 0.654，其他单个因子的 α 系数均大于 0.5，删除该题后的 α 系数均有不同程度的变小，满足信度要求，因而在信度分析中，这个量表具有较好的信度，上述指标表明整个量表的内容一致性较好，且每个题项与分属量表都具有相当的同质性和相关性。

2. 效度分析

利用 AMOS 进行效度分析

根据表 3-6 可得，x^2/df 指标除政府外，其他均小于 3，而政府的 x^2/df 值为 4.325，小于 5 这个临界值；RMSEA 值均小于 0.1，达到可接受水平；NFI、TLI、CFI 除企业的 NFI 和学校的 TLI 外均大于 0.9，达到理想水平；而学校的 TLI 值为 0.856，企业的 NFI 值为 0.899，虽然没有达到理想水平，但是已接近理想水平，能够被接受。这些指标反映四套量表的结构效度良好，各因子对量表的拟合程度高。

表 3-6 量表效度表

	x^2/df	RMSEA	NFI	TLI	CFI
政府	4.325	0.092	0.933	0.926	0.947
学校	2.619	0.091	0.904	0.856	0.917
企业	2.073	0.096	0.899	0.911	0.935

续表

	x^2/df	RMSEA	NFI	TLI	CFI
网民	2.331	0.090	0.900	0.901	0.906

资料来源:问卷调查。

为了进一步检验模型的稳健性,本文利用验证性因子分析再次进行效度分析。

(1)政府量表的检验

使用 SPSS19.0 进行验证性因子分析,KMO 的检验结果为 0.876(见表3-7),Sig 值为 0,表明样本数据适合进行因子分析。根据特征值大于 1 的原则,可提取一个公因子,该因子解释总体变量的 53.961%(见表 3-8),表明验证性因子分析的结果较为理想,政府量表具有良好的效度。

表 3-7　政府 KMO 和 Bartlett 的检验表

取样足够度的 Kaiser-Meyer-Olkin 度量		.876
Bartlett 的球形度检验	近似卡方	283.522
	df	28
	Sig.	.000

资料来源:问卷调查。

表 3-8　解释的总方差表

成分	初始特征值			提取平方和载入		
	合计	方差的(%)	累积(%)	合计	方差的(%)	累积(%)
1	4.317	53.961	53.961	4.317	53.961	53.961
2	.878	10.978	64.939			
3	.681	8.514	73.453			
4	.615	7.682	81.135			
5	.463	5.783	86.918			
6	.429	5.360	92.278			
7	.349	4.356	96.635			

成分	初始特征值			提取平方和载入		
	合计	方差的(%)	累积(%)	合计	方差的(%)	累积(%)
8	.269	3.365	100.000			

资料来源:问卷调查。

（2）企业量表的检验

对企业量表进行验证性因子分析,分析结果显示 KMO 的检验值为 0.599,表明量表可以进行因子分析,Sig 值等于 0,表明样本数据适合进行验证性因子分析(见表 3-9)。

表 3-9　企业 KMO 和 Bartlett 的检验表

取样足够度的 Kaiser-Meyer-Olkin 度量		.599
Bartlett 的球形度检验	近似卡方	93.065
	df	15
	Sig.	.000

资料来源:问卷调查。

根据特征值大于 1 的原则提取两个公因子,共解释原有变量的 72.909%。对因子进行旋转,发现 JS1、JS2、JS3 在 F1 上因子载荷较大,由于这三个指标共同衡量企业的技术环境,可以将 F1 因子命名为技术因子;SC1、SC2、SC3 在 F2 上因子载荷较大,考虑到这三个指标主要是衡量企业的市场竞争环境,我们将 F2 命名为竞争因子(见表 3-10)。通过两种分析工具我们发现,各因子意义明确,维度划分清楚,与我们最初的理论构想一致。

表 3-10　企业旋转成分矩阵 a 表

	成　分	
	1	2
JS1	.816	.237
JS2	.888	.129

续表

	成 分	
	1	2
JS3	.853	.052
SC1	.443	.638
SC2	.131	.853
SC3	.021	.876
提取方法:主成分。		
旋转法:具有 Kaiser 标准化的正交旋转法。		
a. 旋转在 3 次迭代后收敛。		

资料来源:问卷调查。

(3)学校量表的检验

运用验证性因子分析对学校量表进行检验,检验结果显示 KMO 的值为 0.615,Bartlett 球形度检验结果为 0(见表 3-11),表明学校量表的样本数据适合进行因子分析。根据特征值大于 1 的原则提取三个公因子,共解释原有变量 67.285%,因子分析结果较为理想。

表 3-11 学校 KMO 和 Bartlett 的检验表

取样足够度的 Kaiser-Meyer-Olkin 度量		.615
Bartlett 的球形度检验	近似卡方	178.837
	df	45
	Sig.	.000

资料来源:问卷调查。

进行旋转因子分析,发现 XC1、XC2、XC3 在 F3 上因子载荷较大,由于这三个变量共同衡量高校的网络信息传播,故将 F3 定义为信息传播因子;WH1、WH2、WH3 三个变量主要衡量高校的网络文化,观察表 3-12 可以发现,这三个变量在 F2 上因子载荷较高,因此可将 F2 定义为网络文化因子;同理,由于 RC1、RC2、RC3、RC4 四个变量在 F1 上因子载荷较高,我们将 F1 定义为网络人才培养因子。通过因子分析我们发现,各部分题项均能较好的解释其一级指标,与我们的构想相同,量表具有良好的结构效度。

表 3-12 旋转成分矩阵 a 表

	成　分		
	1	2	3
XC1	. 114	-. 161	. 608
XC2	-. 034	. 256	. 799
XC3	-. 094	. 392	. 791
WH1	. 284	. 791	. 146
WH2	. 123	. 870	. 035
WH3	-. 071	. 819	. 115
RC1	. 702	-. 114	. 092
RC2	. 795	. 218	-. 295
RC3	. 853	. 062	. 069
RC4	. 759	. 196	. 053
提取方法:主成分。 旋转法:具有 Kaiser 标准化的正交旋转法。			
a. 旋转在 5 次迭代后收敛。			

资料来源:问卷调查。

(4)网民量表的检验

对企业量表进行验证性因子分析,分析结果显示 KMO 的检验值为 0.553,表明量表可以进行因子分析,Sig 值等于 0,表明样本数据适合进行验证性因子分析(见表 3-13)。根据特征值大于 1 的原则提取三个公因子,共解释原有变量的 60.818%,因子分析结果较为理想。

表 3-13 网民 KMO 和 Bartlett 的检验表

取样足够度的 Kaiser-Meyer-Olkin 度量		. 553
Bartlett 的球形度检验	近似卡方	49. 099
	df	15
	Sig.	. 000

资料来源:问卷调查。

进行旋转性因子分析,发现 ZNL1、ZNL2、ZNL3 在 F1 上因子载荷较高,由于这三个变量共同衡量网络正能量的传播状况,故将 F3 定义为正能量因子;AQ1、AQ2、AQ3 三个变量主要衡量网络安全,观察表 3-14 可以发现,这三个变量在 F2 上因子载荷较高,因此可将 F2 定义为网络文化因子;同理,由于 RC1、RC2、RC3、RC4 四个变量在 F1 上因子载荷较高,我们将 F1 定义为网络安全因子。通过因子分析我们发现各部分题项均能较好的解释其一级指标,与我们的构想相同,量表具有良好的结构效度。

表 3-14 旋转成分矩阵 a 表

	成 分	
	1	2
ZNL1	.884	-.103
ZNL2	.741	-.124
ZNL3	.530	.106
AQ1	.176	.770
AQ2	.080	.828
AQ3	-.034	.827

提取方法:主成分。
旋转法:具有 Kaiser 标准化的正交旋转法。
a. 旋转在 3 次迭代后收敛。

资料来源:问卷调查。

三、问卷调查

1. 抽样对象及方法

本研究主要针对行动者网络中的不同行为主体进行,其中不同的行为主体选取的调查对象和调查方法不同。

(1)政府调查问卷

政府部分调查问卷的调查对象主要为在校学生、老师、企业工作人员以及网民等,鉴于问卷可能包含的敏感词汇不能在网络上发放,该部分问卷主要采取纸质方式发放。考虑到问卷发放的便利性,问卷主要由湖南大学以及湖南师范大学在校老师、学生根据自己的实际情况进行填写。问卷在湖南大学图书馆、复临舍、自习室等地随机发放,主要涉及湖南大学工商管理学院、化工学院、机械学院、土木学院、生物学院、外国语学院等多个学院学生。共计发放问卷430份,回收问卷415份,其中有效问卷391份,问卷回收率为96.5%。

（2）企业调查问卷

企业部分的调查问卷主要通过纸质问卷和电子问卷两种方式进行发放,其中纸质问卷主要由湖南大学工商管理学院在读 MBA 学员、EMBA 学员以及 EDP 学员现场填写。电子问卷主要通过小组成员及导师邀请已经参加工作的人员进行填写,问卷通过问卷星发放,并要求每个 IP 地址只能提供一份答案。问卷共计发放350份,回收312份,回收后对答案单一或者同质性过强的问卷进行剔除,最终得到274份有效问卷,其中纸质问卷194份,电子问卷80份,问卷回收率为89.1%。

（3）学校调查问卷

学校部分的调查问卷调查对象主要为高校的老师和学生,该部分问卷主要通过纸质问卷进行发放,由湖南大学在校师生根据自身的实际情况进行现场填写。问卷主要在梯队、图书馆、复临舍以及各学院教学楼进行填写和发放。共计发放问卷430份,回收问卷420份,剔除掉答案一致以及一致性过强的问卷,最终得到382份问卷,问卷回收率为97.7%。

（4）网民调查问卷

网民部分的调查问卷调查对象为我国网民,考虑到问卷来源的多样性,以及随机抽样原则,网民调查问卷全部采用电子问卷形式,通过问卷星进行发放,并要求每个 IP 地址仅提供一份调查结果。为了保证样本量,小组成员分别邀请其朋友圈所有的好友进行了问卷的填写,共计发放问卷400份,回收问卷243份,剔除掉无效问卷后最终得到191份有效问卷,问卷回收率为60.8%。

2. 样本分布

（1）政府部分样本分布

采用 SPSS19.0 对政府公信力进行描述性统计分析,结果如表3-15

所示：

表 3-15 政府调查问卷描述统计量表

	N 统计量	极小值 统计量	极大值 统计量	统计量		方差 统计量	偏度		峰度	
				均值	标准误差		统计量	标准误差	统计量	标准误
GXL1	391	1	5	3.06	.048	.899	-.323	.123	-.244	.246
GXL2	391	1	5	2.61	.051	1.018	.197	.123	-.487	.246
GXL3	391	1	5	3.19	.046	.831	-.342	.123	-.186	.246
GXL4	391	1	5	2.89	.050	.985	-.094	.123	-.359	.246
GXL5	391	1	5	3.09	.049	.943	-.197	.123	-.335	.246
GXL6	391	1	5	2.48	.047	.865	.052	.123	-.601	.246
GXL7	391	1	5	2.80	.052	1.066	-.144	.123	-.739	.246
GXL8	391	1	5	3.01	.051	1.028	-.130	.123	-.640	.246

资料来源：问卷调查。

由表 3-15 可知，测量政府公信力的八个二级指标均值均在 2—3 左右，均值均大于 0，观察八个指标的偏度，可以发现除了第二个指标和第六个指标外，其余六个指标均呈现负偏离的状态。观察指标的峰度发现所有指标的峰度值均小于 0，即样本分布较为分散。其中，GXL1 的均值为 3.06，方差为 0.899，偏度为 -0.323，峰度为 -0.244；GXL2 的均值为 2.61，方差为 1.018，偏度为 0.197，峰度为 -0.487；GXL3 的均值为 3.19，方差为 0.831，偏度为 -0.342，峰度为 -0.186；GXL4 的均值为 2.89，方差为 0.985，偏度为 -0.094，峰度为 -0.359；GXL5 的均值为 3.09，方差为 0.943，偏度为 -0.197，峰度为 -0.335；GXL6 的均值为 2.48，方差为 0.865，偏度为 0.052，峰度为 -0.601；GXL7 的均值为 2.80，方差为 1.066，偏度为 -0.144，峰度为 -0.739；GXL8 的均值为 3.01，方差为 1.028，偏度为 -0.130，峰度为 -0.640。

（2）企业部分样本分布

采用 SPSS19.0 对企业的技术环境以及市场竞争进行描述性统计分析，结果如表 3-16 所示：

表 3-16　企业调查问卷描述统计量表

	N 统计量	极小值 统计量	极大值 统计量	均值 统计量	方差 统计量	偏度		峰度	
						统计量	标准误	统计量	标准误
JSHJ1	274	1	5	3.39	1.111	-.229	.147	-.464	.293
JSHJ2	274	1	5	3.27	1.039	-.031	.147	-.249	.293
JSHJ3	274	1	5	3.57	.964	-.406	.147	-.131	.293
SCJZ1	274	1	5	4.16	.897	-1.082	.147	.772	.293
SCJZ2	274	1	5	3.96	.966	-.883	.147	.535	.293
SCJZ3	274	1	5	4.01	.897	-.934	.147	.660	.293

资料来源:问卷调查。

根据表 3-16 可知,测量技术环境的三个指标其均值在 3—4 之间,方差接近 1,峰度和偏度均小于 0,其中 JSHJ1 的均值为 3.39,方差为 1.111,偏度为-0.229,峰度为-0.464;JSHJ2 的均值为 3.27,方差为 1.039,偏度为-0.031,峰度为-0.249,;JSHJ3 的均值为 3.57,方差为 0.964,偏度为-0.406,峰度为-0.131。测量市场竞争的三个指标其均值均在 4 左右,方差接近 1,偏度为负,峰度为正,其中 SCJZ1 的均值为 4.16,方差为 0.897,偏度为-1.082,峰度为 0.772;SCJZ2 的均值为 3.96,方差为 0.966,偏度为-0.883,峰度为 0.535,SCJZ3 的均值为 4.01,方差为 0.897,偏度为-0.934,峰度为 0.660。

（3）学校部分样本分布

采用 SPSS19.0 对高校网络信息传播、网络文化以及网络人才培养进行描述性统计分析,结果如表 3-17 所示:

表 3-17　学校调查问卷描述统计量表

	N 统计量	极小值 统计量	极大值 统计量	均值 统计量	方差 统计量	偏度		峰度	
						统计量	标准误	统计量	标准误
WLXX1	390	1	5	2.76	.967	.096	.124	-.165	.247
WLXX2	390	1	5	3.26	.880	-.231	.124	-.209	.247

续表

	N 统计量	极小值 统计量	极大值 统计量	均值 统计量	方差 统计量	偏度		峰度	
						统计量	标准误	统计量	标准误
WLXX3	390	1	5	3.01	.802	-.258	.124	-.236	.247
WH1	390	1	5	2.99	.871	-.127	.124	-.298	.247
WH2	390	1	5	3.40	.862	-.463	.124	.170	.247
WH3	390	1	5	3.28	.807	-.489	.124	.393	.247
RC1	382	1	5	3.56	.877	-.550	.125	.095	.249
RC2	382	1	5	3.14	.844	-.258	.125	-.114	.249
RC3	382	1	5	3.05	.911	-.331	.125	-.198	.249
RC4	382	1	5	3.36	.720	-.558	.125	.321	.249

资料来源:问卷调查。

根据表3-17可知,测量高校网络信息传播的WLXX1均值为2.76,方差为0.967,偏度为0.096,峰度为-0.165;WLXX2均值为3.26,方差为0.880,偏度为-0.231,峰度为-0.209;WLXX3均值为3.01,方差为0.802,偏度为-0.258,峰度为-0.236;测量高校网络文化的WH1均值为2.99,方差为0.871,偏度为-0.127,峰度为-0.298;WH2均值为3.40,方差为0.862,偏度为-0.463,峰度为0.170;WH3均值为3.28,方差为0.807,偏度为-0.489,峰度为0.393;测量网络人才培养的RC1均值为3.56,方差为0.877,偏度为-0.550,峰度为0.095;RC2的均值为3.14,方差为0.844,偏度为-0.258,峰度为-0.114;RC3的均值为3.05,方差为0.911,偏度为-0.331,峰度为-0.198;RC4的均值为3.36,方差为0.720,偏度为-0.558,峰度为0.321.

(4)网民部分样本分布

采用SPSS19.0对网络安全及网络正能量的传播进行描述性统计分析,结果如表3-18所示:

表 3-18 网民调查问卷描述统计量表

	N 统计量	极小值 统计量	极大值 统计量	均值 统计量	方差 统计量	偏度		峰度	
						统计量	标准误	统计量	标准误
AQ1	191	1	5	2.57	1.720	.325	.176	−1.037	.350
AQ2	191	1	5	4.17	.951	−1.065	.176	.581	.350
AQ3	191	1	5	3.30	1.063	−.101	.176	−.556	.350
ZHNL1	191	1	5	3.95	1.334	−.974	.176	.098	.350
ZHNL2	191	1	5	4.13	.931	−1.000	.176	.534	.350
ZHNL3	191	1	5	3.22	1.288	−.049	.176	−.762	.350

资料来源:问卷调查。

根据表 3-18 可知,测量网络安全的指标 AQ1 的均值为 2.57,方差为 1.720,偏度为 0.325,峰度为−1.037;AQ2 的均值为 4.17,方差为 0.951,偏度为−1.065,峰度为 0.581;AQ3 的均值为 3.30,方差为 1.063,偏度为−0.101,峰度为−0.556;测量网络正能量的指标 ZHNL1 的均值为 3.95,方差为 1.334,偏度为−0.974,峰度为 0.098;ZHNL2 的均值为 4.13,方差为 0.931,偏度为−1.000,峰度为 0.534;ZHNL3 的均值为 3.22,方差为 1.288,偏度为−0.049,峰度为−0.762.

3. 数据分析方法

在统计中对数据分析的方法有很多种,常用的有描述性统计、相关分析、回归分析等等;根据研究目的与量表检验的需要,我们主要采用描述性统计分析、相关分析对数据进行处理。本研究采用 SPSS20.0 和 AMOS22.0 统计软件对正式问卷进行统计数据分析,主要的统计方法:

(1)描述性统计分析

描述性统计分析主要是指描述集中趋势、离散程度以及总体分布形态的统计量,这些统计量包括均值、中位数、方差、标准差、偏度、峰度等。本研究对各个量表中每个因子的极大值、极小值、均值、方差、峰态和偏态进行了描述分析,从整体上描述了各主体所面对的环境基本情况。

(2)信度分析

信度也叫可靠性,是指使用相同的方法对同一个对象进行问卷调查,其结果是否稳定和一致。信度的分析方法主要有四种：重测信度法、复本信度法、折半信度法以及 α 信度系数法。由于重测信度法、复本信度法以及折半信度法实施的难度较大，所以，本研究采用比较常用的 α 信度系数法对量表的信度进行检验。当 α 系数在 0 到 1 之间变化时，α 系数指标值越大，表明各题项变量之间的相关性就越高，也表明量表内部题项的一致性的程度也越高。一般而言，如果 α 系数指标值大于 0.7，则表明量表的信度较高，如果 α 系数指标值小于 0.35，则表示该量表的信度较低，可以接受的最低信度水平的 α 系数指标值为 0.5，即 α 系数指标值要大于 0.5，本研究也使用这种方法对量表的信度进行评判。

（3）效度分析

在统计学中，效度经常被定义为测量的正确程度，或者是指量表是否能够测量到观察变量。一般量表的效度包括：①内容效度，它是对量表测量内容的完整性和准确性的主观的评价，是一种定性分析的方法，一般是由专家评测量表题项是否恰当。②效标关联效度，它是指多个潜变量之间的关系。如假定某一个潜变量会对另一个潜变量有正向作用，那么，可以用路径模型的方式来检验效标关联效度。③构念效度，它是由聚合效度和区分效度组成，其中聚合效度是指不同的观察变量是否可以用来测量同一潜变量，而区分效度是指不同的潜变量是否存在显著的差异。结构效度，是用来测量所使用的测量工具是否真正能够测量研究中的变量，一般而言，学者们都会用探索性因子分析和验证性因子分析来检验量表的构念效度。

探索性因子分析。它是测量量表构念效度的一种常用的工具，如果一个量表中所有因子共同度超过 0.4，那么就可以认为该量表的构念效度是可以接受的。一般而言，如果各题目的因子载荷越大（一般超过 0.5），那么可认为该量表的聚合效度就越高。同时，如果因子载荷超过 0.5 的题项越多，就可以认为该量表具有较高的区分效度。

验证性因子分析。学者们一般采用验证性因子分析来判断观察变量与潜变量之间的假设关系是否与数据吻合。若证明假设正确，那么聚合效度也得到了响应的证明，而区分效度可以通过检测各个变量之间的相关系数是否显著低于 1 来判断。其常用的一些判断指标主要包括模型适配度、因子载荷、T 值以及相关系数。拟合指标如表 3-19 所示：

表 3-19 验证性因子分析指标的评价标准表

项目	x^2/df	RMSEA	SRMR	CFI	IFI	TLI
评价标准	<5	<0.1	<0.08	>0.9	>0.9	>0.9

在本书中，我们利用结构方程思想，建立构念测量的同属模型对量表进行验证性因子分析。同属模型是管理学中在对构念进行测量时，假设每个项目和指标都不同程度地反映了真实分数的值，模型见图 3-1：

$$X_1 = \lambda_1\theta + \varepsilon_1 \quad (1) \ ;$$

$$X_2 = \lambda_2\theta + \varepsilon_2 \quad (2) \ ;$$

$$X_3 = \lambda_3\theta + \varepsilon_3 \quad (3) \ ;$$

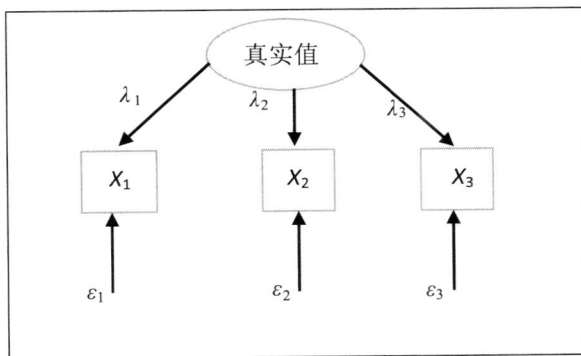

图 3-1 同属模型概念图

其中，X 表示的是观测值；λ 表示的是权重即表示观测值能够代表真实值的比例，范围在 0 到 1 之间，1 表示完全反映真实值，0 表示完全不能反映构念的真实值；θ 表示的是真实值。量表中用其估算出来的 λ 值来反映题项能够获得所测指标信息量的比例，因此 λ 值具有一定的意义。

（4）主成分分析

在使用统计分析方法研究多变量的项目时，变量个数越多，项目的复杂性研究就会越复杂。人们自然希望变量个数较少而得到的信息较多。在很多情形下，变量之间都表现为一定的相关关系，当某两个变量之间具有一定相关关系时，那么可以认为这两个变量在解释此项目时相关信息有一定的重叠。主成分分析主要是对一开始提出的所有变量，将具有相关性较高的变量剔除,从而建立较少的新变量,使得这些新变量两两之间不相关,不仅如此还要这些新变量尽量反映项目原来所有的信息。

主成分分析,主要是用来考察多个变量之间的相关性的一种多元的统计方法,也是数据降维、或者说数据压缩(Data Reduction)采用的一种基本方法,主要思想是把多个指标化为少数几个综合性的独立变量,这些综合变量之间相互独立,因而是互不相关,并且能基本上保留原始数据所包含的信息。通常来说就是将原来多个指标线性组合,使其成为新的综合指标。

4. 正式问卷调查结果

在正式调查问卷分析中,依然采用克朗巴哈系数法,即采用 Cronbach's α 值来检验正式量表的信度;采用验证性因子分析来验证量表的效度。

(1)政府环境量表调查结果

根据前文所述标准,对政府环境量表进行信度分析,即分析其 Cronbach's α 数以及 CITC 系数。如表 3-20 所示,政府环境量表总体 α 系数为 0.879,每个题项的 CITC 值均大于 0.5,删除该题项后的 Cronbach's α 系数未见增大,因而,可以认为该量表具有一定的信度。

表 3-20 政府环境量表正式调查信度表

量表	题项	初始 CITC	最终 CITC	删除该题后的 α 系数	α 系数
政府					0.879
公信力	GX1	0.581	0.581	0.870	
	GX2	0.655	0.655	0.862	
	GX3	0.609	0.609	0.867	
	GX4	0.687	0.687	0.859	
	GX5	0.617	0.617	0.866	
	GX6	0.626	0.626	0.865	
	GX7	0.650	0.650	0.863	
	GX8	0.704	0.704	0.857	

资料来源:问卷调查。

为提高模型的稳健性和可靠性,本文运用 AMOS22.0 数据分析软件和

SPSS19.0 对政府环境量表进行验证性因子分析,如表 3-21 所示。根据拟合度指数的评价标准,可以看出政府环境量表的验证性因子分析拟合指数总体较好,其中 x^2/df = 4.325,小于 5,达到了可接受的水平;RMSEA = 0.092,低于 0.1 的可接受水平;CFI、IFI 和 TLI 均达到了 0.9 以上的理想水平。

表 3-21 政府环境量表正式调查效度表

	x^2/df	RMSEA	NFI	TLI	CFI
政府公信力	4.325	0.092	0.933	0.926	0.947

资料来源:问卷调查。

在此基础上,利用 SPSS19.0 进行主成分分析(见表 3-22),发现 KMO 的检验结果为 0.907,Sig 值为 0.000,表明政府环境量表非常适合进行主成分分析。

表 3-22 KMO 和 Bartlett 的检验

取样足够度的 Kaiser-Meyer-Olkin 度量		.907
Bartlett 的球形度检验	近似卡方	1283.013
	df	28
	Sig.	.000

资料来源:问卷调查。

根据特征值大于 1 的原则提取公因子(见表 3-23),提取一个公因子,共解释原有变量 54.146%,可以在一定程度上解释政府环境。

表 3-23 解释的总方差

成分	初始特征值			提取平方和载入		
	合计	方差的(%)	累积(%)	合计	方差的(%)	累积(%)
1	4.332	54.146	54.146	4.332	54.146	54.146
2	.830	10.371	64.517			
3	.611	7.632	72.148			

续表

成分	初始特征值			提取平方和载入		
	合计	方差的(%)	累积(%)	合计	方差的(%)	累积(%)
4	.571	7.139	79.288			
5	.471	5.885	85.173			
6	.433	5.416	90.589			
7	.392	4.896	95.485			
8	.361	4.515	100.000			
提取方法:主成分分析。						

资料来源:问卷调查。

(2)学校环境量表调查结果

学校环境量表信度分析得到其 Cronbach's α 系数以及 CITC 系数。如表 3-24 所示,学校环境量表总体 α 系数为 0.836,单个因子的 α 系数超过 0.5,每个题项的 CITC 值均大于 0.3,达到可接受水平,删除题项后的 Cronbach's α 系数未见增大,因而,可以认为该量表具有相当的信度。

表 3-24　学校环境量表正式调查信度表

量表	题项	初始 CITC	最终 CITC	删除该题后的 α 系数	α 系数
学校					0.836
信息传播	XC9	0.363	0.3633	0.407	0.583
	XC10	0.381	0.381	0.213	
	XC11	0.454	0.454	0.088	
网络文化	WH12	0.552	0.552	0.776	0.782
	WH13	0.667	0.667	0.650	
	WH14	0.641	0.641	0.681	
人才培养	RC15	0.566	0.566	0.709	0.766
	RC16	0.562	0.562	0.711	
	RC17	0.564	0.564	0.710	
	RC18	0.570	0.570	0.708	

资料来源:问卷调查。

利用验证性因子分析对学校环境量表进行效度分析,如表3-25所示。根据拟合度指数的评价标准,可以看出政府环境量表的验证性因子分析拟合指数总体较好,其中 $x^2/df = 2.619$,达到低于3的理想水平;RMSEA = 0.065,低于0.1的可接受水平;CFI、IFI和TLI均达到了0.9以上的理想水平。

表3-25 学校环境量表正式调查效度表

	x^2/df	RMSEA	NFI	TLI	CFI
学校	2.619	0.065	0.935	0.928	0.958

资料来源:问卷调查。

进一步观察主成分分析结果(见表3-26),发现KMO的度量结果为0.871,Sig值为0.000,表明原有变量可以进行主成分分析,分析学校环境。

表3-26 KMO和Bartlett的检验

取样足够度的 Kaiser-Meyer-Olkin 度量		.871
Bartlett 的球形度检验	近似卡方	1261.972
	df	45
	Sig.	.000

资料来源:问卷调查。

根据特征值大于1的原则提取公因子(见表3-27),共提取三个公因子,解释原有变量64.371%,可以较好地解释原有变量,反映学校外部环境。

表3-27 解释的总方差

成分	初始特征值			提取平方和载入			旋转平方和载入		
	合计	方差的(%)	累积(%)	合计	方差的(%)	累积(%)	合计	方差的(%)	累积(%)
1	4.260	42.596	42.596	4.260	42.596	42.596	2.935	29.352	29.352
2	1.165	11.651	54.247	1.165	11.651	54.247	2.469	24.690	54.043

成分	初始特征值			提取平方和载入			旋转平方和载入		
	合计	方差的（%）	累积（%）	合计	方差的（%）	累积（%）	合计	方差的（%）	累积（%）
3	1.012	10.124	64.371	1.012	10.124	64.371	1.033	10.328	64.371
4	.735	7.352	71.723						
5	.643	6.426	78.149						
6	.548	5.479	83.628						
7	.469	4.690	88.318						
8	.451	4.505	92.823						
9	.390	3.897	96.721						
10	.328	3.279	100.000						

提取方法：主成分分析。

资料来源：问卷调查。

观察旋转成分矩阵（见表3-28），发现 WLXX1、WLXX2、WLXX3 在 F3 上因子载荷较高，WH1、WH2、WH3 三个变量在 F1 上因子载荷较高，RC1、RC2、RC3、RC4 四个变量在 F2 上因子载荷较高，由于 WLXX 的三个变量主要解释网络信息传播，WH 三个变量主要解释网络文化，RC 主要解释人才培养，故将 F1 定义为网络文化，F2 定义为人才培养，F3 定义为网络信息传播，与问卷设计相符，调查问卷结果具有较高效度。

表 3-28　旋转成分矩阵[a]

	成　分		
	1	2	3
WLXX1	.063	.028	.969
WLXX2	-.012	.054	.780
WLXX3	.107	.233	.770
WH1	.737	.271	.073
WH2	.697	.320	.031
WH3	.706	.324	-.038

续表

	成　　分		
	1	2	3
RC1	.216	.738	−.121
RC2	.271	.708	−.109
RC3	.212	.729	.177
RC4	.192	.744	.132

资料来源:问卷调查。

（3）企业环境量表调查结果

在企业环境量表信度分析中的 Cronbach's α 系数为 0.803,单个因子的 Cronbach's α 系数分别为 0.763、0.839,均大于 0.5;每个题项的 CITC 值均大于 0.5,删除题项后的 Cronbach's α 系数未见增大(具体可见表 3-29),因而,可以认为该量表具有相当的信度。

表 3-29　企业环境量表正式调查信度表

量表	题项	初始 CITC	最终 CITC	删除该题后的 α 系数	α 系数
企业					0.803
技术环境	JS19	0.574	0.575	0.704	0.763
	JS20	0.624	0.624	0.646	
	JS21	0.583	0.583	0.693	
市场竞争	SC22	0.633	0.633	0.833	0.839
	SC23	0.760	0.760	0.719	
	SC24	0.719	0.719	0.762	

资料来源:问卷调查。

企业环境量表效度分析结果如表 3-30 所示,根据拟合度指数的评价标准,可以看出企业环境量表的验证性因子分析拟合指数总体较好,其中 $x^2/df = 2.349$,达到低于 3 的理想水平;RMSEA = 0.096,低于 0.1 的可接受水平;CFI、IFI 和 TLI 均达到了 0.9 以上的理想水平。

表 3-30　企业环境量表正式调查效度表

	x^2/df	RMSEA	NFI	TLI	CFI
企业	2.349	0.096	0.97	0.953	0.982

资料来源:问卷调查。

进一步观察主成分分析结果(见表3-31),首先判断其是否适合进行主成分分析,发现 KMO 的值为 0.770,Sig 值为 0.000,原有变量比较适合进行主成分分析。

表 3-31　KMO 和 Bartlett 的检验

取样足够度的 Kaiser-Meyer-Olkin 度量		.770
Bartlett 的球形度检验	近似卡方	615.312
	df	15
	Sig.	.000

资料来源:问卷调查。

根据特征值大于 1 的原则提取,共提取两个公因子,解释原有变量72.379%(见表3-32),可以较好地解释企业外部环境,用于下文分析。

表 3-32　解释的总方差

成分	初始特征值			提取平方和载入			旋转平方和载入		
	合计	方差的(%)	累积(%)	合计	方差的(%)	累积(%)	合计	方差的(%)	累积(%)
1	3.039	50.647	50.647	3.039	50.647	50.647	2.321	38.679	38.679
2	1.304	21.731	72.379	1.304	21.731	72.379	2.022	33.700	72.379
3	.509	8.489	80.868						
4	.489	8.142	89.010						
5	.398	6.638	95.648						
6	.261	4.352	100.000						

提取方法:主成分分析。

资料来源:问卷调查。

在此基础上,观察其旋转成分矩阵(见表 3-33),发现 JSHJ1、JSHJ2 和 JSHJ3 在 F2 上因子载荷较高,由于 JSHJ 主要反映企业所面临的经济环境,因此我们将 F2 定义为经济环境。SCJZ1、SCJZ2 和 SCJZ3 在 F1 上因子载荷较高,考虑到 SCJZ 主要反映企业所面临的市场竞争,本文将 F1 定义为市场竞争,表明企业外部环境问卷具有较高效度,其分析结果可以用于下文。

表 3-33 旋转成分矩阵[a]

	成 分	
	1	2
JSHJ1	.331	.732
JSHJ2	.181	.823
JSHJ3	.039	.850
SCJZ1	.801	.174
SCJZ2	.883	.188
SCJZ3	.869	.142
提取方法:主成分。 旋转法:具有 Kaiser 标准化的正交旋转法。 a. 旋转在 3 次迭代后收敛。		

资料来源:问卷调查。

(4)网民环境量表调查结果

对网民环境量表进行信度分析后,得到其 Cronbach's α 系数以及 CITC 系数。如表 3-34 所示,政府环境量表总体 α 系数为 0.654,高于 0.5 的可接受水平,每个题项的 CITC 值均大于 0.3 的可接受水平,删除题项后的 Cronbach's α 系数未见增大,因而,可以认为该量表具有相当的信度。

表 3-34 网民环境量表正式调查信度表

量表	题项	初始 CITC	最终 CITC	删除该题后的 α 系数	α 系数
网民					0.654
网络安全	AQ25	0.432	0.432	0.600	0.672
	AQ26	0.551	0.551	0.520	
	AQ27	0.501	0.501	0.530	

量表	题项	初始 CITC	最终 CITC	删除该题后的 α 系数	α 系数
网络正能量	ZH28	0.471	0.471	0.520	0.580
	ZH29	0.543	0.543	0.535	
	ZH30	0.359	0.359	0.518	

资料来源:问卷调查。

利用验证性因子分析对学校环境量表进行效度分析,如表 3-35 所示。根据拟合度指数的评价标准,可以看出政府环境量表的验证性因子分析拟合指数总体较好,其中 $x^2/df = 2.619$,达到低于 3 的理想水平;RMSEA = 0.095,低于 0.1 的可接受水平;CFI、IFI 和 TLI 均达到或者接近 0.9 的理想水平。

表 3-35　网民环境量表正式调查效度表

	x^2/df	RMSEA	NFI	TLI	CFI
网民	2.619	0.095	0.858	0.861	0.917

资料来源:问卷调查。

进一步进行模型稳健性分析,首先检验模式是否适合进行主成分分析,观察表 3-36 可以发现,KMO 值为的 0.522,可以进行主成分分析,Sig 值为 0.000,非常适合进行因子分析,因此原有变量可以进行因子分析。

表 3-36　KMO 和 Bartlett 的检验

取样足够度的 Kaiser-Meyer-Olkin 度量		.522
Bartlett 的球形度检验	近似卡方	54.766
	df	15
	Sig.	.000

资料来源:问卷调查。

根据特征值大于 1 的原则提取公因子,共提取两个公因子,解释原有变量 62.724%(见表 3-37),信息丢失相对较少,可以较好地解释原有变量。

表 3-37 解释的总方差

成分	初始特征值			提取平方和载入			旋转平方和载入		
	合计	方差的（%）	累积（%）	合计	方差的（%）	累积（%）	合计	方差的（%）	累积（%）
1	2.279	37.975	37.975	2.279	37.975	37.975	2.023	33.719	33.719
2	1.485	24.749	62.724	1.485	24.749	62.724	1.740	29.005	62.724
3	.884	14.726	77.450						
4	.588	9.799	87.250						
5	.415	6.915	94.165						
6	.350	5.835	100.000						
提取方法：主成分分析。									

资料来源：问卷调查。

进一步观察旋转成分矩阵（见表 3-38），发现 AQ1、AQ2 和 AQ3 在 F1 上因子载荷较高，ZNL1、ZNL2、ZNL3 三个变量在 F2 上因子载荷较高，由于 AQ1、AQ2、AQ3 主要反映网络安全状况，ZNL1、ZNL2、ZNL3 三个变量主要反映网络正能量传播现状，故将 F1 定义为网络安全，F2 定义为网络正能量，与调查问卷设计思路相同，表明网名调查问卷具有一定的效度，其调查结果可以用于下文分析。

表 3-38 旋转成分矩阵

	成 分	
	1	2
AQ1	.769	-.462
AQ2	.751	.145
AQ3	.752	.301
ZNL1	.302	.608
ZNL2	.179	.830
ZNL3	.111	.797

资料来源：问卷调查。

从上述分析结果可以得出四份量表在正式调查过程中仍然满足信度和效度的要求,说明这些量表在内容上有很好的一致性和稳定性,拟合效果好,说明量表中的观测变量能够很好地描述潜变量即我们要测量的环境因子。

（5）同属模型分析

本书利用结构方程的思想,对量表中的因子进行拟合分析,通过 AMOS22.0 对数据进行分析得到不同观测值对所测因子的 λ 值,从而得出各题项对因子的解释程度。结果如表 3-39 所示:

表 3-39 因子载荷值表

因子	条目	因子载荷	P
政府	GXL1	0.585	＊＊＊
	GXL2	0.707	＊＊＊
	GXL3	0.592	＊＊＊
	GXL4	0.731	＊＊＊
	GXL5	0.64	＊＊＊
	GXL6	0.628	＊＊＊
	GXL7	0.731	＊＊＊
	GXL8	0.771	＊＊＊
学校	WLXX9	0.433	0.026
	WLXX10	0.627	＊＊＊
	WLXX11	0.732	＊＊＊
	WH12	0.474	＊＊＊
	WH13	0.491	＊＊＊
	WH14	0.479	＊＊＊
	RC15	0.625	＊＊＊
	RC16	0.624	＊＊＊
	RC17	0.641	＊＊＊
	RC18	0.721	＊＊＊

因子	条目	因子载荷	P
企业	SCJZ19	0.657	＊＊＊
	SCJZ20	0.874	＊＊＊
	SCJZ21	0.77	＊＊＊
	JSHJ22	0.767	＊＊＊
	JSHJ23	0.770	＊＊＊
	JSHJ24	0.656	＊＊＊
网民	ZNL25	0.654	＊＊＊
	ZNL26	0.755	＊＊＊
	ZNL27	0.684	0.002
	AQ28	0.588	0.022
	AQ29	0.801	＊＊＊
	AQ30	0.654	＊＊＊

注:＊＊＊表示 P<0.001。
资料来源:问卷调查。

根据同属模型的概念可知,因子载荷是观测值对真实值的解释程度,从表3-39可以看出,各个条目对因子的解释均达到0.4以上,大部分都达到0.6以上,最高的达到0.874,这说明各个条目对因子的解释程度较好,同时可以看到表中的 P 值除学校中的 WLXX9 条目,网民中的 ZNL27、AQ28 条目外,其他均达到0.001以下的水平,P 检验通过,而 WLXX9、ZNL27 和 AQ28 三个条目的 P 值分别为0.026、0.002、0.022,也远远小于0.05的检验水平。从而可知条目对因子的拟合程度较好。

第三节 行动者网络主要影响因素分析

一、公正、民主、责任、高效的政府形象

互联网是20世纪人类取得的辉煌成果,已经成为全球非常重要的信息基础设施,在人类社会中扮演着非常重要的角色,政治、经济、文化以及社会

生活的各个领域都有互联网的存在。同时,它也成为一个国家非常重要的"政治关口"以及"经济命脉"。目前,互联网治理已经成为各国政府十分紧迫的任务之一,而如何利用互联网进行治理也是政府关注的重点之一。政府作为政策的制定者和实施者,影响其政策实施最终成功的因素有很多,但最重要的还是在于政策的制定与实施是否来源于群众,是否真的能够服务于人民,是否能够得到人民的支持。因此,人民对政府的信任极其重要。在本书中,我们对政府网络外部环境的探讨主要是围绕政府的信任度,从政府电子政务公开、人民的网络政治参与以及网络政府形象等方面进行描述。

国外学者 Miller(1974)认为,政府信任度是公众对于政府如何基于公众期望而运作的基本评价①。我国学者王强(2007)认为,政府信任是反映人民群众对政府及其政府人员言行的信任、支持、赞扬等积极的心理态度,是人民群众对政府权力行使表现的正面评价,也是对将来良好政府管理的合理期望②。政府通过不断完善政府工作,不断积极推进民主化进程,鼓励、支持民众参与公共事务的管理,培养公平、公正、廉洁、高效的政府形象,加深民众对政府的认识,对政府工作的认识。从而获得民众对政府的信任与支持,使得政府的形象与群众心中的期望吻合。在互联网时代,网络政治参与、政务的网上公开和网络政府形象的建立为政府信任度的提高又提供了一个有效的途径。问卷调查的第一个部分收集关于政府政务公开和群众政治参与的数据。根据调查统计结果我们发现,(1)41.4%的被调查者认为政府对政务信息公开的程度一般,29.9%的被调查者比较同意政府有对政务信息进行公开,我们可以发现将近80%的人认为政府对政务有所公布。当然,在调查中也有 18.2%的人比较不同意政府政务是公开的,这可能是与被调查者接触政务信息的渠道,或者其他方面的原因有关。从这一结果我们可知,政府在政务信息公开方面做了大量的工作,基本能保证大部分的人了解政府工作的动态、政府工作的内容,但可能在信息公布渠道、时

---

① Miller, Arthur H., "Political Issues and Trust in Government: 1964—1970", *American Olitical Science Review*, 1974, Vol.68, No.3, pp.951-9721.

② 王强:《试论政府信任构建的民主行政路径》,《商业经济》2007 年第 4 期。

间等方面存在不足,有很少部分的人不能够获得政务信息,需要加强这方面的建设。(2)"政治参与是指公民试图在政治运行过程中表达个人意图和利益诉求,以影响国家、政府决策和行动的活动。"群众政治参与能够促进民主政治的建设,完善政府职能。在网络科技进步和民主政治的推动下,我国网络政治参与也快速发展。通过调查我们发现,超过75%的被调查者同意政府在不断推进民主进程,鼓励支持群众积极参与公共事务管理,促进群众的政治参与。然而也存在20%的人不赞同积极参与公共事务,这可能与自身不愿参与公共事务管理,或者没能及时了解到相关事项而错过参与相应的研讨会、民主公开会等有关。这一结果表示,民众的政治参与程度已经相当高,能够积极地参与其中,为公共事务的治理献计献策。

一个良好的政府形象能够大大地提高政府的信任度,有学者提出,理想的政府形象体系应该是一个"民主的政府、亲市场的政府、公共的政府、责任的政府、具有理性和较高生产力的政府、法治的政府"。学者杜娜认为,"政府借助各种措施、方法,通过各种途径,影响公众心理活动产生的基础,即政府调整公众对政府实际行为的感知,即宣传沟通,从而影响公众对政府的价值判断,形成政府形象"[1]。彭伟步认为,"政府形象是政府行政体系通过不断实现公众的心理预期而得到公众的认同"[2]。从以上学者的观点中可以发现,他们定义的政府形象是指公众对政府行政、执政效果的评价与认知。一个公正、责任、理想和高效的政府,应该能够保障人民权益、全心全意为人民服务,有着高效的处理事情的能力,对于公共事物的管理上有着完善的机制。在我们的问卷中分别就政府对群众的权益保护程度、政府办事效率、公共事务管理的追究机制和补救措施方面进行政府形象调查。调查结果显示:(1)67.9%的被调查者认为他们的权益在受到侵害时,能够获得政府保证,能及时申诉并获得赔偿,22.5%的较不同意他们的权益能够受到保障,或者及时申诉得到赔偿。这可能与申诉渠道、申诉过程、获取权益保

障的渠道有关。从调查结果我们可以看出,大部分的人都认为其权益能够得到政府的保障,但要使其覆盖面变大,政府可能还需要在权益保障程序等方面加强改进;(2)在政府办事效率方面,认为政府办事效率高效的人和不高效的人各为50%左右,这可能与政府机构部门较多,手续流程复杂等相关。而近几年来,我们国家也正在积极地改进这些方面,例如减少中小企业注册审批手续,简化地方政府行政审批程序等等,这些措施都能大大地提高了政府的办事效率。随着互联网的发展,政府对互联网的利用将能进一步提升政府的办事效率。(3)完善的公共事务管理机制不仅能够很好地管理公共事务,而且能够更好地进行事后管理。好的追责机制能够起到监督和事后责任清晰的效果,有效的补救措施能够大大地减少损失。从调查结果我们可以看出,将近70%的人认为我国政府公共管理事务有很好的追责机制和有效的补救措施,而接近30%的人则认为政府在公共管理事务上的追责机制和补救措施不是很完善。这可能与信息传递的快慢与失真、交通等因素相关。然而,针对这些情况国家大力支持的网络建设、基础设施建设等都会使得此有很大的提高。根据上述调查结果可知,政府的信任度已被大部分的人认可,而其余小部分人不认可可能由信息的不对称即信息传递过程中的失真,或者获得信息渠道少等客观因素导致。而政府作为互联网的引导者,需要各主体的支持和合作。那么,主体间的信任极其重要。为了进一步提高政府在各主体间的信任度,促进各主体的相互合作、有序运行,政府可以利用互联网电子政务平台,互联网办公等使得政务公开、公正,大大提高政府工作效率等,有效地提升政府形象。而要达到这样的效果需要学校、企业、网民的共同合作。

二、网络技术为企业提供新的经济市场

通过文献分析和对问卷的效度,信度等相关性检验对问卷进行不断修正,最终选择从两个维度来衡量企业的外部环境:技术环境和经济环境。企业是从事生产、流通与服务等经济活动的营利性组织,它通过各种生产经营活动创造财富,提供满足社会公众物质和精神生活需要的产品和服务,在市场经济中占有非常重要的地位。尤其是在互联网时代,企业所处的技术和

经济环境有其独特的特点。

(一)技术环境

企业的网络技术环境在技术创新中扮演着非常重要的角色,甚至可能决定了企业盈利的大小。本研究主要从企业的网络技术研发、企业员工对软件和硬件的使用方法、程序的掌握程度以及企业处理网络技术故障的能力三个层面来分析企业技术环境的现状。通过分析调查结果可以发现:(1)46%的企业能够严格执行其网络技术研发的战略,只有18%的企业对其网络技术研发的投入程度不够,而36%的企业员工对企业的网络技术研发战略没有深入的了解。这一现状表明一方面大部分企业能够重视网络技术的研发,了解技术创新在互联网时代的重要性;另一方面企业员工主动去了解企业技术研发战略的意识以及企业信息在员工内部分享程度有待加强。(2)企业的技术创新需要员工的积极参与,企业员工是创新人才的主要来源,而企业员工对软件使用手册以及硬件使用方法和程序的掌握程度决定了企业技术创新的深度。通过分析调查结果发现:只有37%的企业员工能够掌握完善的软件使用手册以及硬件使用方法和程序,18%的企业员工对这些硬件和软件的使用方法基本不了解,45%的企业有一定的了解。这些结果表明:一方面企业员工还不能完全掌握完善的软件使用手册以及硬件使用方法和程序,学习的积极性不高;另一方面企业对员工在掌握完善的软件使用手册以及硬件使用方法和程序方面不够重视,对企业员工的宣传和培养力度有待增强。(3)有网络的地方就肯定会出现网络故障问题,通过调查企业 IT 员工是否能够及时地解决网络技术故障来表明企业的技术处理能力,而网络技术故障的处理能力对企业的正常运营有着正相关的关系。通过分析调查结果可以知道:55%的 IT 员工能够迅速解决网络技术故障问题,12%的 IT 员工不能及时地解决网络技术故障,33%的 IT 员工要根据网络技术故障的处理难度来确定能否迅速地解决故障。这一现状表明:企业大部分的 IT 员工的网络技术故障问题的处理能力较强,但网络技术问题处理方法学习不够广泛。总之,通过三个指标测量企业技术环境,我们发现,目前我国企业面临的技术环境还存在着许多不稳定性,虽然企业对网络技术环境有一定的了解,但这并不能保证企业能在激烈竞争的网络环境中求得一席之地,并获取超额利润。因此企业还必须投入更多的精力在网络技术创新上,不断地加强与学校和政府的联系,培养企业所需的高技术人才并在产学研体系中扮演重要的角色,促进企业又好又快地发展。

（二）经济环境

企业的经济环境关系着企业的经营战略,进而关系到企业的营利性。尤其是在互联网较为普及的年代,企业经济环境的好坏直接影响着企业更进一步的发展。互联网企业老总王俊涛曾说过:"如果错过互联网,与你擦肩而过的不仅仅是机会,而是整整一个时代。"所以研究企业的网络经济环境对企业而言是非常重要的。本研究主要从网络营销、电子商务对企业采购和销售的影响以及对交易成本的影响三个层面来分析企业经济环境的现状。（1）互联网的普及使得企业的营销手段不断创新,网络营销成为企业间竞争的不可避免的营销手段。通过分析调查结果可以发现:79%的企业利用了互联网网络这条营销新渠道,只有6%的企业不重视网络营销。这一结果表明企业基本都认识到了互联网商机的到来以及它所带来的巨大利润。（2）对于一个企业来说,中心环节就是如何做好企业的采购和销售工作。而电子商务的迅猛发展,使得企业的采购和销售工作更加快捷有效。通过分析调查结果可以了解到:72%的企业认为电子商务能够使企业更加有效地进行采购和销售工作,只有7%的企业认为电子商务对企业的采购和销售没有太大的影响。这一现状也符合现实状况,即并不是所有企业都能够有效利用电子商务这个平台,当产品构成中关于机械运动、能量交换、空间占用的产品比重远远大于与柔性结构、信息交换相关产品比重时,传统（如格力空调）的模式仍然发挥很大的作用;当产品构成中柔性结构、信息交换占用的比重很大时（如小米手机企业）,电子商务新模式就能发挥很大的作用。（3）交易成本对企业特别是交易量非常大的企业来说,如何有效地降低交易成本,从而实现企业利润最大化就显得非常重要。而电子商务的出现很大程度上能够降低企业的交易成本。通过分析调查结果可以知道:74%的企业通过电子商务这个交易平台来降低交易成本,而6%的企业认为电子商务对企业交易成本的降低没有什么影响。综合上述三个指标的分析,我们可以发现,目前我国企业所面临的网络经济环境总体来说较好,很大一部分企业都能够发现网络商机,利用互联网来销售产品,降低交易成本。但由于互联网普及度较高,市场竞争异常激烈,在这种情况下,企业必须更加充分地利用互联网这个交流平台,与网民、政府和学校建立起良好的关系,为企业的发展壮大打下坚实的基础。

三、网民积极参与与自我分辨意识

网民外部环境的测量主要从网络安全以及网络正能量传播两个角度着手,网络安全是网民进行网络活动的安全屏障,本研究主要从网民安全意识、网络环境以及信息和财产安全三个层面分析网络安全现状,通过分析调查结果可以发现:(1)50.3%的网民在遇到安全拦截时会停止其浏览行为,26.2%的网民会忽略安全拦截继续浏览可能存在安全隐患的网页。这一结果一方面表明网民拥有一定的安全意识,会自觉地规避网络风险。也从一定程度上表明网民的安全意识还有待进一步提升。(2)网民上网地点一般是家庭、工作地或者网吧,一般而言家庭和工作地的网络安全防护功能相对较高,而网吧等公共上网场所的安全隐患相对较大,通过分析调查结果可以发现,76.9%的网民均认为网吧存在很大的安全隐患,仅有 7.9%的网民认为网吧安全隐患较低。联系实际可以发现,虽然网吧存在较大的安全隐患已经成为绝大多数网民的共识,但是这并不影响网民在网吧的上网行为,每天仍然有大批网民进出于网吧,网民的消费热情并没有因为网络安全隐患而消除。(3)通过询问网民及其朋友是否经常遇到 QQ、微信、淘宝账号被盗的情况,我们发现,78%的网民都遇到过这种情况,这一问题从一定程度上反映了网民的信息和财产安全在目前的网络环境下仍然面临较大的安全威胁。通过三个指标测量网络安全,我们发现,目前我国的网络环境仍然存在很大的不稳定性,网民的网络信息安全和财产安全受到威胁,虽然网民拥有一定的安全意识,但是这并不能很好地保护网络的财产和信息安全。政府需要投入更多的精力完善网络基础设施建设,提高网络的安全性能,保护网民的财产安全和信息安全,网民需要进一步提高自身的安全意识,自觉抵制网络不稳定因素,只有多个行为主体一起努力才能肃清网络不稳定因素,维护网络安全,保证网络经济健康有序发展。

戴尔·卡耐基曾经说过,一切可以带给人向上和希望、促使人不断追求成功、让生活变得圆满幸福的动力和情感都可以称为正能量。网络是社会发展的前沿阵地,网络正能量的传播对于个人乃至整个社会的发展都起到了至关重要的作用。网络是一把"双刃剑",在给网民带来海量信息、便利大家工作和生活的同时也影响着人们的价值观。网络的集中和放大效应使得网络负能量肆意横行。本书主要从三个方面分析网络正能量的传播现状:(1)通过询问被测试者在上网时是否会自动弹出广告、游戏、黄色、暴力链接等来分析目前网络负能量的传播现状,观察结果发现,71.2%的网民在浏览网页时会出现上述情况,从一定程度上表明目前我国的网络环境杂乱,网络负能量盛行,网民的上网环境受到网络负能量的影响。(2)通过询问被测试者主流媒体网站是否应传播生活正能量的意向,分析网民的民意倾向。观察分析结果发现,76.5%的网民支持主流媒体网站传播生活正能量。这一结果一方面显示了网民对于生活正能量的渴求,另一方面也从一定程度上反映了目前网络生活正能量的缺失。(3)通过询问网民在遇到帮助链接后是否会进行转发,以支持弱势群体来分析网民主动传播网络正能量的现状,观察结果发现,39.8%的网民会主动转发,而27.2%的网民则会选择放弃,另外还有33%的网民会视情况而定。这一指标的测量结果表明,目前我国网民在网络正能量传播方面仍然比较被动,网络正能量的传播亟待提升。综合上述三个指标的分析我们可以发现,目前我国的网络环境确实存在一定的缺陷,网络负能量盛行,网络正能量传播受阻,网民呼吁网络正能量的本位回归。网络正能量的传播关系到整个社会的发展,网民不能仅仅依靠政府建立几个红色主流媒体网站来弘扬网络正能量,必须身体力行地加入网络正能量的传播中来,主动传播网络正能量,自觉抵制网络负能量,净化网络环境。企业也不能被动地任由网络负能量盛行,应该与网民、学校、政府一起合作,共建健康文明的网络环境。

四、培育人才、形成网络文化的基地

高校是培养学生成长成才的摇篮,是大量高等学历人才的聚集地,是先进学术文化和多样思想火花相互碰撞的聚集区,是社会的重要构成部分;其发展情况与社会现实生活息息相关。随着互联网的发展与普及,学校在平常的教学、学习科研以及日常生活中都已经普及互联网。而且,网络热点话题与评论对学校、学校教职员工和学生的影响也越来越大,校园网络建设已成为学校建设的重要组成部分。高校网络建设的发展,使得学校通过局域网或者有线、无线的连接参与了网络活动,形成了一个特有的网络环境。我们对校园网络环境的描述主要从高校网络舆情、高校网络文化和人才培养三个方面进行描述。

（一）高校舆情环境

高校网络舆情作为校园网络环境之一是因为:在高校,有大量的网民如学生、老师。他们伴随着网络的成长而成长起来,喜欢使用网络,对网络有较高的依赖,也擅长使用网络。他们常以网络为平台,通过新闻跟帖、论坛发帖等形式,就自己关注的问题发表观点和建议。这样的网络信息传播行为将直接影响到高校网络舆情的状况,健康的信息传播、稳定的高校舆情环境是形成和谐校园环境的重要组成部分,而且良好的高校舆情环境将促进社会网络舆情的有序发展和良性运行。

学者研究发现,高校网络舆情主要通过高校校园网上各种舆情载体进行传播和交流,例如:校园BBS、留言板、博客、QQ群等这说明高校中的网民通常利用跟帖、转发、发表博客、评论等方式参与网络信息的传播。高校舆情主要是指师生员工的态度和情绪,具体包括师生员工对各种社会生活现象、事件的感受、认识和评价倾向等。高校积聚了大量的人才,拥有大批关注社会时事的爱国青年,拥有比较畅通和宽松的言论空间,虽然,这些学生具备一定的科学文化知识,但相对而言,缺乏实践经验,对社会现实了解不全面,没有深刻的认识,容易被一些突发的事情和负面的社会舆论所影响,可能造成高校舆情危机。因此高校对网络舆情重要性的认识应当提高,进一步加强对舆情的引导。正如我们所知,"钓鱼岛"等大事件在网络上传播时,大学生也是参与的主体之一,这时高校的舆情引导非常重要。如果学校没有及时地做好相关思想引导,那么大学生就很有可能盲目参与到这件事情当中。梁艳萍和刘芳也提出,高校网络舆情既对合肥大学生的思想和行为产生重要影响,亦对高校思想政治教育带来新的挑战。新形势下,我们要坚持正确导向,用先进思想与文化占领高校网络;要加强网络道德建设,促进大学生的自我教育①。所以,加强校园网络基础设施的建设,为正确地引导高校网络舆情提供保障平台;不断推进高校"两课"课程建设以及网络媒介素养教育的进程,不断加强高校学生的思政教育以及网络媒介素养教育,为正确积极地引导高校网络舆情提供思想保证;除此之外,学校还要设置专门的培训机构,聘请专业人员,在学生中间培养一批政治素养高以及业务能力强的队伍,为高校舆情的正确引导提供人才保障。根据上述研究,我们可以认为高校网络舆情环境是由网络活动者的参与,舆情的引导、监控,舆情工作机构的设置,工作人员的完备情况组成。因此,对于高校网络舆情环境的测量,我们在调查问卷中设置了三个题项:1.您参与网络事件的评论与传播的频率非常高;2.当社会大事件在网络上传播且贵校学生对某件事情在网上形成集体反响时(如钓鱼岛游行事件),贵校非常及时地进行了正确的思想引导;3.您认为贵校网络舆情工作人员组织体系比较完备。采用李克特5级量表进行度量。第1题测量的是网络主体参与网络活动的情况;第2题是从学校对网络舆情引导的及时性角度来测量舆情环境;第3题是对高校舆情引导、监控体系情况的调查。我们对湖南大学机械学院、工商管理学院、新闻与影视传播学院、法学院等进行了问卷调查。从问卷的调查结果可知(如表3-40所示):

表3-40 网络信息传播统计数据表

条　目	平均得分	众　数	方　差
信息传播①	2.76	3	.967
信息传播②	3.26	3	.880
信息传播③	3.01	3	.802

资料来源:问卷调查。

信息传播②的平均得分最高为3.26,最低的是信息传播①为2.76,信息传播③的平均分为3.01,三个题项的得分都在3左右,众数均为3。这说

---

① 梁艳萍、刘芳:《高校网络文化体系建立探析》,《人力资源管理》2010年第1期。

明高校参与网络活动的程度一般,并没有出现高频率的盲目的参与网络评论、跟风转发;但是这并不表明学生不会受到网络舆情的影响,因为他们还是参与了网络活动。第二题的结果告诉我们高校较好地对网络舆情开展了引导工作;根据第三题的得分,说明高校的网络舆情机构也有一定的建设。但是并没有达到4以上的得分,所以在网络舆情思想引导和学校舆情工作体系建设方面还应当继续加强。而三组得分的方差均小于1,不到平均数的2到3倍,这表明调查问卷的结果均围绕在平均得分左右,偏差不大,数据具有可靠性,上述对高校网络舆情环境的结果分析是合理的。

(二)高校网络文化

沈杰认为,网络文化是人们在互联网这个特殊的世界中,进行工作、交往、学习、沟通、休闲、娱乐等所形成的活动方式及其所反映的价值观念和社会心态的总和①。网络文化是互联网的产物,它是网络环境下的社会文化的一种拓展,是与社会网络文化相结合而产生的一种亚文化,正日益成为高校主流文化。高校网络文化是高校校园文化的重要组成部分。具有较高文化层次的特殊群体大学生受网络文化影响最大。作为一个全新的载体,高校网络文化拓展了大学生的学习、生活领域,对大学生成长、成才具有重要意义,网络上对社会各种不同性质的文化、观点的交流,加剧了大学生们价值观、思想文化的交融和碰撞。但是,由于大学生实践经验的限制,他们容易在大量信息面前丧失判断能力,甚至被一些消极腐朽的文化价值观念所迷惑、影响。在大学校园不断向信息化快速发展的进程中,如何科学地管理和建设高校网络文化,控制不良网络文化的侵袭,发挥其德育优势,成为高校网络文化管理的焦点。

对于网络文化的管理,专家学者们认为应该利用网络阵地让先进的文化取代低俗落后的文化、重视教育的实践性、增加创新工作的途径以及不断完善校园网络的监管机制等。潘宁在《网络文化与高校思想政治教育工作》一文中指出,"网络文化的兴起是对高校思政教育的一种挑战。而面对这种挑战,高校一是要把握主动权,拓宽思政教育的信息传播渠道,建立道

---

① 　沈杰:《透视网络文化困境》,《半月谈》2002年第12期。

德教育阵地;二是要在校园内要培养健康的、积极向上的网络文化氛围"①。这就需要一批有相应专业技能、知识的教师开展思想政治教育活动,培养高校学生积极健康的人生观、价值观。校园网络是校园网络文化的重要建设基地,在育人功能上占据重要位置,它是抢占大学生思想政治教育的新阵地。我们应该充分利用校园网搭建校园网络文化传播平台。另外,陈涛、潘伟国、穆玉兵等学者提出应该用社会主义先进文化统领校园网络文化建设工作,学校应该引导学生树立社会主义核心价值观,学校应该加强对社会主义先进文化的教育和宣传。根据学者们的研究,我们得出高校网络文化环境可能更加侧重高校网络文化的管理、高校网络文化传播的内容。此外值得注意的是,在高校进行网络文化建设时,应该保持一致性和持久性,这样才能更好地形成一个更加稳定的高校网络文化环境。同样的,我们设计了三个题目对高校网络文化环境进行测量:①您认为贵校网络文化思政教育的师资队伍十分完备;②贵校校园网板块中对社会主义核心价值文化的宣传力度非常大;③您认为贵校网络文化的宣传、引导、管理工作具有高度协调一致性。①、②、③分别从高校网络文化建设的人员、内容一致性出发进行调查。

根据调查问卷的数据分析可知,高校思政教育师资队伍建设情况如图3-2所示;从图中可知得分呈正态分布,大部分的得分在3左右,有150多份问卷选择3得分项,5得分项的比例是最低的。这说明高校在网络文化思政教育的师资队伍上有一定的配备,但是有可能配备不完善,或者思政教育的老师的专业技能、知识水平有一定的限制。特别是1得分项占比较大说明高校的思政教育师资配备有待加强。

根据图3-3,我们看到高校对社会主义先进文化的宣传教育建设良好,4得分项所占比例达到40%,3得分项的占比37%,而1得分项的占比仅仅只有3.8%,这说明在高校网络文化内容中,高校基本上都选用社会主义先进文化作为主流文化统领校园网络文化,引导学生正确的文化认识。

在对⑥高校网络文化建设过程的一致性的统计中发现,认为学校有高的一致性的比例为5.9%,认为学校采取的行动中非常不一致的比例为

---

① 潘宁:《网络文化与高校思想政治教育工作》,《求实》2004年第2期。

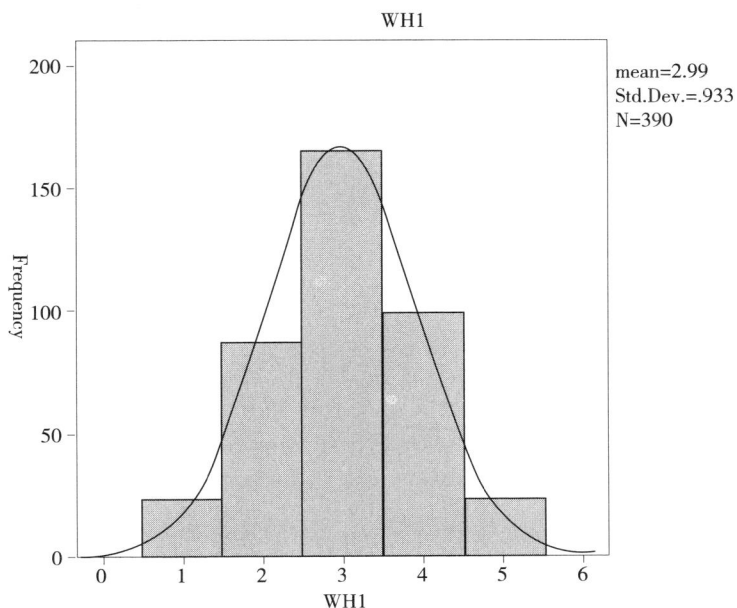

图 3-2　高校网络文化④得分分布图

资料来源:问卷调查。

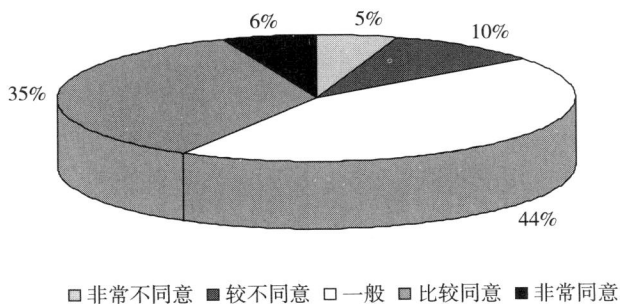

□非常不同意　■较不同意　□一般　■比较同意　■非常同意

图 3-3　高校网络文化⑤饼图

资料来源:问卷调查。

4.9%,大部分认为学校在高校网络文化建设中有一定程度的一致性,占比达到 79.5%,也即表示高校在进行文化建设时,基本能够在宣传、引导、管理等工作上保持一致,能够维持一个稳定、良好的高校网络文化环境。

（三）人才培养

随着以信息技术为代表的知识经济的发展，数字化、网络化和信息化的网络产业逐渐成为信息产业中的核心产业之一。网络产业的竞争从根本上来讲是人才的竞争。网络产业快速发展，需要大量高素质与高技能的应用型网络人才。因此，不断提高应用型网络人才的素质和能力，不断完善应用型网络人才的培养体系，是中国网络产业强劲发展的基础。高校的主要任务就是培养人才，必须承担培养应用型网络人才的重要任务。所以网络人才的培养是高校网络环境的又一个组成部分。

通过调研，当前社会对应用型网络人才需求主要有以下几类：1. 网络建设人才；2. 网络程序人才；3. 网站设计人才；4. 网络管理与安全人才；5. 基本的网络操作人员；而对网络人才的培养很大一部分也取决于学校提供的学习平台。

所以我们对高校网络人才培养环境的描述主要有四个方面：①您认为通过学习贵校开设的信息技术基本课程可以熟练掌握计算机基本技能（如office 办公软件应用的熟练程度）；②您认为贵校提供的网络实践平台已经完备；③您认为贵校学生进入企业实施产学教学的机会非常大；④根据您平常的了解（如就业率），您认为贵校的学生能满足社会对网络人才的需要。

图 3-4 中 A、B、C、D 分别是人才培养①、人才培养②、人才培养③、人才培养④的得分频数分布图，从 A 图和 D 图中可以看出人才培养 7、人才培养 10 的得分 4 的频数分布最多，7 达到 160 份以上，9 达到 180 份以上，在390 份的调查问卷中，基本达到半数，我们可以认为大学生通过学校的计算机课程的学习能够很好地获得网络基本操作技能，而学校培养的实践型的网络人才也能够基本满足社会对网络人才的需求。在 C、D 两图中，3 得分项占的比重最大，4 得分项的占比远远低于 3，其他得分项的比例较低，这组数据告诉我们，学校提供的网络人才培养平台一般，能够提供基础的学习资源，以及具体实践平台；但是可能无法提供最前沿的教学资源，无法接触到最先进的网络信息技术；就进入企业，与企业紧密结合进行网络技术研究，可能与实际现实限制有关，所以导致高校网络人才培养环境中只能满足社会对网络人才的基本需求，至于网络人才的更深入的培养，还需要学校、企

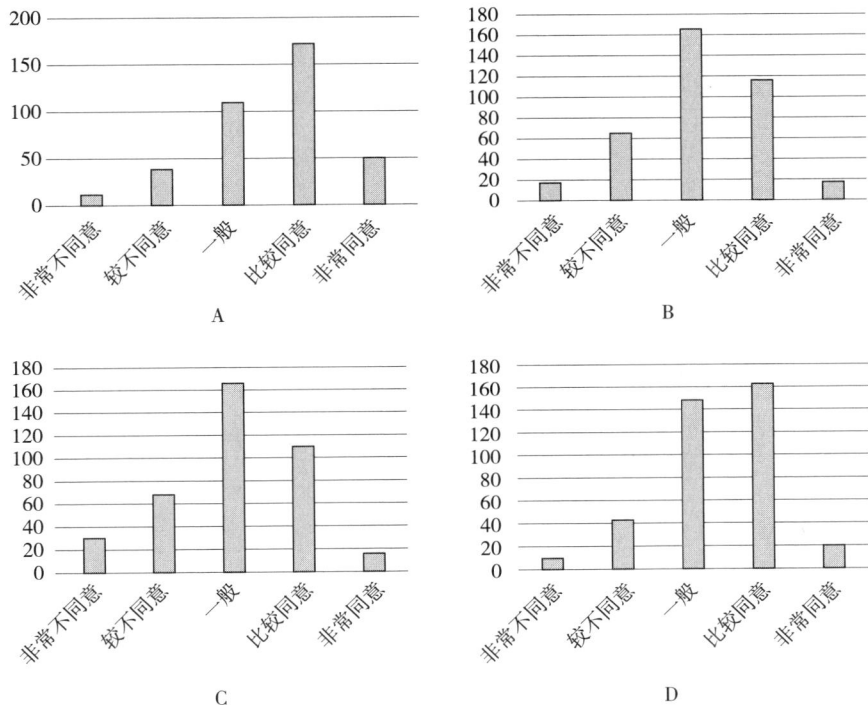

图3-4　人才培养各题项得分频数分布图

资料来源:问卷调查。

业等进一步合作。

第四节　正能量传播的行动者网络构建

一、传播途径完善,正能量传播阵营形成

政府作为国家事务的管理者和领导者,在网络正能量传播过程中也同样扮演着倡导者和管理者的角色。作为网络内容的引导者,政府希望网络能够朝着一个积极的、健康向上的方向发展,于是将对其他行动者进行利益赋予。政府通过完善互联网相关的政策法规,完善我国的经济体制以及对

企业的网络建设提供财政支持,从而为企业创造一个良好的生存环境,引导企业向较好的方向发展。对于学校网络建设,通过加大对学校网络科研、文化教育等环节的支持,促进网络技术、文化的发展,完善学校的教育机制,从而为学校创建一个良好的氛围。对于网民,政府加大对个人隐私的保护力度、网络思政教育的投入以及完善的信息技术基础设施,为社会组织和个人对网络的接触、网络的信任提供了保障。在这样一个利益赋予过程中,政府对企业、学校、网民赋予了新的角色,使他们获得了参与的动力,形成了由政府领导的局部行动者网络。

二、政府积极引导,正能量传播主体动员

受到政府动员的企业、学校、网民,为了更好地实现各自的目标,同时各方进行利益赋予,并相互征召和动员,形成一个相互影响的动态组织。在第二次利益赋予中,企业可以为其他主体提供产品和服务、就业岗位以及网络技术创新;学校可以提供优秀的人才、师资教育以及先进的科研和技术;网民可以作为网络正能量的传播者、网络舆情的监督者以及提供知识和技能。在他们相互作用下,企业可以提供就业岗位来吸引优秀的人才,而优秀的人才能更好地传播网络正能量,对网络舆情的监督也更具有执行力,与此同时,优秀的人才还能使企业提高产品和服务质量,完善企业内部的管理。学校的师资教育能培养出优秀的人才,也能为网民提供学习知识和技能的机会,从而吸引网民参与其中。网民的知识技能能够提高学校的科研技术水平,进而促进企业的网络技术创新,也能够提升企业产品和服务的质量,从而吸引学校和企业参与到网络正能量传播中来。也正是因为企业、学校、网民的兴趣化过程,使得政府更加注重协调各主体的利益,进而更深入地加入行动者网络中来。

三、信息反馈调节,正能量传播良性循环

每个主体所需求的利益不同,导致他们之间肯定会存在一些矛盾,也就是本书所说的异议过程。企业希望使其利润最大化,加入网络正能量传播中来也是希望借助这个平台提高其知名度,在承担社会责任的同时获得更

高的经济效益。这就希望学校能够为其提供优秀的人才,而网民则希望企业承担更多的社会责任,让利于民,把经济利益放在后面,以捍卫网络正能量的地位为己任,不断地监督企业提供的产品和服务的质量,防止企业不良行为的出现;而学校的优秀人才希望企业能够提供非常好的就业岗位,满足自己的生活水平,企业却只想以最低成本实现企业利润最大化。政府与学校、企业、网民在不同程度上也存在异议。政府是国家的管理者以及社会治理者,政府必须为国家的发展状况负责,所以政府加入正能量传播网络中也是想借助互联网这个平台,在国家整体利益的驱使下为广大的群众建立良好的网络环境,在网络正能量传播的同时加快社会主义精神文明建设,所以在这种情况下,政府希望企业能够提供高质量并低价格的产品和服务,并承担更多的社会责任;希望学校能够培养更多的符合社会主义现代化建设的人才,使这些人才积极投身于社会主义现代化进程中;也希望网民能够增强自制能力,杜绝在网络上传播负能量,积极支持国家的精神文明建设。然而企业的根本目的是想方设法使企业利润最大化,所以更倾向于提供成本低但价格高的产品和服务;学校是培养人才的摇篮,但并不能保证所有学校都能够培养出符合现代化建设的人才,有的学校只是为了提高学校的知名度,不断地招收更多的学生,尤其对本科学校来说,招收越来越多的学生只会使教育质量下降,降低人才的质量,这样反而会阻碍国家的发展;对网民来说,由于网民素质参差不齐,法律意识较为薄弱,道德素质也不同,有的网民往往会为了一己之私而到处散布网络谣言,从而达到诋毁对方的目的,给政府治理增添了许多难处,抑制网络正能量的传播,延缓国家精神文明建设的发展进程。

四、行动者网络形成,网络正能量有效传播

通过上述描述的过程,网络正能量传播的行动者网络图正式形成,政府、学校、企业、网民这四个行动者主体相互作用、相互影响,在网络正能量传播过程中,通过各个方面的合作、协调统一,利用相关的法律法规、条例、合同、契约、自律等进行协同治理,以达到有效传播网络正能量的目的,最终形成了行动者网络传播网络图。

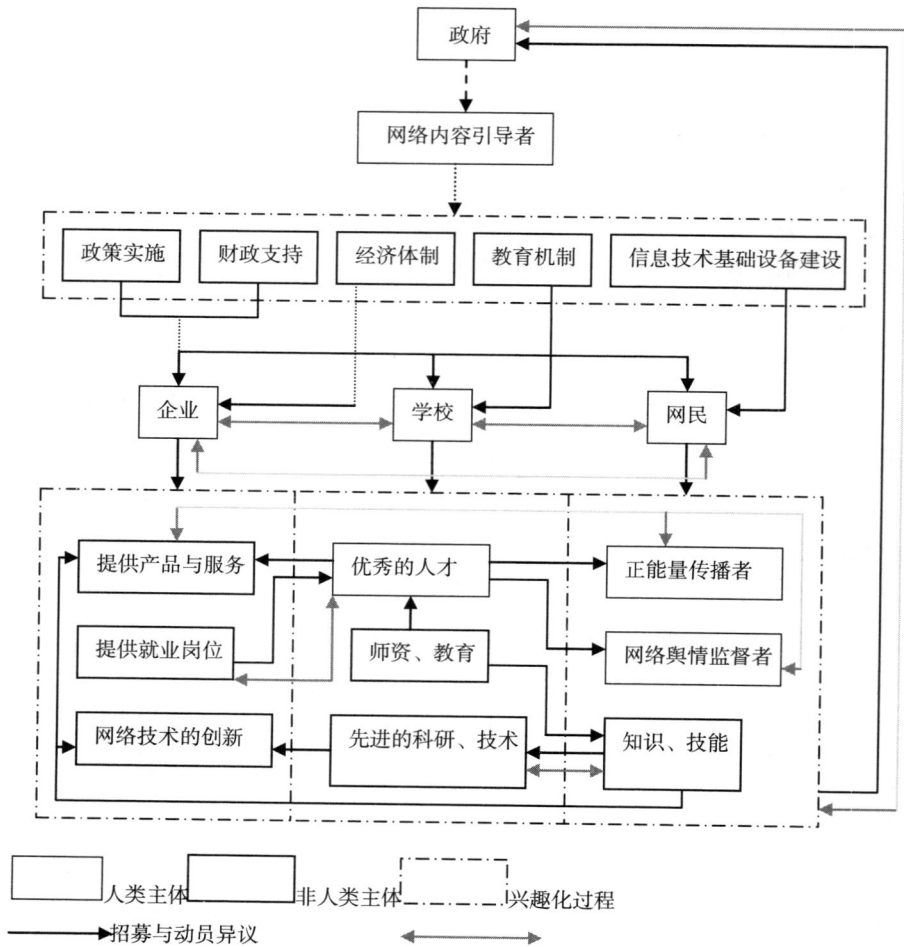

图 3-5 网络正能量传播的行动者网络图

借助网络正能量传播的行动者网络,政府、学校、企业、网民等行动者可以充分发挥自身优势,实现优势互补,传播网络正能量,肃清网络空间。

第四章　行动者网络正能量
传播的生态运行

　　第三章对行动者网络进行了构建,本章试图在上文的基础上,探讨正能量如何在行动者网络中传播。由于行动者网络的构建是在分析内外环境的基础上,紧紧围绕四个主体及正能量展开的,故在此我们借鉴生态学理论研究成果,用系统的观点,来研究正能量在行动者网络中可持续传播的问题。本章首先分析了行动者网络正能量传播的生态性;其次,在第二、三章研究的基础上,基于生态学的物质循环和能量流动原理,运用生态学隐喻的方式,从物质、信息等方面,探讨了行动者网络正能量传播主体及正能量资源的聚集机制;最后,分析了行动者网络正能量传播的协同机制,以期为正能量如何在行动者网络生态系统中更好地传播提出建议。

第一节　行动者网络正能量传播的生态性

一、行动者网络生态系统的提出

　　第二章和第三章分别对行动者网络环境及行动者网络的构建进行了介绍,如果探讨正能量在行动者网络中的传播,我们单独考虑行动者网络环境或者行动者网络中的四个主体是不够的。由于正能量的传播伴随着环境资源的变化、主体信息的交换等,所以我们需要从整体系统观念出发,以期更好地分析其传播特征并探究正能量如何进行持续传播。

（一）行动者网络与环境协同作用的生态系统特征

系统是指由若干相互关联、相互作用的要素组成的、具有某种或某些特定功能的有机复合体，是结构与功能的统一。生态系统是在一定区域环境中的所有生物（即生物群落）和其所在环境之间构成的统一整体，且生物与环境之间源源不绝地进行物质循环和能量流动。

生态系统是系统的一种特殊类型，它有其自身的特殊属性：1.群落是生态系统的基本成分；2.生态系统要素必须包含外部环境；3.系统内有能量流动和物质循环。

行动者网络与环境构成的系统是以践行社会主义核心价值观为中心，以科技发展为基础，以行动者需求为动力，以政府调控为导向，以正能量供给为核心，以良好外部环境为保障，以实现正能量持续传播为目标的网络体系。系统主要包括正能量传播的参与者即行动者，以及环境、资源等要素，这些行动者范围广泛，可以是政府、企业、高校以及网民等。这些行动者都有各自特殊的能力、学习过程和行为。传播正能量的目的是使得行动者拥有健康乐观、积极向上的动力和情感。行动者网络系统的内涵整合了行动者网络与周围环境等综合的系统特征和正能量传播过程的传播特性。

行动者网络系统与生态系统在构成要素与运行过程等方面具有极大的相似性，具有许多生态性特征。为此，我们构建行动者网络系统与生态系统构成要素的相似性对比表，参见表4-1。在此，需要说明的是，由于行动者网络的构建是紧紧围绕各主体及正能量展开的，故我们在类比生态系统中的概念来定义行动者网络系统中的概念时，也是与正能量密切相关的。

表4-1 行动者网络系统与生态系统构成要素对比

生态学	定 义	行动者网络系统	定 义
生产者	用无机物制造有机物的生物	正能量供给者	为实现正能量的供给采取措施的行动者
消费者	消费生产者制造的有机物的生物	正能量需求者	参加正能量活动的行动者或正能量信息的接受者

续表

生态学	定　义	行动者网络系统	定　义
环境	生态环境	正能量传播环境	影响正能量传播的环境
流动	物种间的联系	流动	行动者之间的联系
生态系统	群落与环境相互作用的系统	行动者网络系统	各个行动者与环境等相互作用
物种	生物个体	正能量传播个体	各个行动者主体
种群	同种生物个体的集合	正能量种群	需求或供给相似的个体集合,如企业员工、客户等
遗传	复制基因	惯例复制	复制正能量惯例
适应	随自然环境变化而变	应变	对社会、经济等环境的变化做出响应
协同进化	物种通过互补而共同进化	协同共进	正能量要素的协同作用
互利共生	共生单元间的双向利益交流机制	互利共生	不同行动者之间的双向交流机制

资料来源:作者整理。

行动者网络系统不仅在构成要素上具有生态性特征,同时在运行过程中也具有很多生态性特征:

1. 生态系统由一定区域内相互影响的多种生物种群以及生态环境组成。行动者网络系统是由正能量传播的参与者以及外部环境组成。

2. 生态系统中的各个成员之间存在物竞天择和适者生存的竞争关系,同时也存在协同共生的关系。类似的,行动者网络系统的成员间也存在相互竞争和合作的关系。

3. 生态系统在运转的过程中有着不断的能量循环和物质循环。同样行动者网络系统的发展也离不开知识、信息、人财物等资源的流动以及循环。

（二）行动者网络生态系统的概念

行动者网络生态系统是行动者网络系统与生态系统的耦合。提出行动者网络生态系统的概念,一方面是要借鉴生态学的理论和方法研究行动者网络系统的问题,另一方面是为了从可持续发展的视角研究正能量的传播问题。因此,本书认为,行动者网络生态系统是指由正能量传播主体与传播环境,通过物质、信息和能量流动所形成的相互促进、相互依存、相互影响的系统,该系统以行动者的正能量需求为动力,以政府为导向,以良好的社会环境为保障,以实现正能量的持续传播为目标。需要强调的是,本书只是借用生态系统中的一些专业术语,来更清晰地类比和阐述行动者网络生态系统的相关原理,并不是要严格地将正能量环境比拟成生态环境,即并不是说行动者网络系统中的定义与生态系统中的定义都一一对应。

(三)行动者网络生态系统的特征

作为动态的开放系统,行动者网络生态系统既具有开放系统的一般特性,又具有自己的某些独特性质,具体表现如下:

1. 行动者网络生态系统的动态性。行动者网络生态系统的动态性体现为系统要素的动态性和运行过程的动态性。一方面,行动者网络生态系统所包含的要素是不断变化的,比如,地方政府为了使正能量得到更有效的传播,设置一些健身器材,使得居民的生活更丰富多彩,这些健身器材就成为行动者网络生态系统的一部分。另一方面,行动者网络生态系统的运行过程也具有动态性特征。为了适应瞬息万变的需求变动,系统内部各结点之间存在动态作用。为了达到平衡或者说更好地适应环境,各个正能量主体会根据信息的运动来调节自身行为。

2. 行动者网络生态系统的整体性。系统并不是各个要素的简单加和,即整体大于部分之和,而是在各个要素的相互制约、相互作用、相互联系下,将整体的功能展现出来。各构成要素是行动者网络生态系统的基础,即系统在丢失某些关键性要素情况下的整体效能将很难得到发挥。这是因为系统是由各要素的"相互作用"形成的,当这种相互作用发生变化时,系统的整体功能也将随之变化。

3. 行动者网络生态系统的生态性。行动者网络生态系统具有自然生态系统的生态特性。系统内的行动者之间、行动者与社会环境之间的关系,与自然生态系统中生物之间、生物与生态环境之间的关系相似。行动者网络生态系统中正能量传播链、正能量网、正能量种群、正能量群落与生态系统中的食物链、食物网、生物种群、生物群落具有许多形态上和功能上的相似性。当某一生物种群大量被捕杀时,食物链、食物网就会被破坏,会威胁到其他生物种群。类似的,在行动者网络生态系统中,正能量传播链和正能量网中的某一环节无法做到正能量的传播,那么整个正能量传播链和正能量网的其他相关正能量也无法达到同步传播。正能量传播链和正能量网中的行动者与自然生态系统中的生物体一样,存在共存共生、共同进化的生态特性。

4. 行动者网络生态系统的耗散结构特征。行动者网络生态系统从形成到发展一直处于不断变化的行动者需求、不确定性的技术支持、传播媒介与传播途径所组成的外界环境之中。这样变幻莫测的外部环境必然对系统内部的行动者施加影响,迫使行动者网络生态系统内部不断地与外界进行物质、能力、信息和知识的交换,使得系统失去平衡。

复杂的反馈机制的建立体现了各个正能量主体间的非线性相互作用。系统可以通过反馈调节机制抵御环境的变化对系统的冲击,使系统表现出自稳定、自主性和自协调的特征。行动者网络生态系统的这种反馈机制表现在正能量传播的需求导向,系统内各行动者的目标均是满足自身正能量需求或为了实现某一利益或心理满足而传播正能量。

因此,虽然社会环境在不断变化,但是由于系统反馈调节机制的存在,正能量供给者仍能根据正能量需求信息的变化,满足需求者的正能量需求,实现整个系统的正能量持续传播目标。

5. 行动者网络生态系统要素构成的复杂性。首先,行动者网络生态系统不仅包括由主导企业、客户和企业员工等构成的企业正能量主体种群,高校、高校教师和学生等构成的高校正能量主体种群,普通网民和明星网民等构成的网民正能量主体种群,还包括政府、中介机构等正能量辅助主体种群。此外,行动者网络生态系统还包括与系统内行动者进行各种物质、信息和能量交换的社会环境。由于所处的社会和自然环境等随着时间和空间的推移而变化,行动者网络生态系统只有适时地做出自身的调整才能适应日益变化的环境,行动者网络生态系统的社会环境的动态性和不确定性无疑增加了系统的复杂性。而行动者在正能量传播意识的驱动下,加之社会环境以及科学技术的日新月异的变化,也决定了正能量传播过程必然是复杂的。可见,行动者网络生态系统要素的构成以及各个要素间的相互关系都是多种多样、错综复杂的。

6.行动者网络生态系统的开放性。从系统理论的角度来看,如果一个系统要有序、整体功能较强,该系统必须是开放的,只有如此,系统才可能通过与外界交换,降低自身的熵增。从上述的系统特征可知,与其他系统一样,行动者网络生态系统也是一个开放的系统,存在着一个不断进化和发展的演进过程,与外界环境之间存在输入、输出关系。这里的外部环境包括非网民的民众等。行动者网络生态系统的开放程度决定了行动者网络生态系统的稳固性及其发展空间。当行动者网络生态系统足够开放时,正能量信息、资源等才能更有效地传播。只有足够的开放,行动者网络技术、知识、人才等相互联系、相互影响才能更好实现系统与政策、经济、资源环境等的有效互动。只有足够的开放,系统作用才能充分发挥,系统才能自发地依据正能量持续传播的目标和需要来吸收系统外的正能量信息和资源,从而完善系统内容的结构,实现对环境的适应,创造出更加适合的生存条件。行动者网络生态系统的开放性使得系统能够不断地与外界进行物质、能量和信息的传递,推进系统整体正能量传播能力的不断提高。

二、行动者网络生态系统的构成

（一）行动者网络生态系统的生物成分与非生物成分

人们通常将生态系统中的非生物环境和生物群落划分为无机环境、生产者、分解者、消费者。在生态系统中,生产者主要是指绿色植物,是能够利用无机物来合成有机物的自养生物;分解者主要是指真菌、细菌等微生物以及一些无脊椎动物,是能够把复杂的有机物如动植物残体等分解成无机物的生物;消费者是指异养生物,这些生物直接或者间接地将绿色植物中的有机物作为食物。生态系统的非生物环境和生物群落分别构成了生态系统的非生物成分和生物成分,同样行动者网络生态系统也是由正能量群落和社会环境组成,类似的,也可以划分为生物成分和非生物成分,同时,生物成分也扮演着生产者、分解者和消费者的角色。

1. 生物成分

正能量传播主体是单个的正能量传播个体或者组织,如单个的网民、政府、企业、高校等,它们是正能量传播过程最基本的单元。

正能量种群是指行动者网络系统中的有相似点的正能量传播个体的集合,如系统内有相同需求的企业客户,可以构成一个客户网民正能量种群,所有的企业员工可以构成一个员工网民正能量种群,所有的中介机构也可以构成一个中介机构正能量种群。

正能量群落是指不同正能量种群的相对集中,是不同正能量种群的集合。正能量群落具有以下特征:第一,正能量群落中正能量种群围绕某一特定的要素而集中,这种特定的要素可能是某一资源、某一活动,也可能是某种特定的环境。第二,正能量群落中的正能量种群间、正能量个体间在网络中的功能上具有显著差异。第三,正能量群落中的构成要素及结构决定了群落的性质,而群落又对正能量个体或组织具有制约作用。

行动者网络生态系统正能量群落构成了系统的生物成分,它由政府、企业、高校、中介机构及网民等正能量种群组成。

(1)政府种群。中国政府以为人民服务为宗旨,以对人民负责为基本原则,有着政治、经济、文化和服务的职能。综上可知,中国政府以人为本,并在整个社会中起着统筹的作用。政府为了更好地尽职尽责,不仅仅需要提高自身的正能量使得政府权力在阳光下实行,引导政府官员把人民群众的利益放在心里,落实在行动中,也要通过政策、法律法规等培养整个社会成员良好的道德习惯,使正能量成为社会的一种美德、一种品格和一种风尚。在行动者网络生态系统中,虽然政府也是正能量接受与供给的直接参与者,但它更主要的作用是推动和协调系统内正能量传播的关键种群。企业是推动经济发展的主体,帮助民众解决了就业等问题,但是企业的目的是使得利润最大化,而这个目的可能会使得很多企业使用非正当手段(如销售低品质产品等),获取超额利润,继而损害消费者的利益,为社会带来负面影响。为了减少或者避免这种负面影响,政府需要执行其经济职能中的市场监督职能,引导企业走上良性发展的道路。高校是培育祖国花朵的地方,但有些高校为了提高自身的学术能力等,给学生施加过大压力,有损学生的身心健康。此时,教育部作为政府部门就应该制定相应的规则。网民是正能量传播的主要参与者,网民的生活与政府息息相关,例如当网民生活中遇到有关医疗、卫生等方面的问题时,政府可以通过提供相应的设施,提高网民的生活质量。媒体是正能量传播的重要途径,有些媒体,为了获得更高的收视率,大事渲染虚假信息,使得社会局部散发着不良风气。为了减少或者消除这种现象,政府可以制定相关的法律法规等引导媒体参与到正能量的传播中来。

(2)企业种群。企业是行动者网络生态系统中重要的参与者。它不但关系到国家经济发展的命脉,还关系着民众的就业,与民众的生活息息相关。可以说,如果没有企业,就无从谈及正能量的传播。企业为了拥有更高效的团队,通过企业文化、举办活动等为员工提供正能量;企业为使得客户认同自己的产品,通过正能量广告、企业文化等为客户提供正能量。

(3)高校种群。高校在行动者网络生态系统中起着重要作用,它是人才培养的场所,可以为系统提供人才资源。高校在正能量传播过程中的职责极其重要,在培养高素质人才时需要创造充满正能量的校园氛围。

(4)网民种群。网民是行动者网络生态系统中最主要的参与者。它在行动者网络生态系统中扮演着生产者和消费者两种角色。普通网民的一些感人事件,可以为社会传播正能量。明星网民可以通过其影响力,使得其粉丝共同参与一些公益事件,继而传播正能量。由于社会的不断发展,网民生活水平的不断提高,很多网民不仅仅满足于物质条件的丰富,还追求精神的丰裕,这就使得网民成为正能量的消费者。

(5)中介机构种群。中介机构在行动者网络生态系统中起着催化剂和黏合剂的作用。中介机构虽然不是正能量的直接主体,但却是主要的正能量辅助主体,在促进正能量传播主体间正能量信息等的产生、转移、扩散和反馈过程中起着纽带和桥梁作用。中介机构通过汇聚分散于政府、企业、高校、网民中的有关正能量的政策、信息、资源,实现正能量在行动者网络内的扩散。中介机构包括新闻媒体等,其职能是催化、裂变、促进、服务于正能量信息的传播。

2. 非生物成分

环境是影响行动者网络生态系统的存在、发展和演化的外部条件的总和。行动者网络生态系统的环境并不是系统外的所有事物,而是指系统内与正能量信息或活动有联系的事物。诸多正能量环境要素的共同作用,可以促使正能量信息传播或者活动的顺利进行。行动者网络生态系统的外部环境包括正能量政策、正能量资源、正能量文化、经济发展和正能量服务等。这些外部环境构成了产业技术行动者网络生态系统的非生物成分。

（1）正能量政策。正能量政策是政府为了影响正能量传播的速度、方向和规模,促进正能量普及而制定的一系列支持正能量信息传播或者活动的公共政策的总称。正能量政策作用于正能量传播过程中的不同层面,因此,可以将其划分为正能量供给面政策、正能量需求面政策和正能量环境面政策。正能量供给面政策指影响正能量供给的政策,包括对人力、财力、技术和公共服务等方面的支援政策。正能量需求面政策指政府以高校、政府、网民等对正能量的需求为着眼点,提供有利于产生正能量的基础设施,制定正能量传播的技术条件及民生需求等方面的政策等。正能量环境面政策指影响正能量传播的环境政策,包括舆论监督、知识产权等所有权、税收、法律法规等。

正能量政策是政府干预正能量传播的重要手段。它作用于正能量传播的各个阶段,在正能量传播的全过程中起到激励、引导、保护、协调等方面的作用。

（2）正能量资源。行动者网络生态系统的正能量资源环境是指系统得以持续进行正能量传播的一切人才、资金、物质资源的储备情况和获取渠道,它是系统正能量传播活动顺利进行的保障。正能量资源对正能量传播活动的影响主要表现在资源的可获得性和可利用性。

资金是正能量传播能否顺利进行的重要约束性资源。政府拥有足够的资金,才能扶持贫困地区等,才能为公众做好榜样;企业拥有足够的资金,才能有能力做好正能量广告,并为客户提供更好的产品,为客户传递正能量;高校拥有足够的资金,才能为学生提供更好的平台,让学生的日常学习与实践结合起来,使得生活丰富多彩;网民拥有足够的资金,才能更好地追求精神上的富足。

人力资源是正能量传播的另一重要资源。正能量传播归根结底是人的活动,人力资源的素质和利用情况决定了正能量传播能否成功。所以政府人员内部风气将影响整个社会的风气,企业管理人员的素养也将对员工产生影响,高校教师的师德会在潜移默化中影响学生的素养,明星网民与草根网民的行为也会对其粉丝产生影响。

物质资源是行动者网络生态系统进行正能量传播所需的基本要素。随着城市化的发展,很多民众都想逃离钢筋水泥的生活环境,自然景观可以让人开阔视野,这就需要拥有较为便利的交通工具,拥有私家车无疑使得人们增加了更多的说走就走的旅行。同时,很多大型活动,如一些公益性讲座也是正能量传播的重要途径,而这些活动则需要有一些基础设施,如大厅、桌椅等。

(3)正能量科技。正能量科技环境对行动者网络生态系统起到的是支持和推动作用。科技资源是系统内各个主体进行正能量传播的主要推动力,一方面科学技术的多样化,拓宽了正能量传播的途径,提高了正能量传播的效率与真实性,也使得正能量能够更加适应各个主体的多元化需求。另一方面科学技术的标准化使得各个主体很容易学会如何操作一些界面,如电脑界面等,使得信息的接受平民化。

科学技术是正能量传播能否顺利进行的重要约束性资源。正能量是否能进行有效的传播,往往与传播渠道是息息相关的。如果传播渠道少,传播渠道不畅,将阻碍某一行动者将正能量信息传播到其他类型行动者或者内部行动者,也阻碍信息从其他行动者反馈到该行动者。因此,多元化并畅通的传播渠道是正能量有效传播的必备条件。

(4)正能量文化。文化是一个民族的根、一个民族的魂,其力量深深熔铸在民族的生命力、创造力和凝聚力之中,影响着民族的进步与发展。通过文化建设,可以使社会各阶层形成共同的价值观念和思想观念,增强社会各阶层的归属感、认同感,进而增强民族的凝聚力,为经济和政治的发展提供强大的精神动力。用知识教育人、用文化引领人,即所谓"以文化人",这种文化是理性的、智慧的、创新的,是催人上进的,是真正推动国家富强、文明、进步的软实力,是文化强市、文化强国的精神支撑。

构建和谐社会离不开经济的繁荣,而经济与文化又密不可分。文化的功能在于引领性、导向性,它会成为城市发展的一种精神,并随着人民群众的实践和创造不断趋于完善。城市精神是一个城市人民群众的劳动财富，它也必须通过人民群众的劳动实践来把它发扬光大。让传递正能量的文化力转化为执行力，转化成一种务实的工作作风和态度，这样，求真务实之心才会与强烈的爱民、为民之心连在一起，政府才会将党和人民的利益、群众的安危冷暖时刻挂在心上，才会千方百计地去"求真"、想方设法地去"务实"，扎扎实实为民造福，才会增强服务意识、公仆意识，满腔热忱地为基层服务、为企业服务、为群众服务。

（5）经济发展。根据马斯洛需求理论，只有当人们的基本物质需求得到满足时，人们才会追求更高层次的需求，如社交需求、精神需求等。也就是只有当经济发展到一定程度时，人们才会考虑精神需求，才会考虑正能量需求。经济的发展不仅推动了技术的传播，为人们接受信息带来方便，而且也使得人们的生活水平提高，生活更加丰富化，这也间接给人们的生活带来了正能量。

（6）正能量服务。目前正能量服务环境对正能量的影响主要表现在旅游文化节、健身广场、文化讲座、志愿者服务等社会服务措施的作用上。正能量服务环境主要为系统内各个主体提供更社会化与生活化的服务。行动者网络生态系统内正能量服务环境效能的有效发挥，是系统正能量传播效率提升的重要途径。

行动者网络生态系统的技术创新群落和创新环境构成了系统的六层次结构，分别由企业和内部员工构成的企业正能量层；高校、教师和学生构成的高校正能量层；政府构成的政府正能量层；普通网民、草根网民和明星网民构成的网民正能量层；各个中介组织等构成的辅助正能量层；以及由正能量政策、正能量资源、正能量文化、经济发展和正能量服务等构成的外围创新环境层。

（二）行动者网络生态系统内部层次分类及关联分析

1. 行动者网络生态系统内部的行动层

（1）政府正能量层与企业、高校、网民正能量层的关系

①政府正能量层与企业正能量层的关系

政府对企业的正能量传播具有重要的引导和支持作用。政府通过制定

各种政策,加速企业产品的整体提升包括产品创新等,使其更能满足消费者的需求。政府为了使得企业拥有良好的发展环境,会对系统内公共社会服务和公共基础设施进行投资。此外,政府还通过地方性金融政策、税收政策以及财政政策,对行动者网络系统内的具有较好发展前景的企业进行税收优惠、资金补贴等,继而提高企业的发展速度。政府对市场还具有宏观调控作用,这样可以保证企业之间的公平竞争,形成一个良好的市场环境。和谐的竞争环境本身就是正能量的体现,同时也为正能量的传播创造了条件。企业对政府的政策也具有重要的调节作用,在政策的执行过程中,企业的反馈为政策的调整提供了依据。

②政府正能量层与高校正能量层的关系

政府与高校间具有较强的正能量传播关系,政府不仅可以在生活上给予高校学生生活补助,还可以为学生的学习条件打下基础。政府通过科研项目投资、为高校提供科研经费等,为高校提供便利的科研设备,继而有助于提高学生的专业水平。同时,学生是祖国的未来,作为创新的基础生力军,政府会鼓励高校开展创新,为高校提供活力。政府的财政投入为高校学生提供了重要机会,这种机会也意味着正能量的有效传播。而高校也为政府提供了人才,通过承担政府的科研项目,满足了政府在某些方向的需求。这种双赢,不但满足了各自的需求,也使得政府和高校不断进步,推动社会发展。

③政府正能量层与网民正能量层的关系

政府与网民的关系主要体现在网络舆情的重大作用上。网络舆情是指网民在一定时期的互联网空间内,对自己关心或利益相关的公共事务尤其是社会热点、焦点问题所持有的多种情绪、意愿、态度以及意见交错的总和。笔者认为,网络舆情强大的力量对地方舆情应对能力的提高有着重要的影响。网络舆情的形成,往往是以某一具体的公共事件为载体,比如涉及有关社会价值观、公共利益、政府形象、道德法规等相关事件。事件发生后各方意见开始在互联网上发表、传播、汇集然后发酵,以此强大的舆论效果,对地方势必产生巨大的压力。相关地方党政机关往往不得不面对舆论压力,出面解决。在很多情况下,当地政党机关很可能受到网络舆情的影响调整处理事件的措施。网络舆情这种作用可以看成是对地方的监督,这使得地方必须公开、透明的去处理事件。

中央和地方各级党政机关都在努力探索通过互联网有效听取民意、汇集民智、排解民怨的方法和途径。在这样的状况下，笔者认为各党政机关其实就有了两个基本任务：一是学会利用互联网，了解民意；二是多和网民互动和交流，认真听取民意、排除民怨。如此一来，各级党政机关能够了解民意，与民互动；也能和其他的党政机关等交流经验，互相学习。奠定了这样的基础，就能使得各级地方党政机关在危机事件发生时及时把握舆情的走向，能够有意识地利用互联网来及时地处理事件，而不是用传统的方法进行回避、保持沉默。

（2）企业、高校、网民正能量层的关系

①企业正能量层与高校正能量层的关系

企业要想生存，需要源源不断的创造力，而这种创造力则来源于具有一定知识基础和一定专业技能的人员的参与，而这些人才则主要来源于高校。随着时代的发展、竞争的愈演愈烈，大企业也越来越多的通过实行企业奖学金制度对高校学生进行学业以及生活上的支持和补助，继而实现对人才的争夺；而高校也为了提高就业率、进一步提高学生的综合素质，鼓励学生参与到企业的培训中将所学知识与实践结合。如果企业在日常管理和经营活动中有高校学生的参与，其创新水平等可能会进一步提高，而高校学生也将发现自身价值使得其智力水平得到进一步运用。从更深层次看，他们之间的关系解决了学生资金需求及就业上面的问题，继而为企业和高校，甚至整个社会带去了正能量。

②企业正能量层与网民正能量层的关系

企业可以通过企业文化来向员工和客户传达正能量。例如，南通爱普医疗器械有限公司企业文化的核心是"创产品为普通民众，视客户为好友亲朋，献爱心于天下贫穷"。企业还可以通过正能量广告，来向客户传达正能量信息。例如，红牛的广告语是"你的能量超乎你的想象"。同时，企业若销售质量品质较高的产品，也可以向客户传递正能量。再者，企业还可以通过热心公益与网民关联。由于经济的发展离不开精神的动力，没有脱离社会而独立发展的企业，企业广泛地支持和参与公益事业的发展，不但体现了一个企业的经济实力,也体现了企业的社会责任感。从而可以得到员工和客户的信任。这种信任关系本身就可以传达正能量。

2. 行动者网络生态系统内部的辅助层

(1)对于网民

当谈到辅助正能量层对网民的功能时,就暗示了这里的辅助正能量层主要是指网络媒介。网络媒介与传统媒介相比,主要具有虚拟性、互动性、便捷性等特点。网民可以通过博客、微信、网络论坛、新闻评论等获取信息。相比于传统媒介,网络媒介使得网民的地位得以提升,可以使得网民由被动的信息接收者,变为主动的信息的传播者和生产者,拥有了一定的话语权。因此,网络不仅为网民搭建了一个快速自由获取所需信息的平台,还为网民搭建了一个自由发表观点的平台。当然,这也为网络舆情的产生奠定了基础。

(2)对于政府

网络媒介有利于帮助政府有效化解某些问题。网络媒介为政府接收其他行动者的反馈信息提供了便利条件。政府可以通过网络媒介了解重复发生的某类问题或成为公众热议的议题。同样,政府也可以通过网络媒介表明自身态度,并采取大量措施来引导舆情或者化解某类问题,至少从表面上消除此类问题。

(3)对于企业

媒体是企业联系公众、开拓市场的桥头堡。我们知道社会是怎么分工的,媒体之所以叫"媒"是因为其有这样一个信息中转站的作用,企业要发布产品广告、发布战略计划,研讨和反映行业的问题等都离不开媒体,如果没有媒体的话企业市场推广可以说是难以想象的。熟悉媒体运作的规律、与媒体关系比较紧密的企业往往能够在产品推广、市场推广方面占领先机。同时,媒体还可以保护企业利益相关者的权益(例如消费者的权益、员工权益、社会公众的利益等),继而实现利益共赢。从某一角度来讲,实现了行动者之间的利益共赢,就实现了正能量的传播。

(4)对于高校

高校校园媒体可以"以高尚的精神塑造人,以正确的舆论引导人",高校媒体是高校重要的宣传阵地,主要包括校园新闻网、校园广播、有线电视和校报等形式。它可以进行事实报道和理论宣传,继而使得学生自由地获取信息,创造出一个良好的传播氛围。高校通过在校园网站中设立心理健康平台、思想政治教育平台等,为学生传播正能量。同时,校报可以通过对某些事件深度的评论,引导受众做理性思考,为高校带去正能量。

3. 行动者网络生态系统内部的环境层

行动者网络生态系统的正能量环境层与政府正能量层、高校正能量层、企业正能量层、网民正能量层、辅助正能量层具有密不可分的关系。系统内正能量主体的行为促进了正能量环境的形成,正能量政策是由政府制定和推进的。政府、企业、高校和科研机构、网民等为系统提供了物质、人力、知识、技术等资源,形成了系统的正能量资源环境。系统的正能量市场环境与企业的市场竞争、技术创新状况密切相关。企业、高校和科研机构的技术水平决定了系统的科技环境。中介机构所提供的服务形成了系统的正能量服务环境。行动者网络生态系统内正能量主体间的正能量传播意识和正能量传播氛围影响着系统的正能量传播文化环境。行动者网络生态系统错综复杂的要素关系,构成了行动者网络生态系统的层次结构(如图4-1)。

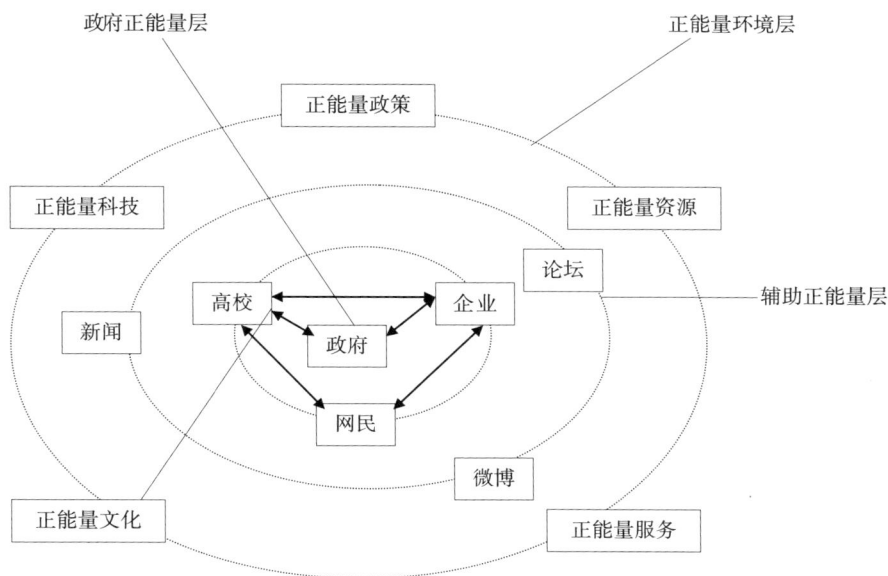

图4-1　行动者网络生态系统框架图

三、行动者网络生态系统的功能

行动者网络生态系统与外界环境相互影响、相互联系、相互作用的过程中表现出来的能力和秩序体现了行动者网络生态系统的功能。其表现如下：

（1）资源功能。对于各个主体来说，由于资源的稀缺性，在整个社会环境中，各个主体获得及可利用的资源是有限的。而在行动者网络生态系统内，有着相同利益诉求的主体聚集在一起，正能量主体间通过密切的合作，实现了某种资源在系统内的合理配置。行动者网络生态系统可以实现资源的有效利用，具有资源配置功能。

（2）环境适应功能。对于企业来说，在日益变化的外界环境的影响下，单个企业的技术创新面临着诸多挑战。而行动者网络生态系统具有与环境相协调的驱动机制、协调和支持机制，促进了系统内正能量主体对环境变化的自适应、自调节和反馈。行动者网络生态系统能够实现系统与外界环境的动态平衡，具有环境适应功能。

（3）信息共享功能。行动者网络生态系统内的行动者主体间信息能够彼此共享。对于政府来说，可以及时了解舆论动向，能够及时引导舆论的正确走向。对于企业来说，可以及时了解市场动态和顾客需求，还能够及时掌握系统内其他相关主体的运行状况。对于某一高校来说，可以学习其他高校的经验，了解企业动态及政府政策，及时调整教育方向。对于网民来说，可以及时获知有益信息。此外，行动者网络生态系统内的各个主体间通过交流与合作，促进了主体间的相互学习，促使整个行动者网络生态系统成为一个学习型组织，从而更推进了系统内的信息共享。

（4）规模效应功能。对于地方政府来说，其主要目的是为了实现该地区的发展，所以具有相似特征的地方政府可以协作发展。对于企业来说，可利用资源的有限性限制了企业主体的创新和发展规模，而行动者网络生态系统为系统内的企业主体提供了新的发展机遇。行动者网络生态系统内的企业主体可以很容易地识别出它在价值链中具有核心竞争力的环节，通过将有限的资源应用于此核心环节，并与其他企业主体进行核心能力的互补，实现创新主体与其他相关主体的规模效应。对于高校来说,可以与企业合作,使得学生可以实现由学生身份到社会成员身份有效的转变。对于网民来说,具有相似特征的网民可以聚集到一起,这不仅仅使得网民找到归属感,还能形成一股更强大的力量,体现中华儿女的同心协力。

第二节　行动者网络正能量传播的聚集机制

正能量的传播离不开行动者网络及环境的构成要素的互动,因此,本书从正能量主体的聚集机制、资源的聚集机制等各个方面,探讨正能量是如何在行动者网络中聚集并传播的。

一、正能量主体聚集机制

（一）正能量主体聚集的不同模式

在生态系统的形成阶段,一些物种扩散到某一环境,经过定居、竞争等过程,某种生物的基因在该环境中显现出生存优势,携带该基因的优势种群开始形成,围绕优势种群,其他相关物种开始聚集,逐渐呈现群落雏形。行动者网络生态系统的形成也具有此特点,围绕优势正能量主体,关联正能量主体开始聚集,从而促进了系统的形成。在行动者网络生态系统的形成过程中,正能量主体的聚集一般可划分为四种模式:以政府为主导或支持的正能量主体聚集模式、以企业主导的正能量主体聚集模式、以高校推展的正能量主体聚集模式、以正能量需求推动的正能量主体聚集模式。

1.政府为主导或支持的正能量主体聚集模式

政府主导或支持模式也是行动者网络生态系统内正能量主体聚集的常见模式。政府职能分为经济职能、政治职能、文化职能和社会职能。

政府的经济职能是指政府为国家经济的发展,对社会经济生活进行管理的职能。为了实现经济职能,政府需要进行市场监控,对企业的行为进行管制与引导,同时,政府需通过政府管理、制定产业政策、计划指导、就业规划等方式对整个国民经济实行间接控制,并发挥社会中介组织和企业的力量,与政府一道共同承担提供公共产品的任务。因此,政府需要主动制定相关政策引导企业发展,并为使得整个社会经济更好地发展,对企业进行一些资金补助。同时,为了实现经济发展,政府可通过政策扶持,将企业和高校等联系起来。

政府的文化职能是指政府为满足人民日益增长的文化生活的需要,依法对文化事业所实施的管理。这就需要政府发展教育,即政府通过制定社会教育发展战略,优化教育结构,加快教育体制改革,逐步形成政府办学与社会办学相结合的新体制①。因此,政府需主动与高校联系,制定相应政策以实现教育体制的完善。

政府的社会职能主要是指调节社会分配和组织社会保障的职能、促进社会化服务体系建立的职能等。这就需要政府通过制定法律法规、政策扶持等措施,促进社会自我管理能力的不断提高等。随着经济社会的不断发展,网民数量的不断增加,政府信息愈来愈透明化,这也引发了很多正面和负面的社会舆论。由于网民受教育水平、道德素质等方面都存在差异性,对信息的理解也千差万别,但是人言可畏,三人成虎,原本没有任何意义的信息也可能被附上负面价值。政府若想使得社会安定,则需要安定网民的情绪。

在这个过程中,政府充分发挥其扶持作用,利用自己的职能优势吸引正能量主体聚集到一个行动者网络生态系统中。在这种正能量主体聚集模式下,政府引导着各正能量主体系统网罗人才和知识,促进合作各方的紧密配合和深入了解,从而推进了行动者网络生态系统的形成进程。

2. 企业主导的正能量主体聚集模式

正能量主体聚集模式在正能量传播网络耦合互动中,网络结点间耦合关系的演变促进了企业的地位提升,它们对网络整体具有较高的权力影响力,对其他结点组织高度依赖,这样我们称整个网络模式为企业主导的正能量主体聚集模式。行动者网络生态系统往往是以企业为核心,其他行动者围绕企业产生利益诉求或其他信息需求关系,系统内企业致力于满足其他

---

① 沈月、赵海月:《生态文化视域下生态教育的内涵与路径》,《学术交流》2013年第7期。

行动者的需求。行动者网络生态系统最初的形成可能是源于企业为实现利益最大化而与其他行动者进行聚集。企业为了实现自身发展,与其他类似企业合作继而形成企业种群。企业与政府关系融洽,不仅可以吸收更多的资金,还可以开拓更广阔的市场,如接受政府项目等。因此,企业会主动与政府合作,形成一种互动。创新对于企业的发展尤为重要,而创新则离不开创新人才,高校恰是培养人才的聚集地,因此,企业会主动与高校合作,形成一种联盟。企业若想持久发展,必须拥有潜在的客户或者忠实的老客户,这就需要企业主动为客户提供一些特有的产品或服务。然而单单靠老客户的口口相传带来的客户是很有限的,而网络则使得企业拥有了更好的口碑传播途径。首先,老客户得到很好的产品服务后,可以通过网络对产品进行评价,其评价将会对潜在客户产生影响;再者,企业可以通过网络传达企业文化,引起网民共鸣,在这里网民本身可能就是企业的潜在客户,或者网民口头传达给普通民众也会为企业带来客户。因此,企业会主动向网民传达一种良好的企业形象。

在"企业主导"的行动者网络生态系统正能量主体聚集模式中,企业是此生态系统中的核心物种,企业为了实现利益最大化与其他行动者联系形成网络。此种模式形成的行动者网络生态系统的特点是:企业处于领导地位,主导着与其他行动者的合作或联系。在核心企业的引领下,正能量主体不断聚集,进而形成行动者网络生态系统。

3. 学校推展的正能量主体聚集模式

在行动者网络生态系统的正能量主体聚集过程中,高校推展也是一种常见的正能量主体聚集模式。高校在行动者网络生态系统中扮演者高新技术提供者、知识生产者、人才培育者、研发合作者、科技项目合作者等角色。高校教师可以自行创办企业为学生提供平台,还可以通过与企业合作为企业带去人才资源等。高校通过孵化器、科技园、研究中心等进行了资本和知识的整合,不仅鼓励了创业,而且促进了相关企业的聚集。高校、政府的密切合作和良好互动,为以高校为核心的行动者网络系统内的成员的需求实现提供了良好的氛围和条件。以高校为核心,相关正能量主体不断推展或聚集,从而形成了行动者网络生态系统。

4. 网民主导推动的正能量主体聚集模式

在以网民主导推动的正能量主体聚集模式中,网民处于核心主导地位。经济水平的提高使得网民不仅仅满足于温饱的生活,还对生活有着更高质量的追求。

网民的需求引导着企业产品的更新。例如,2013 年 2 月福特力邀网民全面参与到新款嘉年华的营销活动中,并担当起营销人员的角色,贡献营销创意和素材,促进车型宣传。福特选取 100 名相对更具社会知名度和影响力的网民,并提供新款嘉年华供其试用一年。作为交换,这些网民将通过亲身的试驾体验设计制作视频、图片等车型宣传材料,交由福特通过各大社交媒体登出,或作为福特进一步制作广告的基础素材。

网民的需求引导着政府执政。中国十多亿人,而网民规模超过六亿。"问政于网"越来越成为问政于民的重点和新常态。如今,网络已是群众最重要的表达途径之一,群众已越来越喜欢通过网络反映民意、表达诉求、咨询政策、反映问题。特别是对于基层群众来说,网络表达诉求的通道更方便、直接,网络呼声往往更加真实、接地气。采纳"网民留言"也是重要的网络问政手段。目前,全国已经有 96% 的省份,近 70% 的市,45% 的县开通网民留言等方式①。根据人民网《地方领导留言板》栏目显示的数据,目前全国网民留言办理单位已近 2000 家,工作人员有五六千人。可以说,网络架构起了群众与政府干部沟通和互动的桥梁。作为政府,就要利用好网络的平台,通过问政于网而问政于民,通过网络让人民真正当家作主。搜集民意只是手段,倾听民意正确决策才是最终目的。国家需要更多的建设性声音,掌握网络舆情,对于了解群众真正的意愿非常关键。希望网络呼声能成为政府吸取民智、凝聚力量的源泉,真正成为决策的"参谋"。作为党政干部,就要从网民中来,到网民中去。网友敢于留言,当地的党政领导就要敢于理政。通过网络问政,倾听网民呼声,积极回应网民诉求,做到交流时能以理服人,认错时能坦率真诚,挨骂时能冷静对待,就能把握好网络导向并为其

---

① 杨晓波:《国务院十大政策是什么,你说了算》,2014 年 12 月 9 日,见 http://news.xinhuanet.com/fortune/2014-12/09/ c_127287653.htm。

所用,并将吸纳群众对党政工作好的建议和意见,作为政府决策的基础依据;把国家的方针政策传达到基层群众中去,把党和干部的温暖送到群众心坎里。

学生网民引导着高校的教育方式。2013 年,学生依然是中国网民中最大的群体,占比 25.5%①,互联网普及率在该群体中已经处于高位。教育要积极面对这种变化,要在充分调研的基础上制定好教育的对策,为传统教育向网络社会的教育转型做好准备。基于网民需求的满足和其他行动者密切相关,从而奠定了行动者网络生态系统的基础。

5. 聚集模式对比

以上四种行动者网络生态系统正能量主体的聚集模式都各有特点,不同的行动者网络生态系统内主体的条件不同时可以选择不同的模式。

"政府主导"的正能量主体聚集模式是以政府职能的实现为目标而形成的行动者网络生态系统。政府通过引导各个行动者,使得各个行动者能够聚集起来,鼓励企业和高校建立合作,并引导舆论传播,使得社会充满正能量。该模式下,系统内正能量主体的活动主要围绕政府展开。

"企业主导"的正能量主体聚集模式针对的是系统内企业占有重要地位,以企业利益的实现为核心的生态系统。在这种情况下,系统内企业的核心地位已经形成,且企业的发展能力和市场影响力均较强。系统内企业具有强大的实力,且发展较稳定,政府的参与较少,行动者网络生态系统的形成基本靠企业的良性利益诉求自发形成。但由于中国的经济正处于转型期,很多企业的发展不够稳固,且竞争激烈,并存在一些恶性竞争,这就需要政府更多地参与。因此,此种模式对于当下来讲,并不适合。

"高校推展"的正能量主体聚集模式针对的是系统内不具有企业的引领,地理上聚集的高校在某个技术领域具有超群的实力和发展潜力的行动者网络生态系统。在高校的引领下,推展出众多该产业领域的企业,并吸引相关产业聚集在附近。这种模式的行动者网络生态系统具有地理上的临近

① 陈健、杨波:《解读网民结构:学生依然最大群体向低学历人群扩散》,2014 年 1 月 16 日,见 http://it.people.com.cn/n/2014/0116/c1009-24139978.html。

性的特点,且系统内的企业、高校的实力均较强。

"网民主导"的正能量主体聚集模式是因网民的需求与其他行动者息息相关,继而形成的以网民为核心的行动者网络生态系统。但这种方式适用于人文素养很高、且民众的自觉性很强的社会,否则,人容易受到外来信息的影响,分辨不出真假。

表 4-2　正能量主体聚集模式对比

模　式	特　点
以企业为主导的正能量主体聚集模式	系统内企业的核心位置已形成,且企业的发展能力和市场影响力均较强
以政府为主导或支持的正能量主体聚集模式	政府通过引导各个行动者,使得各个行动者能够聚集起来,鼓励企业和高校建立合作,并引导舆论传播,使得社会充满正能量
以高校推展的正能量主体聚集模式	高校具有很强的人才培育实力及较大的社会影响力
以网民主导推动的正能量主体聚集模式	网民的人文素养等很高,自觉性很强

以上四种正能量主体聚集模式是根据行动者网络生态系统初建时的条件划分的。在行动者网络生态系统的形成过程中,政府、企业、高校、网民等会根据不同的情况发挥作用。由以上分析可知,对于当今社会比较适合的是以政府为主导或支持的正能量主体聚集模式,通过政府的引导及其他各个行动者的参与,最终形成完整的行动者网络生态系统,如图 4-2 所示。

随着网络的发展,传统的大众媒介正遭受以网络技术为支撑的各种"自"媒体的不断冲击,人人都可以当麦克风。微博、微信等网络"微"平台的应用很好地说明了行动者网络生态系统正能量主体的聚集过程。微博、微信等"微"平台,通过相互关注等关系将行动者联系起来。这些平台使得信息由单向流动变成了双向沟通,公众由受众变成了传播者,越来越多"沉默"的人也通过网络发声。同时,这些平台也使得网络从最初的信息传播工具发展成为传播内容的发源地。网络传播的开放性使得公众获得了空前的自主和自由,国内一系列重大事件,都是因为网络传播导致效应被无限放

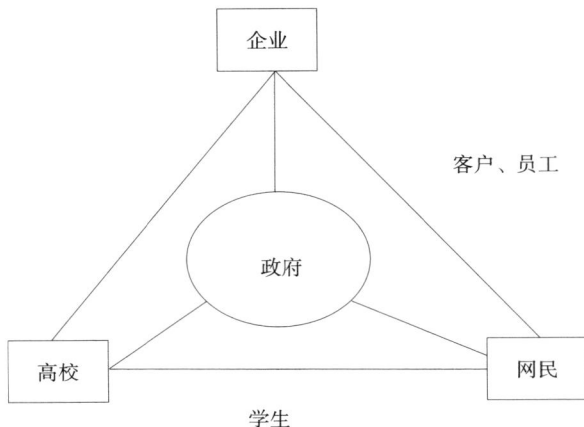

图4-2　行动者网络生态系统正能量主体聚集图

大。互联网已经成为社会矛盾的聚焦点、放大器,网络舆论更加错综复杂。由于国内外形势纷繁复杂,参与网络舆论的人员良莠不齐,群众思想意识和社会经济多元、多变、多样化发展,谣言也可能会被当作事实传播,这势必会引起社会动荡及不安。"国,无法则乱;民,无法则贫",可见,舆论引导工作关系到国家的安全和社会的稳定,关系到党和人民事业的兴衰成败,所以这也是政府自身建设的一个重要方面。政府参与舆论引导,实质上就是进行正能量引导,最终形成以政府为主导的行动者网络生态系统。

（二）正能量主体聚集的传播媒介

行动者网络生态系统的正能量主体聚集后,便会形成错综复杂的正能量传播关系,与生态系统成员间形成食物链一样,行动者网络生态系统的正能量主体间,以需求为纽带,也会形成各种各样的正能量传播链。归纳起来,可分为同类行动者间形成的同类正能量传播链、企业与高校间形成产学研技术正能量传播链以及以政府为主导,以媒体为中介的辅助正能量传播链三种。这三种正能量传播链可以带来多种多样的正能量。

1.同一层次的传播媒介

（1）企业正能量传播链的形成

行动者网络生态系统的形成过程中,伴随企业的不断发展,企业间的正能量传播链条逐渐形成。企业正能量传播链主要包括横向的正能量传播链和纵向的正能量传播链。

①企业横向正能量传播链的形成

行动者网络生态系统企业横向技术正能量传播链指的是企业与企业之间的合作共赢关系,如创新关系等,这可以为企业带来创新正能量。在行动者网络生态系统形成过程中,为了增强实力,引进外来资源,增进创新,企业与企业之间会聚集到系统内,进行技术研发等方面的合作,在这个过程中,企业与企业之间也会就共性技术展开合作。在传统的线性价值链中,企业与企业仅仅是竞争关系,而在行动者网络生态系统中,企业与企业间均变成了协作竞争关系。企业之间的合作,不但可以使得企业尽快扩大市场占有份额,加快企业发展,还可以帮助企业吸纳技术、提高经营管理能力,如获得某项技术为合作企业带来创新正能量等。

②企业纵向正能量传播链的形成

行动者网络生态系统企业纵向正能量传播链指的是供应企业、销售企业和客户之间的正能量传播链条。供应企业的优质原料或者成品是销售企业销售高质量产品的保证,而销售企业的产品又流通到了客户群体之中,形成了企业纵向正能量传播链。供应企业、销售企业和客户的聚集实现了与正能量相关的产品价值的共同创造。它们之间以合作为主,不同结点企业之间有可能联合,共享资源,如一起研发、生产、销售等。但与此同时,销售企业与供应企业、用户之间,在创新收益方面也存在着间接的竞争,销售企业只有合理控制住来自于供应商的成本,建立畅通的销售渠道,才能获得最大的收益。此种方式,不仅可以为各个环节的企业节约成本、提高产品质量,还可以让利给客户,继而可以带来更多的产品正能量。

(2)网民正能量传播链的形成

随着科技的不断进步,人们使用互联网的方式也在不断变化。论坛、微博等的不断出现,说明了网络交流平台的日益改进与更新,也说明了信息的传播形态也在不断演进。通过交流平台的演进过程——SNS、新浪微博、微信等,我们可以发现这些演进形态离不开网民互动的便利性。下面我们以新浪微博为例,来说明网民正能量传播链的形成过程。相比于腾讯微博等其他形式的微博,新浪微博的发展比较成熟,各项功能如分类等也比较完善。首先,由于新浪微博职业分类明确,网民可以通过关注相关领域的专家来获取所需信息,也可以通过评论、私信等联系相关领域专家,获得所需信息。同时,网民也可以关注感兴趣的人如亲朋好友等,可以增强彼此间的关系。再者,随着时代发展,娱乐明星演变成网络大V,这些拥有很多粉丝的娱乐圈人物通过发布一些公益活动公告等,来带动其他网民的积极性,继而为社会带去正能量。同时,新浪微博作为一个人人平等的社交媒介,每个网民可以自由地发表自己的一些观点,抒发自己的感想,也可以获得被关注以及持有相同观点的人的赞同,继而引起心灵的共鸣。

相比于传统的、正式的、官方的媒体平台,新浪微博使得信息更加生活化、亲民化,使得网民拥有属于自己的空间和舞台,这也使得其在人们的生活中占有重要地位。新浪微博通过信息的传达,将原本毫无关联的网民紧密地联系在一起。

(3)辅助正能量传播链的形成

在行动者网络生态系统中,政府在正能量的传播过程中主要起着引导作用,同时正能量的传播也离不开媒体等中介机构,这就形成了辅助正能量传播链。

行动者网络生态系统的目的是通过正能量主体之间的协调使得正能量得到更高效的传播。政府通过制定政策法律等对正能量主体的活动进行指导和扶持,从而形成了行动者网络生态系统中的行政链,对整个系统的正能量传播起引导作用。政府的有效引导离不开媒体的传播。从某种层面上讲,媒体等中介机构起着桥梁的作用,连接着正能量主体。下面我们以政府通过媒体引导企业、高校正能量为例来说明辅助正能量传播链的形成。

①媒体对政府与网民的辅助

网络使每一位网民都有了麦克风,汇聚后的网络监督力量变得势不可当,广大网民群众通过对政府、公职人员的监督,让一些腐败分子、腐败行为现形,推动了反腐事业的发展。网络传播具有及时、透明的特点,加上网民人数多、群众力量大,对反腐提供线索很有帮助。党的十八大召开后中央高度强调反腐,决心满满,使得公众网络反腐的热情更高涨,我们需要保护和激励公众的这种反腐热情,但必须加以科学的引导,才能让网络反腐成为一种长期、有效的反腐力量。

官员腐化堕落的信息在网上广泛传播,实际上也有一定的毒害作用,如可能对未成年人产生不良影响、使民众对政府公信力产生质疑等。过于依赖网络反腐,会让民众产生错觉,以为官员经不起网络公开,或是觉得经由网络公开被查处的腐败分子只是少数的漏网之鱼,进而对纪检监察部门反腐倡廉的效率产生质疑。网上只要出现某位官员的消息,网民必然以为其是贪官进而群起攻之,出现激进甚至极端言论。一些人借"网络反腐"歪曲事实、进行人身攻击甚至打击报复,对反腐倡廉工作和社会稳定带来干扰。

可见,"网络反腐"是把"双刃剑",需要权威部门及时介入,畅通政府与网络、公职人员与网民之间的沟通渠道,形成良性互动机制;需要形成制度化,实现制度反腐对互联网反腐的有效承接,在正确的引导下发挥正能量;需要健全权力公开运行机制,让人民监督权力、让权力在阳光下运行。只有这样,才能让网络监督更加有力,让民意反腐更加顺畅。

②媒体对政府与企业的辅助

在战略性新兴企业激烈的国际竞争中抢占先机,一方面要充分发挥政府的正能量,另一方面也要防止违背市场规律的"揠苗助长"。

企业的成长,有赖于政府在财政、税收、土地等方面提供支持,但也需要找准支持的方向,把握好度,不能越俎代庖。要真正确立企业的主体地位,尤其要防止回到以往靠行政力量推动的旧路径,发展战略性新兴产业本是机遇,但如果不能处理好政府和市场之间的关系,机遇就可能白白流失,甚至因此背负沉重的负担。

综上可知,行动者网络生态系统中,媒体机构是正能量主体的黏合剂,对整个系统的正能量传播活动起到催化作用。当媒体机构对其他正能量主体,比如企业,提供品牌传播服务时,就形成了行动者网络生态系统的服务链。正能量服务链的形成,促进了系统正能量主体间的密切联系,其形成和健全是行动者网络生态系统形成的重要标志和保证。

2. 不同层次的传播媒介

（1）产学研

在行动者网络生态系统中，除了企业间形成了横向和纵向的正能量传播链之外，企业与高校、科研机构等之间的产学研正能量传播链也逐渐形成，这可以使得企业自觉地、积极地、主动地为人才培养作贡献，继而带来人才培养正能量，而其中的关键是互利互惠。

相比于政府来说企业界可以为高校提供相对多的科研经费。产学研不单单是指一个简单的概念，它已经成为将科学技术成果投入使用的有效途径，由产学研正能量可以引发创新正能量、产品正能量等。很多实践经验都表明，企业与高校、科研机构等之间的合作可以使得相互之间以对方之长补己之短，例如，高校只是为学生提供一个理论知识学习的平台，缺乏实际操作能力锻炼的机会，若离开实际、不与实际相结合的理论是没有意义的。企业可以为员工提供实践环境，但是企业的许多员工则由于毕业年限较久等原因，理论知识匮乏，高校与企业两者的结合可以达到一种相对完美的状态，也能发挥各自的优势。由于他们之间的合作使得各自的优势得到充分发挥，继而对社会经济的发展也有着重大的积极影响。

虽然产学研正能量传播链的形成体现了高校、企业等之间的合作关系，但这种合作关系也是有条件的。只有高校的知识或者科研能力与方向满足企业在实际创新或生产中的需求时，才能形成产学研正能量传播链。企业可以帮助高校将看似无用的成果转化成具有现实意义的产品，同时也可以从中获取高额利润并提高自身的核心竞争力等。如果从人才培养这方面来讲，产学研正能量传播链还可以为社会的稳定以及社会的发展带去正能量。

产学研正能量传播链的形成也伴随着科技资源、人才资源、财务资源等的流动，也就是说正能量主体之间在满足各自的需求时，会自发地伴随资源等的流动。

（2）政民

网络的发展使得民众与政府的关系越来越紧密。由于微博、社交论坛等的出现，政府也越来越容易听到网民的声音。当然，这也使得网民在舆情中的传播地位越来越高。下面以政务微博为例来说明政民正能量传播链的形成。

微博的形成也说明了信息传播模式的改变,通过网民的传播,一些原本只是简单的热议话题也可能逐渐引发出大的网络舆情事件,而这可能关乎社会的稳定。这也在一定程度上引发了很多政府部门开通政务微博与网民进行积极实时的互动行为。

政府部门积极通过政务微博发布信息,不仅能及时回应网民关切,更能促进网民对政府政策的理解和支持,促进政民互动正能量的传播。不少地方政府和部门,更是把政务微博当作展示政府和地方形象的"窗口"。

政府信息发布须具备完整性和系统性,因此,政务微博之间的"抱团"效应非常有效。事实证明,那种"散兵游勇"式的信息发布,和"一阵冷一阵热"的信息发布,无法实现政民之间持续、有效和常态化的沟通。而对于当前政府信息公开程度来说,与民众的期望尚有一定的差距,需要完善和努力的地方仍然很多,这就提醒各个开设政务微博的政府部门,需要切实以构建服务型政府的态度,认真做好政务微博的常态化更新,为公众提供最真实、最权威、最及时的信息服务。

微博的力量在于互动,这种互动精神就是政府和民众之间的正能量,相信随着更多政务微博用户的入驻、更多特色集群的开设,以及更多政务微联播的开展,政务微博联播能搭起一座政民心连心的桥梁,更好地服务社会发展,传递政民互动正能量。

总之,微博是网络时代的新生事物,为广大民众所喜欢和运用,成为数亿网民喜闻乐见的沟通交流媒介。微博虽小,但反映许多社情民意。党政机关及其公务人员积极运用这个新媒介,上网与网民开展微博互动,体现的是一种以民为本、尊重民意、服务民生的大情怀,传递的是正能量。

上面我们对正能量主体聚集机制进行了分析,各个主体并不是独立的,而是相互作用存在的,这就形成了一个基于正能量的网链结构,由政府、企业、高校和网民等构成。供应商、销售企业和顾客用户形成了一条纵向企业正能量传播链,并与合作企业构成了企业正能量网状结构,企业、大学、科研院所形成了一条产学研正能量传播链,网民与政府形成了一条政民正能量传播链,政府、媒体等形成了一条辅助正能量传播链。正能量传播生态网络中企业正能量传播链、产学研正能量传播链、政民正能量传播链、辅助正能量传播链等的形成和发展是一个共同进化的过程。在行动者网络生态系统初始生成时,各个正能量传播链在自身内部也有着巨大的强连接作用,可以形成某种形式的连接模式,而为了实现利益共赢,不同的正能量主体也以某一共同目标为桥梁,进行连接,这种互相推进、互相演进的模式,最终会演进成相互补充、相互协调的稳定体制。随着各个正能量主体之间的利益不断协调、不断博弈,最终会达成一致,为共同的大目标即正能量的持续传播而努力,此时,也形成了稳定的正能量传播链条。而行动者网络生态系统正是由这些链条的相互联系、相互作用、相互影响而形成的。

由于行动者正能量网络对应生态系统中的食物网,因此我们可以将其称为正能量传播生态网络。食物网中的食物链越单一,食物网越不稳定,这是因为如果低营养级的生物种由于自然灾害等走向消亡,那么同一链条中的高阶段物种也将快速消亡,生态系统也因此会破裂。生态系统要想得以平衡发展,食物链之间的关系要越复杂,即食物网越复杂。正能量传播生态网络也是一样,它是企业、政府、高校、科研机构、网民、媒体等组织在长期的利益协调和交流中所形成的稳定的正能量传播网络。这种正能量传播生态网络形式对正能量的高效传播具有重要的作用,不仅为正能量主体提供了正能量信息,满足其精神需求等,还可以为正能量主体间的交流和合作提供平台,为正能量主体的目标实现带来正能量。例如,正能量传播生态网络可以有效降低企业主体在技术创新活动中面临的市场和技术的不确定性,克服技术创新个体在进行复杂的技术创新活动时所面临的能力局限,形成稳定的技术创新联盟,为企业技术创新带来正能量。

二、正能量资源聚集机制

正能量资源的聚集伴随着正能量主体的聚集而发生,正能量资源包括人力、物质、财务、知识、技术等。正能量资源的聚集是经过正能量主体聚集后形成的静态正能量资源自然存在的过程,以及正能量资源在行动者网络生态系统内的积累、优化和整合的过程。

(1)人力资源。人力资源是指具有劳动能力的总人数,行动者网络生态系统中的人力资源不仅指人力资源的劳动力属性,还包括人的智力属性。在行动者网络生态系统中,高校是人力资源的提供者,人力资源是创新活动展开的主要来源。人力资源可以为政府带来正义正能量,例如,"近朱者赤,近墨者黑",环境对人的影响是巨大的,如果政府拥有大量的高素质人才,则整个风气也会不断净化;人力资源可以为企业带来创新正能量,例如,优质的创新人才可以给企业带来创新的动力,使企业充满创新活力;人力资源可以为高校带来学习正能量,例如,高校的教师教学水平很高,用较好的方式引导学生学习,那么学生也会在潜移默化中受到影响,继而提高自身能力。

（2）财务资源。财务资源指的是传播正能量所需要的资金和贷款等。金融机构与政府是行动者网络生态系统中重要的财务资源供给者。财务资源可以为企业带来创新正能量,比如,当企业想要研发某一产品,但资金匮乏时,政府可以提供相应的补助;财务资源可以为高校带来科研正能量,政府对学校的补助可以使得高校有足够多的资金投入科研中,也有利于培养科研人才。

（3）物质资源。物质资源指的是正能量传播所必需的有形资产,包括基础设施、土地、厂房、设备等。行动者网络生态系统中的物质资源主要来源于政府、企业、中介机构等组织,通常也离不开政策的支持。物质资源可以为普通民众（包括网民）带来诸如健身方面的正能量,政府提供一些健身器材,使得民众在忙碌工作的闲暇进行锻炼。

（4）科技资源。科技资源指的是正能量活动所需的相关技术、工艺和方法。科技资源的提供者主要有高校和科研机构等,企业间的合作也是科技资源流动的一种重要途径,而技术市场等中介平台也间接促进了科技资源的聚集。科技资源可以为企业带来创新正能量,"不积跬步无以至千里,不积小流无以成江海",任何创新产品的出现,都不是偶然的,都需要科技资源的累积;科技资源可以为网民带来正能量,技术产品的出现,可以使得网民的生活更加便捷,比如手机上网服务的出现,使得网民更方便快捷地了解所需信息等。

（5）信息资源。信息资源指的是与正能量活动有关的机会、情报、市场需求、政策等。在行动者网络生态系统中,媒介机构是创新信息资源的主要提供者,媒介机构的服务能够及时地给系统内的主体提供各种信息。信息资源可以为政府带来舆论引导的正能量,例如,网民的反馈通过信息的形式表达出来,政府可以根据反馈信息,来调整舆论方向;信息资源可以为企业带来情报正能量,例如,信息资源可以使得企业及时了解市场动态,使得企业能够根据市场需求来调整企业决策等;信息资源可以为高校带来人才培养正能量,例如,高校可以根据时代需求,来调整教学方式,继而培养与时代相应的人才。

(6)知识资源。随着知识管理的兴起,知识资源也越来越重要,甚至有人说未来的时代是知识的时代。知识可以分为显性知识和隐性知识,显性知识是指能够通过语言、文字等传达的知识,而隐性知识则是隐藏于人头脑中的知识。知识资源则是在正能量的传播过程中所需要的知识。在行动者网络生态系统中,显性知识可以通过网络媒体等传达给各个行动者即正能量主体,为各类行动者带来学习正能量。各类行动者可以通过网络媒体中的显性知识学习专业知识,提高自身的专业素养。而隐性知识则主要通过人才资源的流动才能实现其传播,高校、科研机构以及企业之间的产学研正能量的传播恰恰说明了这一点。高校可以为企业提供科研人才,将隐性知识应用于其中继而实现科技成果的研发,创造出新的科技产品。由此可见,隐性知识可以为系统带来产学研正能量。

(7)无形资源。除了以上资源外,无形资源也是行动者网络生态系统的一种重要资源,它包括系统的声誉、系统内的氛围、意识等。

在所有的资源中,人力资源和财务资源是系统正能量传播的关键性资源,知识、技术等的积累离不开前期人力和财力的投入。而知识、信息、技术、物质等资源是行动者网络生态系统的共享性资源,对正能量主体间的协作起到黏合剂的作用。行动者网络生态系统正能量资源的聚集是伴随正能量主体聚集而产生的,正能量主体的聚集对正能量资源的聚集作用表现在以下几个方面:

(一)行动者网络生态系统各个主体正能量层对正能量资源的聚集作用

网络将各个正能量主体聚集到一起,例如,微博平台将各个行动者聚集到同一平台中,各个主体可以通过关注来获取被关注主体的相关信息,也可以通过私信、评论等与其他主体产生关联,继而获取所需信息,而这些信息则可以引发某些方面的正能量。

如果从主体之间的关系来讲,高校可以为企业提供人才、知识及科技资源;企业可以为网民提供产品、服务资源;政府可以为高校、企业、网民提供信息、服务资源等。这些资源聚集到一起,为正能量的传播奠定了基础。

(二)行动者网络生态系统辅助正能量层对正能量资源的聚集作用

这里的辅助正能量层,主要是通过新媒体等来发挥作用。新媒体是在新技术支撑体系下出现的媒体形态,如数字杂志、数字报纸、数字广播、手机短信、移动电视、网络、桌面视窗、数字电视、数字电影、触摸媒体等①②。新媒体具有传播速度快、影响范围广的特点。新媒体创造了更紧密快捷的新闻以及更短信息周期,因此可以加快信息的传播和反馈,继而对正能量资源产生聚集作用。

(三)行动者网络生态系统正能量环境层对正能量资源的聚集作用

行动者正能量的传播除了需要具备人力、物力、财力、知识、技术等有形的正能量资源外,正能量文化、正能量氛围等无形的正能量资源也是正能量传播的重要资源。行动者网络生态系统的经济环境、正能量氛围、服务环境等可以帮助系统获得集体声誉、正能量文化、正能量意识等无形的创新资源。

行动者网络生态系统正能量主体聚集后,正能量资源自发地在正能量主体间流动,这种流动在最初表现为系统内部的正能量资源的流动。当系统内的正能量环境具有较强的吸引力时,系统外的正能量资源便会向系统输入,输入的正能量资源通常是具有较高质量的,对提升系统的正能量传播能力有促进作用。而当系统内的正能量资源表现出了较强的优质性或者过剩时,正能量资源也会向系统外输出,例如为普通民众开展正能量活动等。

---

① 史洪涛:《广告受众信息疲劳探析》,湖南大学新闻与传播学院硕士学位论文,2008年,第42页。

② 王英:《新媒体时代交通广播的发展前景》,东北师范大学硕士学位论文,2011年,第35页。

从而达到行动者网络生态系统创新资源流动的动态平衡。综上所述,可以得出如下行动者网络生态系统正能量资源聚集图:

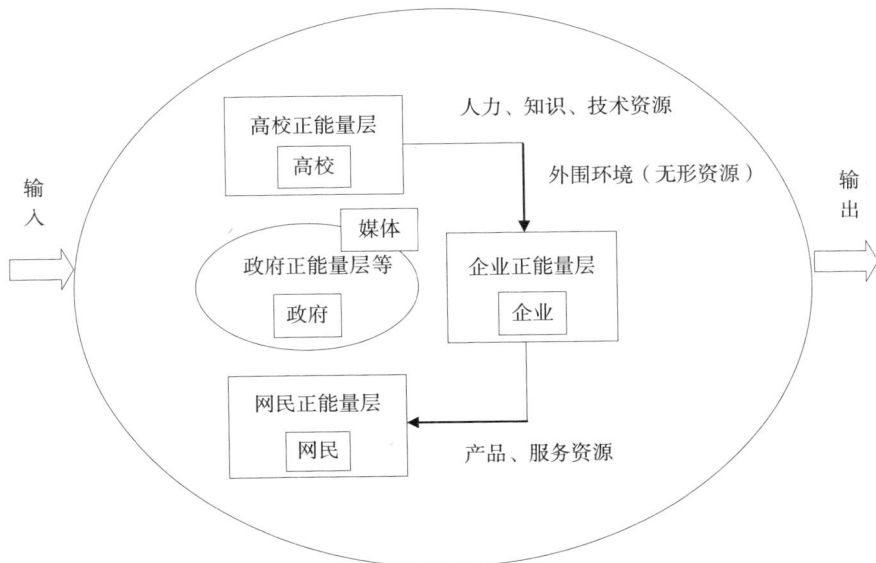

图 4-3　正能量资源聚集机制图

第三节　行动者网络正能量传播的协同机制

一、正能量传播的驱动机制

要实现正能量的有效传播,必须解决正能量传播机制的动力源和相应的实现机制问题。

我们可以从两个角度定义正能量传播驱动机制。首先,从正能量传播驱动要素角度,正能量传播驱动机制是指正能量传播过程中的动力获取及其作用方式,即正能量各相关因素相互联系、相互作用而形成的推动系统发展前进动力的过程(动力的形成、传递及作用)。再者,从正能量传播主体角度,正能量传播驱动机制是指各个传播主体因自身需求或者外部环境传播正能量,继而形成一个循环机制。其中,我们将各个主体因自身需求(如与经济利益相关的正能量信息)而主动传播正能量的行为称为"主动力行为",并将各个主体因外界环境(如资源容量和社会责任的压力)而被迫作出适应或者应变的反应称为"被动型行为"。

由于我们前面对传播主体进行了大量分析,在此不再赘述。在此主要描述驱动要素。

所谓驱动要素,是指促使正能量主体产生正能量需求和正能量欲望,并开展正能量活动或传播正能量信息的一系列因素和条件。正能量传播是由各种力量的集合共同推动的,而不是单一因素的作用结果。政府政策、市场竞争、资源配置、企业家精神、企业文化、激励机制、正能量主体对利益的追求等因素都是推动正能量传播的动力要素。本书结合行动者网络生态系统构成要素的特点,提取行动者网络生态系统的正能量传播驱动要素如下:

（一）对正能量信息的直接需求拉动

在这个竞争日益激烈且日新月异的时代,最安全的投资并不是绩优股票、房地产或者贵金属。因为这些都是人类自身很难掌控的,当遇到严重的天灾人祸或者剧烈的社会变革时,都会在一瞬间化为乌有。最安全的投资其实是知识,没有任何制度或者政策可以把人的知识从头脑中剔除,它是人类唯一不会被夺走的财富。这里的知识不仅仅指相关领域的专业知识,还包括与人类修养与成长相关的知识,即正能量知识。

在这个物欲纵横的时代,人在日复一日地工作着,慢慢地可能会迷失自己,忘记自己最初的追求是什么。此时,就渴求发现自己,希望能从网络正能量中找到自己。对正能量信息的直接需求拉动正能量传播的同时,也带动了企业的发展(宣扬企业文化以及企业正能量广告属于传播正能量)、提高了政府的公信力(政府信息的透明化,反腐败事件等可以传播正能量)、净化了高校的风气(高校举办与正能量相关的主题活动等可以传播正能量)。

（二）利益驱动

"天下熙熙,皆为利来;天下攘攘,皆为利往",物质基础是人们生活的基本保障,现实社会中的许多行为都是在利益的驱动下进行的。政府为了提高公信力及引导力,则对其他行动者的反馈信息产生需求;企业为了使得利润最大化,则对创新正能量信息等产生需求,同时,企业为了适应日新月异的经济社会,则需要不断获取最新的市场信息;高校为了提高就业率,则对企业的人才需求信息产生需求;网民为了提高自身专业素养,使得自身所掌握的知识更适合时代的要求,则需要从时效最强的网络中获取知识信息。这些都可以促进正能量的传播,是行动者网络生态系统不可或缺的驱动力。

（三）科学技术推动

科学技术对行动者网络生态系统形成的推动主要体现在正能量传播途径的日益便捷与多样化。根据中国互联网络信息中心（CNNIC）在京发布的《第36次中国互联网络发展状况统计报告》显示,截至2015年6月,我国网民规模达6.68亿,手机网民规模达5.94亿,占总网民数的88.9%①。由以上可知,随着科技的发展,人们的生活方式、接收信息的方式也发生了巨大变化。科学技术的进步,使得人们更方便快捷地接收正能量信息,推动着正能量的传播。

（四）产业资源保障

人、财、物是企业发展的必要因素。高校、科研机构等为企业输送了大量的具有专业技术素养的人才,推动了企业的发展,继而引发一系列良性效应,例如,就业率提高、经济发展、社会稳定等,推动了行动者网络生态系统的持续发展,同时,产学研的合作也促进了人才的流动和知识的共享。政府、企业等对财务资金的投入保障了企业战略计划的展开。为了推动有较大发展潜力的企业发展,政府还会为企业提供一些基础设备,减轻企业资金压力,使得企业更好地成长。人、财、物等产业资源的流动,使得行动者网络生态系统中的正能量主体不断汲取能量,推动创新正能量的传播。

（五）政策引导支持

近年来,全球信息技术快速发展,智能手机、平板电脑、移动电视等移动网络终端越来越普及,并且随之兴起的网络论坛、微信、微博等新媒体正在改变着人们社交和接收信息的方式,同时也影响着整个社会的舆论大环境。

---

① 冯文雅:《CNNIC发布第36次中国互联网络发展状况统计报告》,2015年7月23日,见http://news.xinhuanet.com/politics/2015-07/23/c_128051909.htm。

但是我国社会现在正处于转型期,群众的价值观、利益需求等越来越多样化、丰富化。由于新媒体的不断涌现使社会的舆论大环境也逐渐呈现出多元化发展的趋势。

由于受到技术和管理制度的制约,在传统媒体环境下,主流媒体只是对部分重大事件和政府希望宣传的事件进行报道。但在新媒体环境下,网民受众可以通过网络、社交论坛(如新浪微博等)等新媒体发布和接收信息,并且通过这个信息传播方式更为通畅、海量。

但与其他技术一样,新媒体也具有两面性的特点:一方面,新媒体的出现与使用有利于政府更快、更高效、更全面地搜集舆情信息,进而促进政府信息公开化①;但另一方面,新媒体也有其不足之处,一些消极的、虚假的但又信誓旦旦的言论不仅使网民不能辨别是非、分清真假,甚至会导致"三人成虎"的情形,引发社会群体事件,对国家的安全稳定带来危害。在这样的背景下,为了实现社会稳定、民主化建设、经济发展等目标,政府会主动利用好新媒体,为其所用,进行舆论引导,继而推动正能量信息的有效传播。

综上所述,对正能量信息的直接需求拉动、利益驱动、科学技术推动、产业资源保障、政府引导支持等各种要素都能够综合起来发挥作用,继而对整个行动者网络生态系统的正能量持续传播产生驱动作用。其中,正能量信息的直接需求拉动、利益驱动是正能量主体的自发诱导力,称为主动力;技术推动、产业资源保障、政府引导支持不是正能量主体的自发诱导力,称为被动力。正能量要持续传播,首先要有持续的需求和吸引,要有良好的大环境支持和积极主动地引导。而行动者网络系统中各个正能量主体出发的前提必须是实现社会和谐、实现社会主义发展,出发的目标点是实现正能量持续传播。

在整个动力系统中,我们要将各种正能量传播驱动要素作为其组成部分,继而来估计正能量持续传播的能力。通过对驱动要素的分析,我们可以发现实现正能量持续传播的措施,例如政府通过引导支持企业创新、鼓励高

---

① 张静:《新媒体时代政府舆论引导研究》,内蒙古大学 MPA 教育中心硕士学位论文,2014 年,第 29 页。

校与企业的产学研合作,来推动创新正能量、产学研正能量的传播等。正能量传播动力是多种驱动力要素综合作用的效应,是其相互作用的机制。

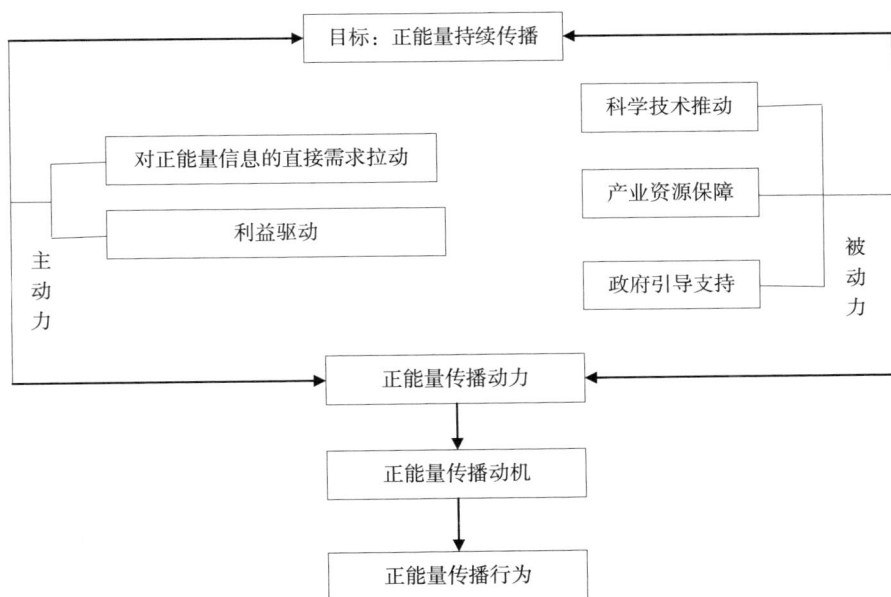

图4-4　正能量传播动力图

二、正能量传播的摩擦协调机制

正能量传播的驱动要素之间都具有千丝万缕的联系,各个驱动要素相互关联、相互影响,归根结底同为一个目标——促使正能量的持续传播。同时,每一个要素又有自己的运行规律和特有的要求,不免在运行体制中发生摩擦。这里的摩擦主要是指需求和供给之间的矛盾及某些主体的缺位。

1.需求和供给之间的矛盾

受众的调查结果显示,一部分受众选择逃离电视,不是因为新媒体的影响,而是无法忍受电视中充斥的车祸、凶杀、灾难、欺诈等血腥画面和负面情绪,转而重新回归书籍寻求心灵的慰藉。由此可见,了解正能量主体的心理需求,对于正能量的传播至关重要。我们知道,在系统的调节过程中存在正、负反馈的作用。正反馈是一种激励机制,以现在的结果去加强未来的行为;负反馈是一种约束机制,以现在的结果去削弱未来的行为。政府可以通过其他主体的反馈对正能量传播的内容等进行调节,继而解决需求与供给之间的矛盾。

2. 某些主体的缺位

在行动者网络生态系统中,可能会由于政企学民"四位"主体中各要素的不均衡和呈现的分离状况,致使政企学民"四位一体"的机制无法"活"起来、无法进入良好运转状态。

例如,在行动者网络生态系统传播产学研正能量时,企业可能缺乏参与的动力。由于企业对高校与企业合作认识的差异、政府缺乏良好的引导政策、政策法规操作性不强,直接导致高校与企业的合作缺乏相应的约束力。没有规矩不成方圆,这就直接导致高校与企业的合作松松散散,缺乏实际效益。然而,企业没有盈利就无法生存,因此,企业就会对与高校合作望而却步。特别是对于企业来说,由于缺乏对于企业参与职业教育的刚性规定,缺乏对于企业参与职业教育的正向奖励制度,企业所期望的收益难以得到保障,企业参与合作的态度往往是消极应付甚至抵触①。这样就使得高校与企业的合作难以实现,也可以说是高校的单向意向而已。这样就无疑会阻碍产学研正能量的传播。对此,政府可通过完善法律体系,为校企合作提供法制保障。在校企合作过程中,往往片面强调校企合作双方本身的作用,而忽视作为处于两者之上的政府的作用,尽管校企合作的驱动力直接来源于市场的需求,但是市场本身并不能保证造就一个最有利于校企合作的市场结构,也不能保证造就有利于校企合作的最佳外部环境,特别是在市场体系和竞争机制尚未完善的现阶段,市场发挥的效用范围还较窄,市场机制的激励作用有限,需要借助政府行为来发挥宏观调控职能,加强政策面的导向和支持,以促进校企合作向纵深发展②。同时,政府还应当对现有的职业教育法规进行补充和完善,构建一套具体详尽的、操作性强的法律保障体系。以

---

① 颜楚华、王章华、邓青云:《政府主导学校主体企业主动——构建校企合作保障机制的思考》,《中国高教研究》2011 年第 4 期。

② 王艳丽:《校企合作动力机制及其合作模式研究》,太原科技大学经济与管理学院硕士学位论文,2010 年,第 37 页。

法律形式明确企业在职业教育中的责权利,制定相应的奖励与惩罚机制,实现校企"联姻",为校企合作的长久深入发展提供良好的法制环境。总之,在校企合作中,政府不仅担负着整体规划与统筹,规范、出台相关高职院校与企业合作的法律法规及政策的责任,还应当适当平衡行业企业以及院校等多方之间的关系,合理配置资源,监督评价校企合作。对于在校学生的就业与创业,政府也应当起着一定的指导作用①。

综上可知,政府的引导可以协调校企合作中企业缺位的问题。国家可以通过立法,对参与校企合作的企业提供一定鼓励和优惠,如可以规定生产条件先进的企业有为教育服务的责任和义务,制定一些优惠政策,对参与了校企合作的企业,可根据接收学生的数量和消耗企业材料的费用,享受一定的减免税等,从而吸引企业参与到人才培养中去。这样可以更好的促进产学研正能量的传播。

总之,行动者网络生态系统是一个开放的系统,不断地进行着系统与环境的物质、能量和信息的流动,系统也在正负反馈不断的交替作用中进行自我调节,维持行动者网络生态系统的动态平衡。

三、正能量传播的支持机制

行动者网络生态系统的支持机制主要是依靠环境要素和资源要素,通过正能量主体组织网络和某些政策制度等的创新来发挥其对系统运行的支持功能②,主要包括对正能量传播的政策支持、法律法规支持、基础设施设备支持、技术能力支持、知识提供支持、信息传达与服务支持、人才培养与供给支持、技术平台提供支持等。行动者网络生态系统的支持机制具有其自身的特点,它不仅仅与参与正能量传播的诸多正能量主体相关,也涉及了正能量传播必需的各种资源。行动者网络生态系统的支持机制可以维护系统内正能量主体的利益,能够提供系统运行所必需的资金、人才、信息等。行

---

① 龚艳霞:《高职院校校企合作长效机制研究——以我国首批国家骨干院校为例》,湖南师范大学硕士学位论文,2014 年,第 52 页。

② 梁中:《低碳产业创新系统的构建及运行机制分析》,《经济问题探索》2010 年第 7 期。

动者网络生态系统的支持机制进一步提高了系统的正能量传播动力和正能量资源的扩散能力。

虽然与行动者网络生态系统的支持机制相关联的正能量主体有许多，但是由于市场的发展并不完善，企业无法占有主导地位；高校的主要职责是人才培养，也无法占有主导地位；网民的素养、知识水平等也多种多样，也无法占有主导地位。由此可见，没有政府的引导，其他正能量主体将可能变成一盘散沙。可以说政府在行动者网络生态系统的支持机制建设中起着重要的引导作用。政府针对特定的正能量主体或者特定的目的（如经济的发展）来制定相应的法律法规，引导相应的行动者参与到正能量传播中去。同时，政府还可以提供相应的服务（如税收减免等），使得正能量主体更主动更积极地参与到与正能量相关的活动中，这样也保障了行动者网络生态系统的稳定性。综上可知，由政府政策引导和调节的行动者网络生态系统的支持机制保证了行动者网络生态系统的正常稳健运行。

四、正能量传播的聚合研究

正能量主体构成了正能量种群，而不同的正能量种群与环境相互作用又形成了行动者网络生态系统。在该系统中，不同的正能量种群的特点和作用也各不相同。整个系统在上述提到过的驱动机制、协调和支持机制的共同作用下，促进了行动者网络生态系统的正常运行。该协同机制不但体现了正能量主体间的分工和协作，也对正能量资源进行了合理的配置，提高了行动者网络生态系统的整体正能量传播能力和抗变能力。

信息的生命周期理论决定了该系统针对某一信息的传播也具有周期性。信息生命周期是指信息数据存在一个从产生到被使用、维护、存档，直至删除的周期。根据该概念，我们针对某一信息的传播将行动者网络生态系统的运行阶段分为生成期、演化期以及消亡期三个阶段。在这三个阶段中，各种机制发挥的作用不尽相同。在行动者网络生态系统的生成和运行初期，由于各个正能量主体之间的关联比较弱，都是相对独立的个体，自身主动参与到行动者网络生态系统中的意愿可能较弱，这就是说除了自身动力外，也需要一种外界动力来驱使其参与其中。而驱动机制可以为参与动

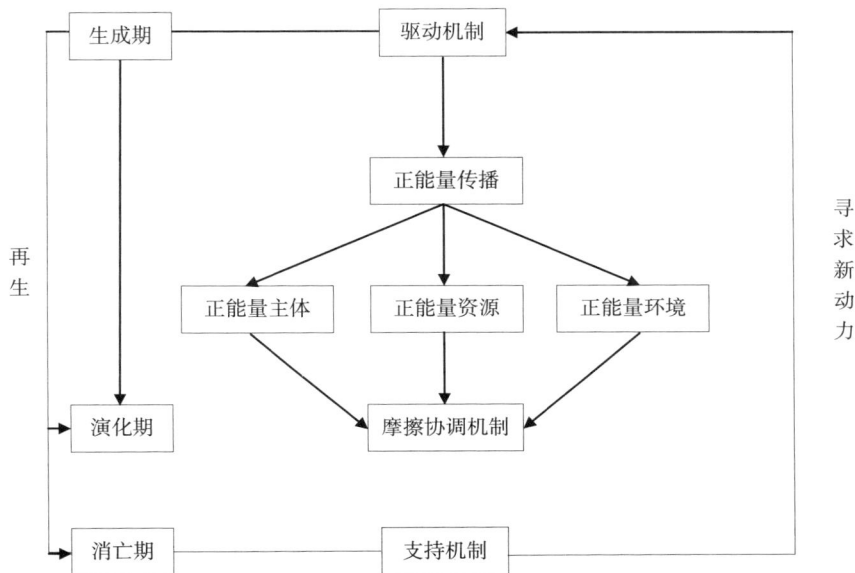

图 4-5　正能量传播的协同机制

力不足的正能量主体提供推动力,使得他们积极地参与到系统中来。在行动者网络生态系统的演化阶段,系统的驱动机制已经达到相对的稳定状态,正能量也能持续传播,网络扩张基本完成。如何整体协调系统的发展,提高系统的正能量传播效率和质量成为主要内容,因此,在行动者网络生态系统的成长和成熟阶段,协调和管理机制起主导作用。在行动者网络生态系统的衰退阶段,在还有新的正能量动力体系形成的情况下,系统为了生存,只有加强对现有系统的维护,因此,在系统的衰退阶段,支持机制起主导作用。

第五章　行动者网络信息传播
主体行为特征分析

　　在现实生活中,行动者网络传递的信息既包含了正能量,也包含了负面的舆论。前文运用定性的方法围绕正能量的传播构建了行动者网络,我们需要运用定量的方法分析行动者网络的信息传播现状,比较分析构成行动者网络的四大主体,即政府、企业、学校、微博名人这四类信息传播主体的结构特征、内部用户的互动关系、个体用户的各项指标,以期为推动正能量在行动者网络中更好地传播提供建议。

　　本章以信息传递为研究对象,微博平台为载体,从行动者网络的整体特性与局部特性出发,运用社会网络分析方法描述了四个主体的信息传播特征。首先从宏观角度出发,对政府、学校、企业以及网民四大信息传播主体的整体网络结构特征进行分析。接着又从微观角度出发,对各个信息传播主体进行个体网络分析,明晰了个体用户的各项指标。最后,运用案例分析了行动者在实际微博信息传播过程中的互动关系。以政府节点中平安北京为例,通过研究其在微博平台上与其他用户的互动特征,以期为推动正能量在网络中更好地传播打下坚实的基础。

第一节　信息传播主体行为特征定量分析工具的介绍

一、数据挖掘方法的介绍

自 80 年代以来,人们开发了包括时间、空间、多媒体的事务数据库、科学数据库、知识库、办公信息库在内的各种功能强大的数据库系统。伴随着快速增长的海量数据,如何有效地理解并从海量数据中提取信息与知识成为数据发展的瓶颈。数据库容量及硬件设备功能的提高,加上对具有数据分析、预测与决策功能的应用工具的需求推动了数据挖掘和知识发现技术的产生。广义的数据挖掘(Data Mining)是一门从大量数据库或者信息库中提取有价值信息的科学。数据挖掘就是从大量数据中获取真实的、用户感兴趣的具备潜在有用信息和知识的转化为最终可被理解模式的非凡过程。数据挖掘技术不仅能对历史数据进行查询,还能更高层次地对过去数据之间的联系进行分析,促进信息的传递,进而"自动"帮助人们发现新的知识。

数据挖掘对原始数据没有特别的要求,可以是文本、图像这类半结构化数据,也可以是数据库中的结构化数据,亦可以是异构型数据。数据挖掘的方法可以是数理的,也可以是非数理的,可以是归纳的,也可以是演绎的。数据挖掘获取的知识不仅仅可以用于信息的管理与查询,还能用来支持决策与进行过程控制,从而实现数据自身的维护。数据挖掘囊括多种学科技术,从统计学到数据库技术、人工智能、高性能计算、知识学习、数据可视化、模式识别、信息检索、图像与信息处理和空间数据分析。

数据挖掘从数据分析角度可以分为两种类型:描述型数据挖掘和预测型数据挖掘。描述型数据挖掘是运用简洁概述的方式描述数据中的性质,即对数据中存在的规则做出描述,或者依据数据的相似性将数据分组。而预测型数据挖掘是针对已有数据集,应用特定的方法分析获得数据模型并将该模型用来预测将来数据的有关性质。

针对网络内容定量分析,本书将主要介绍数据挖掘方法中的关联规则分析和聚类分析。关联规则首先由 Agrawal 等人于 1993 年提出的,是数据挖掘最活跃的研究领域之一。他们提出该算法的最初动机是为了研究购物篮问题,用来发现交易数据库中不同商品之间的联系规则。在此之后又有许多学者对关联规则的挖掘进行了广泛的研究,用以解决关联分析的概念、实现和应用问题。聚类源于许多研究领域,包括数据挖掘、统计学、机器学习、模式识别等。聚类分析根据在数据中发现的描述对象及其关系的信息,将数据对象分成有意义或有用的组。聚类分析作为一个独立的工具可以用来获得组内的对象相互之间相关的和不同组中的对象相互之间不相关的信息,然后依据数据分布的情况,概括出每个组的特点,组内的相似性越大,组间差别越大,聚类就越好,在此基础上能集中注意力对特定的某些组做进一步的分析。

二、复杂网络分析方法的介绍

随着互联网技术革命和复杂性科学的高速发展,网络科学已经从数学、物理学、计算机科学等工程技术领域拓展到社会学、经济学、管理学等众多不同学科,引起了各国政府与科学界的广泛关注和高度重视。复杂网络理论主要借助图论和统计物理的一些方法,研究网络的各种拓扑结构及其性质,网络的动力学特征以及二者之间相互作用的内在关系。现实世界中很多自然、社会系统都可以用复杂网络来描述。现代复杂网络的快速发展得益于 20 世纪末期的两项开创性发现:小世界网络(Small World)和无标度(Scale-free)网络。小世界网络模型是介于规则网络和随机网络之间的网络模型。美国圣母大学的 Barabasi 教授及其博士生 Albert 于 1999 年提出了一个无标度网络模型,它的基本原理是"增长"和"择优连接",发现了网络的无标度性质。小世界网络和无标度网络的两大发现及随后许多真实网络的实证研究表明,真实世界网络既不是规则网络,也不是随机网络,而是兼具小世界和无标度特性,具有与规则网络和随机图完全不同的统计特性,这类网络被粗略地称为复杂网络。小世界效应、无标度特性等复杂网络特性的发现,为各个领域的研究提供了新的思想、方法和途径,成为深入剖析复杂系统的有效工具。

　　复杂网络是研究复杂性科学的有力工具,是反映复杂系统的一种网络形式,是从复杂系统中高度抽象出来的框架性表示。它由若干个相互依赖、相互作用的智能性社会主体构成,并通过主体之间的相互作用来凸显社会系统的整体性结构特征。复杂网络作为反映社会主体之间联系的一种结构范型,为我们研究社会主体之间的相互作用方式及社会治理的复杂性及其产生机制提供了一种新的方式。

　　世界是有序与无序的统一,系统的发展性体现在多样性的统一,系统是若干相互作用和相互依赖的部分结合而成的、具有特定功能的有机整体。复杂系统由多种类型的子系统组成,且各子系统具有复杂的层次结构,系统各部分之间的关系复杂程度很高。复杂系统具有以下主要特征:首先,由多个节点或子系统组成,且具有多层次结构;其次,开放性,受到外界环境影响,与外界环境之间不断地进行着能量、物质和信息的交换;再次,在特定条件下,节点之间产生相互作用;最后,节点之间的相互作用和系统之间存在着复杂的非线性关系。复杂性科学是运用非还原论方法研究复杂系统产生的复杂性机理及其演化规律的科学,复杂性科学打破了传统的线性、均衡和简单还原的研究范式,而致力于非线性、混沌、突变等研究范式。

三、社会网络分析方法的介绍

(一)社会网络概念

　　“社会网络”指的是社会行动者(Social Actor)及其之间关系的集合。社会网络分析的研究对象分别是“行动者”和“社会关系”,以及在生产生活过程中所形成的特定的网络结构;通过用“点”和“线”来分别表示“行动者”和“社会关系”,使社会网络分析理论形成了一套可量化和可视化关系数据的方法。

　　社会网络分析中所说的“行动者”(Actors)可以是任何一个社会单位或者社会实体。行动者可以是个体、公司或者社会单位,也可以是一个教研室、学院、学校,更可以是一个村落、组织、城市、国家等。关于这个“点”的信息都必须是实际的信息,可用常规方法进行收集。该信息可以是动态的,也可以是静态的。

传统统计方法针对的变量要满足"相互独立性"。但是,社会网络分析恰恰研究的是"相互关系"数据,其中使用的是结构变量。社会网络分析可以分为位置取向和关系取向两种基本视角,当我们说行动者之间存在关系的时候,"关系"常常代表的是关系的具体内容或者实质性的现实中发生的关系。位置取向关注于行动者之间存在的、且在结构上处于相等地位的社会关系的模式化,它运用"结构等效"来理解两个或以上的行动者和第三方之间的关系所折射出来的社会结构。

一种在社会网络行动者之间实际存在或者潜在的关系模式即为社会网络结构。社会网络分析方法将现实中复杂网络的行动者抽象成节点和将复杂关系抽象成线以及方向,结合运用多种算法,不仅能够测量行动者与它们所处的网络个体之间错综复杂的连接和关系,还能可视化它们间的互动模式,从而进行建模。

社会网络分析就是从宏观与微观相结合的方面来反映社会结构关系,现阶段社会网络研究所具有的范式特征表现在以下几个方面:社会网络分析研究人员是对不同行动者之间的关系进行分析,而不是关注于这些行动者的内在属性而对其进行归类;对社会行动者之间的某种特定关系的结构进行研究,将行动者视为结构中的被动因素,而不是把行动者视为有目的的形式去追求所期望的目标,通过结构对行动的制约来解释人们的行为;建立在系统的数据基础上,极大依赖于图论语言和技术,要求有较高的统计学、数学功底,以及计算机模拟编程技术;事先并没有假定有严格界限的群体是由结构组块构成的,它会根据研究的需求划分或者不划分为具体群体;其研究分析的是一定对象的社会结构的关系性质,能够补充甚至取代现有用来分析孤立单位的主流统计方法。

社会网络分析中常涉及"社群图"的概念,社群图是很多社会网络分析方法的基础和着手点,这种图基本结构元素包含了许多点(表示行动者)和线(表示行动者之间的关系),显示了全体成员之间的一种关系模式。

根据"网络的类型"进行分类,社会网络的研究内容包括:个体网、局域网和整体网。我们可以在以上三个层次上研究社会网络。个体网即为某一个个体与其有关的多个个体构成的网络。研究需要的测度包括:相似性、规模、关系的类型、密度、关系的模式、同质性、异质性等。局域网则是个体网基础上加上某些数量的与个体网络的成员有关联的其他点。这是种比较松散的网络界定方式,比一个整体内部的全部关系要少,但比个体网络中的关系要多。整体网是某一群体内部所有成员构成的网络,需要测度内容包括:图论性质、密度、子图、位置。政府、企业、学校及微博名人构成的网络属于整体网,所以我们通过分析整体网的相关指标进行描述性分析。

（二）社会网络分析指标

关于社会网络目前已经形成了多种描述网络的方法,其中以图论为基础的方法能够最直观地表现网络结构。主要描述节点和边的指标有:网络密度、派系分析、中心度、中心势、结构洞、可达性、不对称关系与对称关系等。

社会网络分析方法的重点分析内容之一是"中心性"（Centrality）分析。中心度与中心势是社会网络分析"中心性"的两种重要测量指标,中心度是指一个节点在其从属的网络图中位居核心的程度,而中心势则考察了整个网络图的一致性或者整体整合度,也就是某个网络图的中心度。在社会网络分析中,中心性又可细化为点度中心性、中间中心性、接近中心性、特征向量中心性。因此,每种中心性可用中心度和中心势两种指标来描述。在社会网络分析的"中心性"描述过程中,关于具体测量方式的选择,需要根据具体分析问题,酌情选择描述方式。

"结构洞"（Structural Hole）是社会网络理论中分析直接性与间接性的一个指标。"结构洞",是指在社会网络中,由于某些个体间存在关系间断或无直接联系的现象,从整体网络来看,似乎网络结构中出现了洞穴。在一个由 A、B、C 三个行动者构成的关系网络中,假设 A 与 B、C 都有直接联系,但是 B、C 之间没有联系,因此这两者必须通过 A 来实现联系,这样 B 与 C 之间就形成了一个结构洞,也称行动者 A 占据了关系网络的一个结构洞。将无直接联系的两者连接起来的结构洞位置占据者即第三者将拥有信息优势和控制优势。在关系网络中,要实现信息的传递,一定得通过占据结构洞的行动者。因此,结构洞是针对第三者的,因此具有结构洞的行动者能够控制跨越该结构洞的信息流。

　　而 Burt 则认为结构洞是关系网络中的一个最有利的位置,个人在网络中的位置决定了个人的信息、资源与权力①。已有研究发现:在异质性强、规模大的网络中,一定数量的结构洞能够扩大影响范围;但是,当网络中结构洞的数量增大到一定程度时,这些空间就会存在蓄意竞争、阻碍沟通从而影响到团体信息的流通②。这时,过多结构洞阻碍小团体间信息的分享,网络中易形成小团体,网络中的信息流通性差,最终将降低网络的作用。弱连带本质上就是结构洞与结构洞之间的"桥梁",与结构洞相反,该"桥梁"对小团体间的信息流通起"中介"作用,从而达到促进信息流通并共享的机制。相关研究发现:存在结构洞与弱连带的关系网络更适合信息的分享;团体中的弱连带能有助于信息在团体之间传递,而且比起强连带,弱连带更适合传递信息。这是因为存在弱连带关系的团体中的行动者有更多的交流、互动机会,更容易交换信息。

　　结构洞表示节点之间的非冗余联系,是节点获利的空间,衡量结构洞的四个指标包括:有效规模、效率、等级度和限制度。其中限制度指数能够有效地测量节点结构洞的匮乏程度,是一个高度概括性的指数,运用最广,其最大值为 1。限制度与结构洞呈反向关系,其值越高表示节点所拥有的结构洞越少。因此,学者们通常用 1 减去限制度值的值来衡量结构洞的丰富程度。

　　此外,群体或者小群体也是社会网络分析的重要内容。小团体在很多时候引起了大家的关注,一方面是因为它属于非正式组织不易察觉,另一方面是因为它容易引发彼此间的沟通困难、派系斗争等。但是根据近来的实证研究发现,比较理想的网络拓扑结构是网络中存在一些内部紧密的小团体,与此同时各个小团体之间又有"桥梁"进行联系。

　　网络中的联系同样将网络中的整体分隔成了许多子网络。如果两个节点之间的联系足够紧密或者结构具有一定的相似性,表现为在一个群体内

① Ronald S. Burt, Joseph E. Jannotta, James T. Mahoner, "Personality Correlates of Structural Holes", *Social Networks*, 1998, Vol.20, No.1, pp.63−87.
② 胡燕:《团体情报网络结构分析》,《内蒙古科技与经济》2009 年第 7 期。

每个成员都与其他成员存在的联系力度超过一定限度,任何两点都是直接相连,并且该派系不被其他任何派系所包含,那么它们就形成了一个网络群落。网络群落是指在一个社会网络中,部分节点组成的群体内,内部成员间的相互联系明显多于和外部之间的联系。在各种紧密性和结构相似性的概念中,紧密度(也称派系)和相似性(也称结构对等性)是两种最主要的概念。

识别具有明显自组织特征的网络群落、确定各个群落的边界,被称为网络群落的识别问题或者网络分割问题。网络分割可分为两大类:一是基于边链接的分割。根据图论的一些基本概念如私党、构件、核心进行划分;以中心节点为中心,分割成不同的环形外围圈;或按照行政区划地图的划分方式,根据节点的疏密程度将其划分为多层级结构,每个层级都有不同级别的中心节点。二是根据相似性进行分割,假如节点单元具有相同的特征参数,比如度数相近,则节点划分为同一类。分析群体之间以及群体内部行动者间的关系有助于构建群体中的社会网络结构图,进而探知一个社会网络结构图中还存在着哪些具体的凝聚子群,这有利于团队之间知识的互补、传播,提高组织的管理绩效。可运用 Ucinet 6 软件对样本数据进行相应的派系(Cliques)分析,以建立在互惠性上的凝聚子群作为切入点,从而考察样本数据成员间关系的相互性。

(三)社会网络分析的应用软件

随着社会网络分析在各个领域的应用,出现了许多用以分析关系网络的软件包。近年来又出现了多种可视化的软件处理工具,在社会网络分析方法领域较受欢迎的相关分析软件及程序有 Ucinet、Pajek、NetMiner、MultiNet 等。这些具有很强可视化功能的社会网络分析软件很大地提高了直观分析效果,促进了社会网络分析在多个领域中的应用。

近年来开发应用的可以独立运行的关系网络分析软件有 20 多种。在此,仅介绍以下四种软件工具:Ucinet,Pajek,Netminer 和 Netdraw。

社会网络分析由于需要进行大量的运算,一般都要在计算机辅助软件的支持下才能完成。首先,从软件的类型来说,这四种典型的 SNA(Social Network Analysis)软件中,Pajek、Ucinet 6.0 为自由软件,可以免费使用;Netminer 虽然是商业软件,但其测试版基本可以免费使用。

　　Ucinet 软件最初是由加州大学尔湾分校的社会网研究学者弗里曼编写,其后主要由来自波士顿大学的博卡提和威斯敏斯特大学的埃维瑞特的两位研究者加以维护更新,它是目前最知名和使用最广泛的处理社会网络数据和其他相似性数据的综合性分析程序。该软件最初是一组用 Basic 语言编写的模块,渐渐发展为综合性的 DOS 程序,现在已经可以用 Windows 程序来使用了。Ucinet 能够处理的原始数据为矩阵格式,数据集合是一个或多个矩阵集合。一个简单的 Ucinet 文件包含两个文件:事实数据(.##D)和关于数据的信息(.##H)。Ucinet 将电子表格编辑功能与各种统计分析的运算方法结合在一起,可以与多种软件进行数据交换。Ucinet 数据可以新建表单直接录入,也可以直接导入其他类型的能够兼容的数据。输入功能能够处理不同类型的网络数据,例如未经处理的 ASCII 数据、Excel 数据等①。理论上 Ucinet 软件可以处理包含 32767 个节点的网络,但实际上当节点数超过 5000 时,运行速度就很慢了。Ucinet 软件包含大量包括探测凝聚子群和区域、中心性分析、个人网络分析和结构洞分析在内的网络分析程序。Ucinet 软件还包含为数众多的基于过程的分析程序,如聚类分析、多维标度、二模标度(奇异值分解、因子分析和对应分析)、角色和地位分析(结构、角色和正则对等性)和拟合中心—边缘模型。此外,Ucinet 软件还提供了从简单统计到拟合 p1 模型在内的多种统计程序②。Ucinet 软件本身不包含网络可视化的图形程序,能够加载分析一维与二维数据的 Netdraw,还有正在发展应用的三维展示分析软件 Mage 等,同时集成了用于大型网络分析的免费应用软件程序 Pajek。

　　Pajek 是由斯洛文尼亚(Slovenia)的卢布尔雅那(Ljubljana)大学于 1997 年 1 月正式发布的,Pajek 在斯洛文尼亚语中是蜘蛛的意思,它是一项基于 Windows 操作系统的免费社会网络分析软件,Pajek 的功能十分丰富,

① 颜端武、王曰芬、李飞:《国外人际关系网络分析的典型软件工具》,《现代图书情报技术》2007 年第 9 期。
② 赵君霞:《复杂网络在中医临床知识发现中的应用研究》,北京交通大学计算机与信息技术学院硕士学位论文,2009 年,第 35 页。

并且适用于分析大型社会网络。蜘蛛的织网能力非常强,作为一款软件的名字这也意味着该软件具有强大处理复杂网络的能力。Pajek 不仅仅拥有功能丰富的复杂网络分析方法,可以同时处理多个网络以及二模网络和时间事件网络,并且还具有可视化的界面,从而让用户能够更加直观明了地了解复杂网络的结构特性。而它的可视化功能十分人性化,用户可以根据自己的需要自动或者手动的调整网络图,从而满足用户从视觉角度更加直观地分析复杂网络的特性。Pajek 提供了多种数据输入方式,例如,可以从网络文件(扩展名 NET)中引入 ASCII 格式的网络数据。Pajek 基于过程的分析方法包括探测结构平衡和聚集性,分层分解和团块模型等。Pajek 软件处理数据的能力和可视化技术是三种典型 SNA 软件中最强的,虽然 Pajek 在界面操作上比较麻烦,但作为自由软件,以及具有可以分析多于一百万个节点的超大型网络的能力,其在 SNA 分析领域中的应用越来越广泛。

在三种典型的 SNA 软件中,综合性能最好的是 Netminer 软件。Netminer 是一个把社会网络分析和可视化探索技术结合在一起的软件工具,与 Ucinet 软件相比,只是知名度小很多。其网络数据包括三种类型的变量:邻接矩阵(称作层)、联系变量和行动者属性数据。以笔者之见,Netminer 的各项功能都很不错,尤其是在可视化技术方面的功能很强,允许使用者以可视化和交互的方式探查网络数据,以找出网络潜在的模式和结构。它提供的网络描述方法和基于过程的分析方法也较为丰富,统计方面则支持一些标准的统计过程:描述性统计、ANOVA、相关和回归分析。尽管 Ucinet 是目前最流行的 SNA 软件,并且其综合性能与 Pajek 相当,其相关文献资料也比较丰富,但是,对于社会网络分析的新手来说,在处理小型网络时应该首先选择 Netminer 软件。因为,它在三个典型 SNA 软件中的界面友好性和易操作性都是最高,几乎所有的结果都是以文本和图形两种方式呈递的,这能够有效地帮助初学研究者较为顺利地进行前期的各种测量及分析工作,有效地减少新手研究者的适应期。

Netdraw 是由美国肯塔基州立大学加顿商学与经济学院管理系博卡提教授编写的网络可视化软件。它可以同时处理多种关系,并根据节点的特性设置颜色、形状和节点的大小。Netdraw 是一个非常灵活的可视化软件,能够非常直观形象地显示网络关系的图形,操作上简单易学,其开放兼容性丰富了社会网络分析内容。Netdraw 软件支持两种外部数据的导入方式,第一种是读取 Ucinet 系统文件、Ucinet DL 文本文件和 Pajek 文件;另一种是导入记载了节点信息的记事本文件,记事本文件的内容基本上可以分为三个部分:节点所代表的网络主体的属性数据、节点属性数据以及节点关系数据。当然,并非所有文件都必须包含这三部分。网络主体的属性数据主要包含用于描述网络中节点所代表的研究对象的属性;节点属性数据与网络主体的属性数据很相似,但节点属性数据其包含的变量是用来描述节点坐标、颜色、大小、形状等属性;节点关系数据主要是用来描述节点与节点间的关系属性①。同时 Netdraw 软件可以将 1—模、2—模社会网络数据可视化呈现,并且可以同时处理多种关系数据,并根据研究需要对节点的属性进行设置,例如颜色、大小、形状等等。图形的布局方式可以根据需要进行选择,有环形、立体形等,而且可以手动更变图形区域显示的大小。绘制的图片可以保存为 BMP、WMF 和 JPG 文件格式,也可以直接打印。另外,Netdraw 也可以对网络的某些指标指数进行测算,例如图形中实际存在的线与可能存在的线的比例越大,则该密度值越大,对完备图而言其密度为 1;同时还可以在 Analysis 菜单窗口下选择进行分块分析、中心性分析等。

　　社会网络分析方法诞生于社会人类学与社会心理学,具有人文社会学的各种特征,该方法重视研究对象,重点侧重于研究对象的社会关系,这正是正能量在行动者网络中传播研究的关键与核心。伴随着社会网络分析技术的发展以及工具的普及,使我们能够从互联网上抓取到客观数据,获取社会网络统计指标。本书在研究行动者网络的网络结构范型时,需要借助社会网络分析方法的图论知识和研究方法分析行动者网络各主体特征。因此本章的实证分析将采用社会网络分析方法作为基础。

---

① 王运锋、夏德宏、颜尧妹:《社会网络分析与可视化工具 Netdraw 的应用案例分析》,《现代教育技术》2008 年第 4 期。

第二节　信息传播主体行为特征分析模型的构建

社会网络分析法是在社会学、心理学、数学以及统计学等领域中发展起来的，经历了 70 多年的历史。在早期的社会网络中，学者们热衷于研究讨论如劳工命运、妇女权益、友谊关系等一些有浓厚政治味道，相对沉重的话题。至今，社会网络分析法已经形成了一系列的专有术语和概念，被广泛应用于社会学研究中，成为社会科学研究的一种新范式。同时，作为一种实用的研究方法，社会网络分析法已经超越了社会学的领域范畴，被其他领域的学者所运用。

随着社会网络分析的理论、方法和技术的逐渐成熟，不同学者从不同的视角进行了定量研究。部分学者在图书情报领域范围内，研究了引文分析、虚拟社区分析、链接分析、知识管理、合作（合著）分析和竞争情报六个方面内容。翟伟希（2010）研究了团队的知识交流共享状况并绘制了团队内部知识流动的路径、大小及方向，丰富了社会网络分析方法在知识管理中的运用①。同时，针对不同社交网络平台的不同特征，社会网络分析方法已经被广泛运用于在线社会网络等社会化媒体的研究中。微博用户及其之间的关系本质上构成了一种社会网络结构。微博信息的传播一定程度上基于社会网络理论基础的传播模式。例如，谢英香（2010）等运用社会网络分析法对 Blog 网络的文章和评论内容进行分析和统计，可视化了博客世界中的信息传播途径。从而了解人们所关注的话题和领域，监测公众舆论的焦点，挖掘出社区中最有影响力、最受关注的点②。欧治花（2012）利用社会网络分析方法来解决微博平台中的相关研究问题，使用网络爬虫方法，获取了豆瓣网的社交网络数据，揭示了豆瓣网的

---

① 翟伟希：《基于社会网络分析的组织知识共享研究》，重庆大学经济与工商管理学院硕士学位论文，2010 年，第 29 页。

② 谢英香：《博客网络位置影响力测评研究》，扬州大学硕士学位论文，2010 年，第 17 页。

社交网络结构特性①。

一、基于社会网络分析方法的模型构建

本书采用的软件是 Ucinet 目前第六版的 Ucinet 6.0。使用 Ucinet 软件进行社会网络分析时,需要按照以下步骤进行处理:

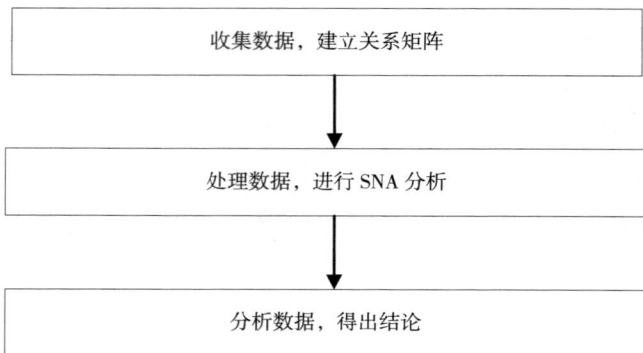

图 5-1 Ucinet 数据处理流程

准备数据是指将使用问卷、二手数据或者访谈法获得的需要用于研究的关系数据,按照规定格式进行整理形成关系矩阵,以备数据处理时使用。SNA 中共有三种关系矩阵:邻接矩阵(Adjacency Matrix)、隶属关系矩阵(Affiliation Matrix)和发生矩阵(Incidence Matrix)。邻接矩阵是正方阵,其行和列都代表完全相同的节点,如果邻接矩阵是二值矩阵,那么其中的"0"代表两个节点间没有关系,而"1"则表示两个节点之间存在关系。

在处理数据阶段,我们可以将建立的关系矩阵导入 Ucinet 软件,运用 SNA 软件自动计算出社会网络的各项网络指标或参数值。通常,运用 Ucinet 软件可以测量网络的基本属性,如:中心性、结构洞、连通性等。同时,遵循某种分析程序,根据探索的问题或对象的不同,通过探索性分析可以进行如下操作:凝聚子群分析、角色分析、网络位置和经纪人业务分析等。

---

① 欧治花、汤胤:《SNS 社交网络结构实证研究——以豆瓣网为例》,《科技管理研究》2012 年第 5 期。

分析数据阶段,是社会网络分析的关键性工作也是最后一步,需要我们根据研究需要,进行相应的分析。经过上一步的数据处理,可以得到一些可视化的数据表或图等信息,我们需要结合研究目的,对相关的指标进行分析。

(一)选取主体样本

起源于六度分隔理论的社交网络使人们置身于浩瀚的关系网络中,社交网络使原本相隔万里的人相识变得可能。在中国,腾讯、新浪微博、豆瓣等主流社交网络平台成为年轻人搜集信息、交友的主要平台。由此信息的来源更加多样化,信息传播的方式更加简洁,信息传播的速度也更加迅捷。微博上的群体行为表现得越来越明显,也越来越展现出了对用户行为的巨大影响力。运用计算机技术将现实生活中的社会网络映射到虚拟的环境中便形成了研究对象社会网络。

微博社区的活动本身是在虚拟的网络世界中开展的,微博平台内草根阶级的热门话题的受关注程度以及意见领袖的巨大影响力和影响范围等是传统社会群体不曾拥有的。因此对于这样一个特殊的微博社会群体的研究分析是十分必要的。

为了揭示微博网络中各用户之间是如何相互交流与作用的,以便于我们进一步了解社交网络中信息传播的特征,笔者将对现有文献进行归纳总结。现有对社交网络平台的研究分为两个部分。一种是人工划分社会团体,从微博平台上收集微博用户的行为信息,对微博用户进行实体建模后,根据这些实体的特征分析用户间的相关性,建立社会网络,探测社会群体并研究社会群体的特征。谢英香选取博联社(Blesh)作为取样样本。博联社详细区分了各个社区,其实也就是对样本进行了划分。抽样样本确定在"学生村""教师村""摄影村"范围。另外一种是选取一个与其他用户交流频繁的微博用户或者热门信息作为起始点,用编程、网页抓取及解析程序等软件,构建微博用户之间的关系网络,从而分析整个网络对信息传播的特征。该方法实际上是从点到面,具有特殊性。平亮通过在新浪微博中随机确定一个"名人"微博用户后,观察其"关注"对象,并将被"关注"人数超过10万的用户记录下来,之后再将记录下来的用户采取同样的方法观察记录,从而建立一个具有代表性的社会网络①。通过对这个小型的社会网络进行描述,来对信息或者"网络舆情"在整个微博社会网络中的传播进行探讨。郭晓姝在新浪微博中选择一条企业微博信息,查看所有转发该条微博信息的用户之间的关注关系,用社会网络分析法分析企业微博信息传播的途径及各用户在信息传播网络时的作用②。本研究的对象是新浪微博,而新浪微博的网络结构是比较独特的,这里有必要单独说明一下。微博服务具有相关特征功能,微博构建的社会网络关系是实时和动态的,微博用户可以随时自由地根据当前的兴趣爱好与其他用户创建或取消"关注"和"被关注"的社会关系。微博用户可以通过微博平台关注当日的各类新闻信息、近期的热门微博讨论话题以及有趣的微博信息。因此,只有微博的社会网络互动交流关系强,微博信息的传播与深入衍生才足够活跃,才可能让微博平台中的每个活跃用户都尽可能全面地获取个人感兴趣的信息。同时,在社会网络结构中,用户与用户之间的关系由于微博用户所属类型的差异导致了他们对资源与信息的偏好也存在不同程度上的差异,从而形成了一个微博平台中的社交网络关系结构。因此需要进一步分析不同类别微博用户群体及其使用动机、方法及传播信息的侧重点,通过分析微博用户呈现出的不同用户特征从而了解信息传递过程中不同类别微博用户的不同作用。

新浪微博作为主流门户网站中最早推出的微博产品,凭借先发优势和运营能力,已经成为国内最热的微博平台,在用户数量、活跃度等指标上居同类竞争产品前列。首先,新浪用户之间频繁地通过用户关注行为创建彼此间的社交关系,建立自己的网络人际关系圈子,这些复杂的多重社交关系自然地形成了微博平台中的社会网络关系结构。在新浪社会网络关系中,每个用户一旦与其他用户创建了关注关系,他便是微博社会网络中的一个节点。同时,用户间的单向关注或双向关系便是微博社会网络中的关系连线。这个网络是带有方向的,每一条关注边的产生都是用户主动选取的结

---

① 平亮、宗利永:《基于社会网络中心性分析的微博信息传播研究——以 Sina 微博为例》,《图书情报知识》2010 年第 6 期。
② 郭晓姝:《企业微博信息互动传播模式、途径与影响因素研究》,东北财经大学博士学位论文,2013 年,第 57 页。

果,并不是一个无向的网络。其次,新浪微博的认证用户分类明确,可分为政府、企业、学校、媒体、网站及名人等。因此,用新浪微博数据分析网络结构和用户行为特征,对于分析信息在社会网络中的传播具有代表性意义。

图 5-2 新浪微博风云榜板块分类

资料来源:新浪微博。

如图 5-2 所示,在样本选取上,本书选择新浪微博风云榜板块中的用户,风云榜板块又分为指标榜单和行业榜单两个子板块。由于行业榜单与本书的网络主体分类不相符,因此只考虑指标榜单。而指标榜单板块中又可以按照影响力、热议词及人气级粉丝数进行榜单筛选,由于按影响力和热议词筛选的榜单受到时间及偶然事件的影响较大,而按人气筛选的榜单则比较稳定,因此本文数据从人气榜单板块中提取。

政府、企业、微博名人、学校具有较高的社会、政治和经济影响,为了明确政府、企业、微博名人、学校各自在社会网络中所占有的地位,对信息传播的影响,根据研究需要我们抽取人气榜单板块中政府、企业、学校和微博名人这四类主体。同时为了分析各个主体内部的结构特征及互动关系,又将各主体划分为不同的行业或部门等。

文中样本按照粉丝数进行筛选,因为粉丝量越高意味着受众越多,接受面越广,信息的传递就越广泛。根据每个主体的总体粉丝数进行筛选,选择粉丝数排行前 5 的行业或部门,再分别选取这些部门中粉丝数排在前 20 名的用户。依次每个主体抽取 100 个样本数据。企业在人气榜板块中按行业分为 21 个模块,根据粉丝排名,本书抽取汽车交通、商场购物、金融服务、服装服饰等 5 个模块,每个模块抽取了粉丝数排名前 20 的用户。而政府包含了公安、外宣、司法、医疗卫生和交通部门,学校分为校友会、高校、中小学、出国留学和教育培训,微博名人包含财经、商业、房产、科技和政府这 5 个模块,出于研究需要我们用名字大写字母取代微博名人姓名。

(二)建立二维关联矩阵

社会网络分析法中共有三种关系矩阵:邻接矩阵、发生矩阵和隶属关系矩阵。我们在运用上述三种矩阵的过程中,可以根据需要对矩阵进行转置、加乘等运算。

邻接矩阵又名个案—个案方阵。在此方阵中,社会行动者的行和列完全相同,每个具体的矩阵要素展示了该要素行和列对应的两两行动者间是否因为属于同一个事项而联系在一起。所以该矩阵代表了行动者之间实际存在的关系。根据其表达的信息,这个矩阵与其生成的社群图是等价的。

发生阵又名个案—隶属关系长方矩阵。一般情况下,行和列表达的是不同的数据集合,各行表示社会行动者,各列表示行动者所属的项目。学者们通过研究行动者的隶属关系从而研究一个团体中哪些成员同时参与了哪些事件。发生阵是二值矩阵,由于网络中的点数和线数是不相等的,发生阵一般是二模长方形矩阵,我们可以通过矩阵运算将二模矩阵转化为需要的一模方阵。

隶属关系矩阵又名隶属—隶属方阵。在此方阵中,各行和各列都代表相同的隶属项目,并且行和列中项目的排序是相同的。与邻接矩阵相似,每个具体的矩阵要素展示了该要素行和列对应的两两项目间是否由于拥有共同的行动者而联系在一起。在社会网络分析中,隶属关系矩阵能够显示邻接矩阵中所不能阐明的社会结构的重要方面,因此我们不能忽视对它的研究。

通过以上方法对政府、企业、学校、微博名人各主体进行"关注"。根据每个样本的共同关注,得出关注网络,建立邻接矩阵。图5-3是政府网络互相关注的截图,由图可知,全部样本为100,包含了政府部门内的公安、司法、外宣等部门。

图5-3 政府网络相互关注关系示例

资料来源:新浪微博。

如果社会网主体内有10人,每个主体就形成一个10×10矩阵,这些矩阵都可以做矩阵运算,每一个矩阵都可以绘出一张网络图。将资料输入社会网分析软件,有关系者填1,无关系者填0。由于用户之间的关注与被关注关系并不是相互的,具有方向性,因此我们构建的是有向社会网络,箭头是从关注者指向被关注者。因此,如果网络中的节点a、b进行互相关注,那

么 $X_{ab}=1$，否则 $X_{ab}=0$。在该矩阵中，横向表示节点主动关注其他节点，纵向表示该节点被其他节点关注。

图5-4 平安哈尔滨的共同关注示例

资料来源：新浪微博。

在第一步关注的基础上，以图5-4为例，点开其主页，找取共同关注人群部分，即可显示"我"和平安哈尔滨共同关注的对象。通过对政府部门内所有用户彼此间的关系确定，建立社会网络关系矩阵。在矩阵中，"1"表示行用户关注列用户，"0"则表示行用户没有关注列用户或节点自身的关系。

运用该方法,通过统计各类主体中各用户之间的相互关注情况,本书分别构建了四个主体的邻接矩阵,图 5-5 是截取的部分政府部门关注矩阵。在关注矩阵中通过先前对用户类别进行的划分,再据此定义不同用户的所属部门。

	A	B	C	D	E	F	G	H	I	J	K	L	M	N	O	P
1			上海地铁	南昌铁路	郑州铁路	北京铁路	交通北京	上铁资讯	北京地铁	天津地铁	中国铁路	上海交通	天津地铁	广州铁路	北京公交	济南铁路
2		上海地铁	0	0	0	0	0	1	1	0	0	1	1	1	0	0
3		南昌铁路	0	0	1	1	1	1	0	0	1	0	0	1	1	1
4		郑州铁路	1	1	0	1	1	1	0	0	1	0	0	1	0	1
5		北京铁路	0	0	0	0	0	0	0	0	0	1	1	1	1	1
6		交通北京	1	1	1	1	0	1	1	0	1	1	0	1	1	0
7		上铁资讯	1	1	1	1	0	0	0	0	1	1	0	1	0	1
8		北京地铁	1	0	0	1	1	0	0	0	1	0	1	0	1	0
9		天津地铁	1	0	0	0	0	0	1	0	1	0	1	0	0	0
10		中国铁路	0	1	1	1	0	1	0	0	0	0	0	1	0	1
11	文通	上海文通	1	0	0	0	1	1	0	0	0	0	0	0	0	0
12		天津地铁	1	0	0	0	0	0	1	1	0	0	0	0	0	0
13		广州铁路	0	0	0	0	0	0	0	0	0	0	0	0	0	0
14		北京公交	1	1	0	1	1	0	1	0	0	0	0	0	0	0
15		济南铁路	1	1	1	1	1	1	1	0	1	1	0	1	0	0
16		新疆铁路	0	1	1	1	0	1	0	0	1	0	0	1	0	1
17		京港地铁	1	1	0	1	1	0	1	0	1	0	0	0	1	0
18		太原铁路	1	1	1	1	1	1	0	0	1	0	0	1	0	1
19		西南铁路	0	1	1	1	0	1	0	0	1	0	0	1	0	1
20		武汉铁路	0	1	1	1	0	1	0	0	1	0	0	1	0	1
21		昆明铁路	0	1	1	1	0	1	0	0	1	0	0	1	0	1
22		公安部打	0	0	0	0	1	0	0	0	0	0	0	0	0	0
23		平安北京	1	1	0	1	1	0	1	0	1	0	0	0	1	0
24		安徽公安	1	0	0	1	1	1	0	0	0	1	0	1	0	0
25		平安南粤	1	0	0	0	0	0	0	0	0	0	0	1	0	0
26		平安中原	0	0	1	0	0	0	0	0	0	0	0	0	0	0
27		中国维和	1	0	0	0	1	1	0	0	0	0	0	0	0	1
28		平安荆楚	0	0	0	0	0	0	0	0	0	0	0	0	0	0
29		北京消防	1	0	0	0	1	0	1	0	0	0	0	0	1	0
30		广州公安	1	1	1	1	1	1	1	0	1	1	1	1	0	1
31	公安	上海铁警	1	1	1	1	0	1	0	0	0	0	0	1	0	0
32		警民携手	0	0	0	0	0	0	0	0	0	0	0	0	0	0
33		平安宁夏	0	0	0	0	0	0	0	0	0	0	0	0	0	0
34		警民直通	1	0	0	0	0	0	0	0	0	1	0	0	0	0
35		河北公安	1	0	0	0	0	0	0	0	0	0	0	0	0	0
36		山东公安	0	0	0	0	0	0	0	0	0	0	0	0	0	1
37		平安辽宁	1	1	1	1	1	1	1	1	1	1	1	1	1	1
38		平安太原	0	0	0	0	0	0	0	0	0	0	0	0	0	0
39		山西公安	0	0	0	0	0	0	0	0	0	0	0	1	0	0
40		平安哈尔	0	0	0	0	0	1	0	0	0	0	0	0	0	0

图 5-5　100×100 的关系矩阵

资料来源:新浪微博。

将构建的四个主体的邻接矩阵分别导入 Ucinet 社会网络分析软件,从而得出四个主体的有向社会网络结构。社会网络拓扑图中最基本的元素是节点和边,其中节点代表用户或行动者,线代表行动者之间的关联。在本研究中,节点表示新浪微博用户,线表示用户之间的"关注"与"被关注"关系。

(三)应用 Ucinet 软件

将上述关注矩阵 Excel 文件导入,运用 Ucinet 软件包的绘图软件工具 Netdraw,绘制出各个主体沟通与传播的网络关系图谱(如图 5-6 所示)。在网络图中,一个节点代表一个人或一个组织,节点中包含了所有关注的用户,节点和节点之间的连线是它们的关系。任意两个节点之间的连线代表一个用户被另外一个用户所关注,线上的箭头代表传递资源的方向。

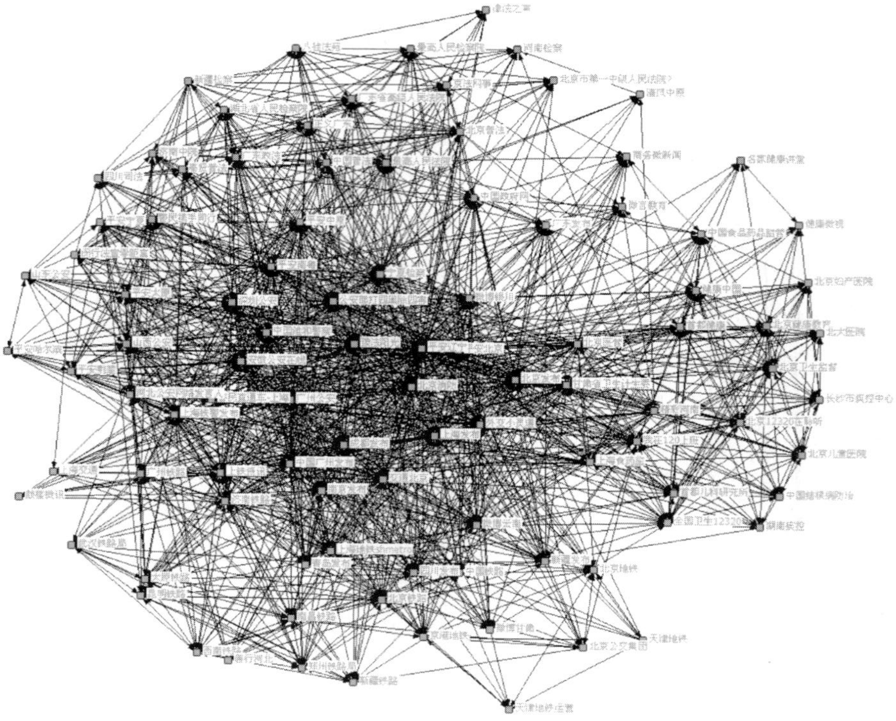

图 5-6 行动者主体网络关系图谱

资料来源:新浪微博。

为了分析各个主体的结构特征,笔者将分析其密度、内部派系以及中心度,通过对各个用户的相关指标进行分析,进而探讨在信息传播、资源共享时各个用户在主体内部的作用及运作模式,并发现其中的关键节点人物。

在社会网络分析软件 Ucinet 中,通过路径"Network→Centrality→Multiple Measure",我们可以获得点度中心度、中间中心度和接近中心度的简化指标。

特征向量中心度的测量可以在 Ucinet 中沿着"Network→Centrality→Eigenvector"路径执行,然后选择待分析的网络数据即可。

整体网络密度的获取步骤是"Network→Cohesion→Density",然后选择待分析的网络数据。

网络派系的获取步骤是"Network→subgroups→Cliques",然后选择待分析的网络数据,并根据研究问题设置派系最小规模。

通过以上步骤,我们能初步得到待分析的原始数据,经过数据的初步选取与加工,我们便能做进一步的分析。

二、信息传播主体行为特征的量化指标

(一)信息传播主体网络的整体网络密度

关于整体网络密度的计算,如果研究的网络是整体网,其密度的计算与个体网密度的计算稍有不同。如果该整体网是无向关系网,其中有 n 个行动者,那么在理论上其中包含的关系总数最大可能值是 $n(n-1)/2$,假设这个网络中实际拥有的关系数目是 m 的话,那么这个网络的密度等于"实际关系数"除以"理论上的最大关系数",即为 $m/[n(n-1)/2] = 2m/[n(n-1)]$。如果这个整体网是有向关系网,而且其中有 n 个行动者,那么在理论上其包含关系总数的最大可能值便是 $n(n-1)$,因此该网络的密度因而等于 $m/[n(n-1)]$。

密度指的是一个图中各个点之间联络的紧密程度,固定规模的点之间的联系越多,该图的密度就越大。在社会网络分析中,密度已经成为最常用的一种测度。总的来说,整体网的密度越大,该网络对其中行动者的态度、行为等产生的影响也越大。联系紧密的整体网络不仅为其中的个体提供各种社会资源,同时也成为限制其发展的重要力量。密度越高就表示网络中成员的互动程度越高,产生的信息资源交换就会增加,密度越低则表示网络中成员的互动程度越低,会降低彼此间信息、知识的交换。

(二)信息传播主体网络的派系

人们很早就发现,在很多实际的社会网络中都存在着团体的现象,表现为一部分节点之间的关系密切,尤其是这部分节点通常聚集分布,表现为在网络结构内部集团内部节点之间的连接特别多,集团和集团之间的边缘连接相对而言要少得多。在现实世界中,有一种谚语叫"物以类聚、人以群分",也就是说相似的人往往容易聚集在一起,而不相似的人很难走到一块

儿去。在线社区是人们将现实社会关系在网络上的迁移和扩展,所以在线社区就像现实社会,存在因为一些相同的利益,或背景知识而形成的各种各样特色和功能的组织结构。

对于二元有向关系网络来说,"派系"常常指这样的一个子群体,其成员之间的关系都是互惠的,并且不能向其中加入任何一个成员,否则将改变整个派系的性质。派系这个概念太严格。只要去掉一个互惠的关系,派系就不成其为派系了。所以,学者们利用两种结构特征放松了对派系概念的严格定义。将派系视为最基本的凝聚子群概念。

从派系的定义可以看出,如果研究网络中存在关系相当紧密的小凝聚群体的话,"派系"无疑是可以利用的一种凝聚子群的概念。凝聚子群研究的目的是为了找到其中存在的一些相互联系比较紧密的具有凝聚力的小群体。

通过对社会网络派系的分析可以让人们更加深入地了解微博网络结构所形成的原因,甚至可以看出该网络结构运行的内在动力从而帮助人们在网络社区中找到自己的位置。因此对网络社区进行派系研究是非常必要的。

(三)信息传播主体网络中心度

社会网络研究中所说的中心度类似于在社会分层研究中的不平等性,二者都有多种研究的视角。Freeman(1979)指出根据的标准不同,用以刻画中心度的指标也不同,"权力"的指标也就不同。比较常用的几类中心度包括:度数中心度、中间中心度、接近中心度、特征值中心度以及与之相应的多种中心势指数。

1. 点的度数中心度

点的度数中心度指的是在社会网络中一个行动者与很多他者有直接的关联,该行动者就处于中心地位,从而拥有较大的权力。它是描述网络中节点直接影响力(权力)的指标,反映了该节点在网络中的知名度和合群性。居于中心地位的行动者常常与他者有多种关联,居于边缘地位的行动者则联系较少。因此测量一个点的度数中心度,可以依据与该点有直接关系的点的数目,在无向图中表现为点的度数,而在有向图中包含点入度和点出度,这便是点的度数中心度。点度中间度越大,则表示该节点在网络中处于中心地位的可能性就越大,其描述了某个体在发布信息或获取信息时"权力"的大小。点度中心度是一个最简单、最具有直观性的指数。

$$C_D(i) = \frac{\sum\limits_j D_{ij}}{N-1} \tag{5-1}$$

点度中心度是衡量与某节点直接联结的其他节点的数量之和,描述的是节点的活跃程度。其中:i 为某个节点;j 为当年除了 i 之外的其他节点;D_{ij} 为一个网络连接,如果节点 i 与节点 j 存在关系则为1;否则为0。由于不同主体网络数量不同,我们用($N-1$)来消除规模差异。

2. 点的中间中心度

如果一个行动者处于许多网络交往的路径上,可以认为此人居于重要的地位,因为他具有控制其他两人之间交往的能力。中间中心度是描述网络中节点对资源信息控制程度(是否处于其他两点之间的路径上)的指标,反映了节点控制其他节点间互相通讯的能力,"处于这种位置的个人可以通过控制或者曲解信息的传递而影响群体"。

很多学者都对中间性(Betweenness)概念加以定义,其中最为权威的便是美国加州大学尔湾分校的社会学家林顿·弗里曼(Freeman,1979)教授。他认为,中间中心性测量的是在多大程度上一个点位于图中的其他点的"中间"。他认为,如果一个行动者位于多对行动者之间,那么他的度数会比较低。这个度数相对较低的点可能发挥重要"中介"作用,因此位于网络的中心位置。中间中心性越大,则表示该节点在网络中的资源控制力越大,该节点处于许多其他点的测地线(最短途径)上,越多的节点需要通过它才能互相联系,他是沟通各个他者的桥梁①。

$$C_B(i) \frac{\sum\limits_{j<k} D_{jk}(i)/D_{jk}}{(N-1)(N-2)} \tag{5-2}$$

其中:D_{jk} 是节点 j 与节点 k 相联结必须经过的捷径数,$D_{jk(i)}$ 是节点 j 与

---

① 刘军:《整体网分析讲义》,格致出版社2009年版,第99页。

节点 k 的捷径路径中有节点 i 的数量。N 是该行动者网络中的人数,我们用 $(N-1)(N-2)$ 消除该网络的规模差异。

3. 点的接近中心度

当我们更关注一个行动者与网络中所有其他行动者的接近性程度时,即一种对不受他人控制的测度,就引出节点的接近中心度(Closeness Centrality)。

接近中间性是描述网络中节点独立性的指标,同时也反映了该节点传播信息的速度。由上述内容可知,在测量某点的"局部中心度"的时候,我们根据的是该点的度数。两点之间一般存在一条捷径,捷径的长度就是两点之间的距离。而弗里曼对"接近中心度"的测量却根据点与点之间的"距离"。一个非核心位置的成员必须"通过他人才能传递到信息",故如果一个点与网络中其他各点的距离都很短,则该点是整体中心点,当行动者与其他行动者越接近,在信息传播中越不依赖他人,该点具有较高的接近中心度。我们关注的是捷径,而不是直接关系。接近中间性越大,该节点与许多其他点都"接近"。则该点能通过越短的路径与其他点之间相联系,传播信息的速度越快。

$$C_C(i) \quad \dfrac{N-1}{\sum\limits_{j=1}^{N} d(i,j)} \tag{5-3}$$

接近中心度衡量的是某节点与节点网络中的其他节点的距离。其中,$d(i,j)$ 为节点 i 到节点 j 的距离(即两个节点之间捷径的长度),指标等于节点与其他所有节点之间的距离之和的倒数。由于不同主体网络节点数量不同,我们用 $(N-1)$ 来消除规模差异。

4. 特征向量中心度

特征向量中间性是描述网络中节点综合影响力的指标,通过给网络中所有节点进行评分,反映节点在网络中的重要性。研究特征向量(Eigenvector)是为了在网络总体结构的基础上,找到居于最核心位置的行动者,其关注的是"整体"的模式结构。这种方法要用到"因子分析"(Factor Analysis),找出各个节点之间的距离的"维度"(Dimensions)。每个节点相应于每个维度上的位置就叫做"特征值"(Eigenvalue),一系列这样的特征值就叫做特征向量。通常情况下,第一个维度可以抓住各个行动者之间距离的"综合"方面;第二个以及其他维度把握的是比较具体的和局部的子结构。

对于一个点 A 来说,如果 A 与很多本身具有较高中心度的点连接的话,该点就具有高的核心度。在信息、正能量的传递过程中,特征向量中间性不仅考虑了最短路径,而且将节点间路径之和也纳入了计算范围。因此,特征向量中间性更好地反映了节点在网络中传递信息的效率和信息发布的广度。

$$E_i = \frac{\sum_{j=1}^{n} M_{(ij)} E_j}{\lambda} \tag{5-4}$$

其中,λ 为一个常数,n 个表达式相加可得到矩阵方程 $\lambda E = ME$,E 为由 n 个节点互相关注构成的关系资本的列向量,$E = [E_1, E_2, \cdots, E_n]$,则 E 恰是邻接矩阵 M 的特征向量。根据 Perron-Frobenius 定理,连通图(网络中的任意两节点都有路径连通)的邻接矩阵至少有一个正的特征值,其对应的特征向量为正向量。为保证所有节点的连接关系值为正,取 λ 为 M 的最大特征值,此时的 E 是一个正的特征向量[①]。社会网络研究中,E_i 被称为向量中心度,它同时涵盖关系的数量和网络嵌入结构两方面,被用来衡量网络中一个成员对其他成员控制能力的大小及其在整个网络中的重要程度,E_i 越大,节点 i 在网络中的控制力和影响力越大,位置越重要,自身拥有关系的质量越高。

(四)信息传播主体网络的中心势

上面分析的是点的中心度。有时候我们关注的是整个图,我们可以用一种指数,刻画整个图的这种中心势,也可以达到比较不同图的中心趋势的目的。我们用中心度来描述图中任何一点在网络中占据的核心性;用中心势刻画网络图的整体中心性。社会网络分析中同时也包含着与中心度相对应的多种中心势指数。

———————————

① 田高良:《连锁董事、财务绩效和公司价值》,《管理科学》2011 年第 3 期。

1. 图的度数中心势

计算中心势的思想实质就是比较网络中各个点的点度中心度差异:首先找到图中的最大中心度数值;然后计算该值与任何其他点的中心度的差,从而得到多个"差值";再计算这些"差值"的总和;最后用这个总和除以各个差值总和的最大可能值。例如,在包含 n 个点的完备网络图中,任何点的度数都等于 $n-1$。也就是说,在这种完备网络中,不存在度数中心度最大的节点,任何点的度数中心度都没有差异,没有"中心点",因此该图的中心势为 0。因此,一个中心势程度不高的网络与一个中心势程度高的网络是不同的。

它测量的是"图的总体整合度或者一致性"。不同结构的图其中心趋势存在着很大差异。如果一个网络的点度中心势数值很大,则该网络的向心趋势就较为明显。下面是关于它的计算公式①:

$$C_D = \frac{\sum_{i=1}^{n} (C_{max} - C_i)}{max\left[\sum_{i=1}^{n} (C_{max} - C_i)\right]} \tag{5-5}$$

2. 图的中间中心势

从整体上说,网络也存在中间中心势指数,这是一个整体结构指数,该数值越大,被别人垄断网络中信息的可能性就越大。例如,环形网络的中间中心势指数是 0,是指该网络中的某一成员完全不受其他成员的控制,也就是说该成员不依赖于其他成员。而星形网络的中间中心势指数是 100%,也就是说有一个核心行动者是所有其他行动者的桥接点,其公式为②:

$$C_B = \frac{\sum_{i=1}^{n} (C_{RB_{max}} - C_{RR_i})}{n-1} \tag{5-6}$$

其中 $C_{RB_{max}}$ 是点的相对中间中心度。

3. 图的接近中心势

接近中心势越高意味着在网络上每个点的信息能够比较顺利地传递到

① 刘军:《整体网分析讲义》,格致出版社 2009 年版,第 99 页。

其他各点,受其他点的控制较少。同时,网络内部每个点获取信息也更为容易,因为每个点相对而言是独立的,在获取信息时很少被其他点控制。一个图的接近中心势指数,表达式为(具体推导过程参见 Freeman,1979:231)[①]:

$$C_C = \frac{\sum_{i=1}^{n} (C'_{RC_{max}} - C'_{RC_i})}{(n-2)(n-1)} (2n-3) \qquad (5-7)$$

与点度中心度相似,星型网络的接近集中趋势为1,而对于完备网络来说,由于其中任何一点都与其他点有同样距离,其接近中心势为0。

第三节 微博平台内部信息传播主体行为特征的实证分析

一、信息传播主体行为特征的宏观态势

(一)信息传播主体的网络关系图谱

通过构建各类网络传播主体关联矩阵,本书利用可视化的手段得到了各类别的网络关系图谱。

从图5-7中我们可以清晰地看到,政府子群联系比较紧密,且公安部门处于网络的核心,将各个部门连接起来。同时,基于政府的关联网络,最明显的关联分别有行业关联(平安中原、平安南粤、中国维和警察、安徽公安在线等)、区域关联(北京铁路、京港地铁、北京公交集团、北京地铁等)。这表明当前政府已经意识到了微博的重要作用,开始注重信息的公开化、透明化,使网络信息更加明朗,传播效度更大。公安部门与人们的日常生活息息相关,其传播信息的日渐公开化、透明化决定了其在政府网络中的核心地位。

根据资源依赖理论,如果一个企业同时与多个企业有直接的关联,那么该企业就占据了该行业或企业网络的资源中心位置。从图5-8来看,企业

---

① Freeman L C, *Centrality in Social Networks Conceptual Clarification*, Social Networks, 1979, Vol.1, No.3, pp. 215-239.

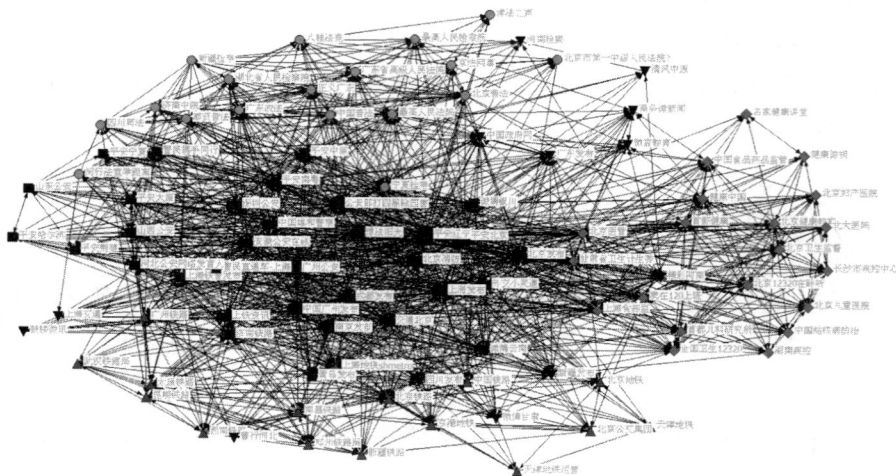

图 5-7 政府子群

资料来源：新浪微博。

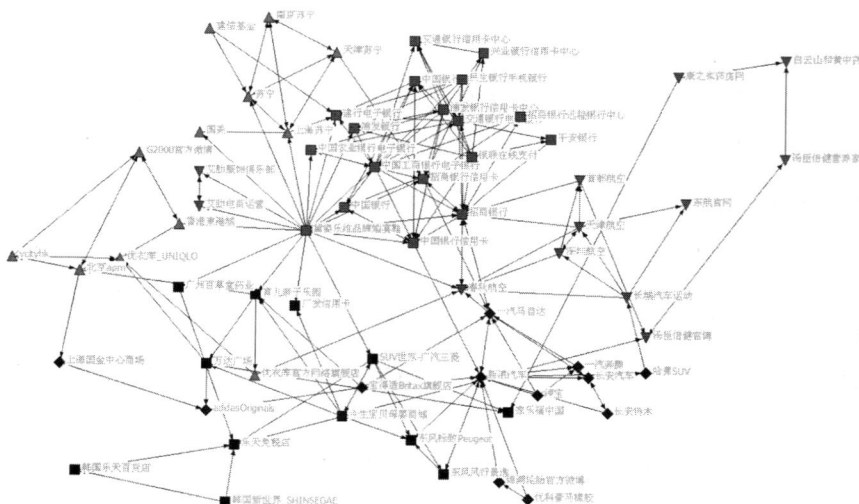

图 5-8 企业子群

资料来源：新浪微博。

间的关系并没有像政府那样密集,但金融服务业的核心地位又很明显,它们几乎桥接起了整个网络,并且把不相关的行业间企业、不接壤的地区间企业连接起来。例如,中国银行信用卡(金融服务)将黛姿乐维品牌婚宴鞋(商场购物)和新浪汽车(汽车交通)连接起来。根据结构洞理论,占据中心位置的企业对资源流、信息流、知识流有着强大的控制权,因此中国银行信用卡(金融服务)在黛姿乐维品牌婚宴鞋(商场购物)和新浪汽车(汽车交通)之间的信息传播过程中起着桥梁的作用。

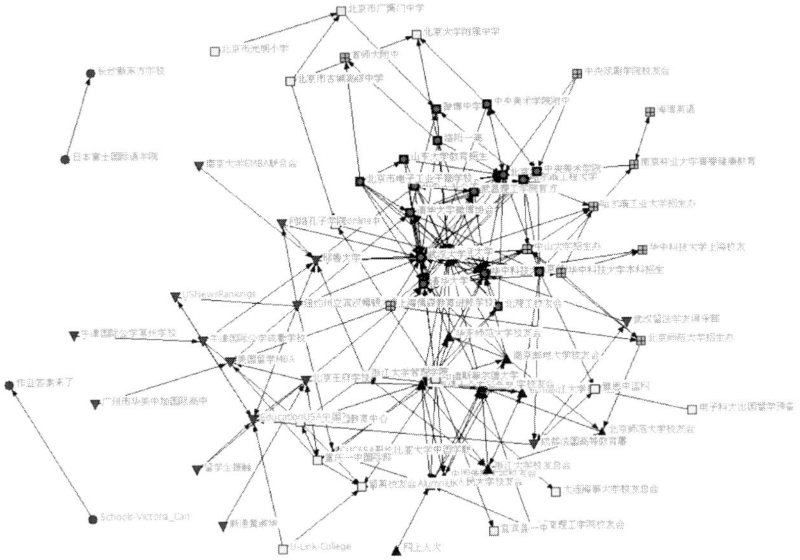

图 5-9　学校子群

资料来源:新浪微博。

　　根据同类相聚原则,同一性质教育机构之间的联系相对比较紧密,例如,纽约大学与 US News Rankings、美国留学 MBA、Education USA 中国等相互关联。但总体来说,学校之间的关联比较松散,且独立个体比较多,说明教育机构之间交流较少。

　　从图 5-10 中可以清晰地看到,微博名人子群主要以两个模块——财

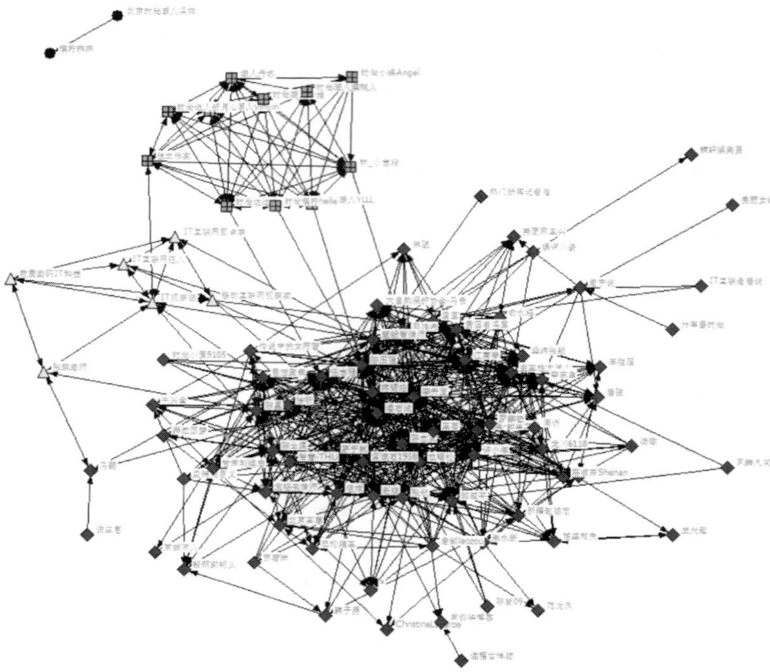

图 5-10　微博名人子群

资料来源：新浪微博。

经和时尚为核心。说明这两种行业已经融入了微博名人的生活，在微博名人生活中占据重要位置。同时表明微博名人对信息具有一定的偏好性，这两类信息相比其他信息的优势是更新速度快，紧跟时代步伐。随着人们生活水平的提高，微博名人的需求也不断变化——由追求物质到对美的追求，由原来的单一娱乐偏好到相对复杂的理财偏好。由此可知，只有掌握资讯的最优时效性，同时与微博名人进行便捷的、即时的互动和沟通，才能获取微博名人的青睐。而微博名人网络中其他行业，需要从技术层面以及微博名人行为偏好中不断地去挖掘自身优势，以实现自身信息与微博名人互动的完美无缝对接。

（二）信息传播主体网络的凝聚分布

利用 Ucinet 对四个主体的邻接矩阵进行分析,分别绘制出社会网络关系图。图中的节点表示的是微博用户,连线表示两端节点存在的"关注"与"被关注"关系。密度指的是一个图中各个点之间联络的紧密程度,在一个二值关系网络中,密度等于"实际存在的关系总数"/"理论上最多可能存在的关系总数"。在社会网络分析中,密度已经成为最常用的一种测度。固定规模的点之间的联系越多,该图的密度就越大,凝聚性越强。密度值越低,说明该网络之间的节点交流不够密切,联系越松散。

通过 Ucinet 软件分别对四个主体的社会网络密度进行测算,密度值由高到低分别为:政府、网民、学校和企业,相应密度值为:0.2112、0.0955、0.0252、0.0214。通过将密度值和画图软件 Netdraw 所得出的四个主体的社会网络关系图进行比较,本书发现密度值和相应的社会网络图谱的图形特征是紧密一致的。当密度值大时,网络图形紧凑;密度值小时,网络图形松散。政府网络之间的交流最为密切,联系紧密;企业之间的关注最为松散,联系不强。

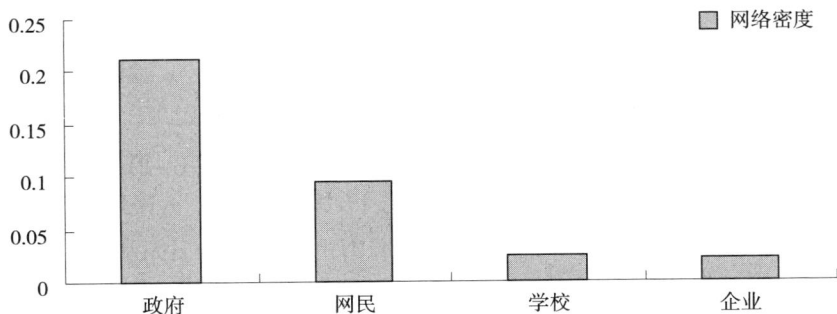

图 5-11　行动者网络的密度

资料来源:新浪微博。

（三）信息传播主体网络的内聚性

中心势与中心度是描述社会网络中心性的重要度量方法。通过分析中心势,我们可以描述整个图的内聚性或一致性。通过分析中心度,可以找出处于核心位置的用户,即可以找出哪些微博机构在信息传播过程中"权力"更大,能够在较大程度上影响信息传播。数值越高表明他们所发布的信息越能在这个社会网络中被其他大多数用户关注到,同时他们也关注其他用户。

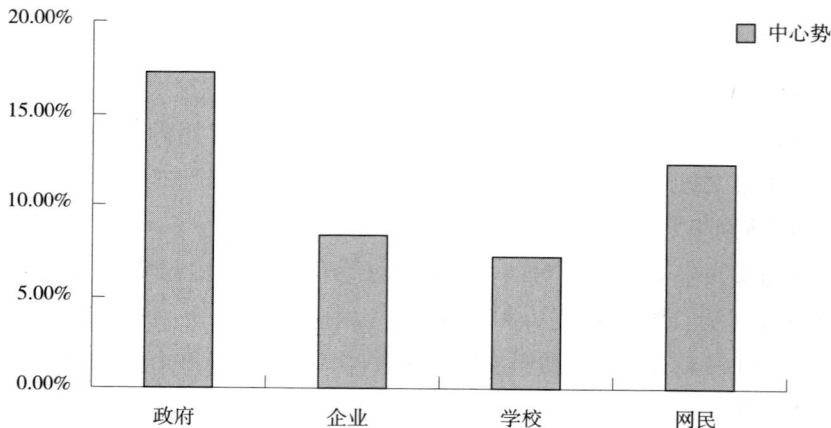

图 5-12 整体网络中心势

资料来源:新浪微博。

本书比较了这四类网络的整体中间中心势。整体中间中心势越大,说明该网络中成员对其他网络成员之间的交往能施加的影响力越大。企业、学校的整体网络中间中心势指数分别为 8.32%、7.27%,指数偏低,说明这两类网络中缺少对其他节点有明显控制力的节点,即如果整个网络中大部分的节点不需要别的节点作为桥接点,该网络就具有较强的信息传递能力。政府、微博名人网络的中间中心势分别为 17.23%、12.22%,说明在政府、微博名人网络中,对其他节点具有较强控制力的节点分布比较集中,内聚性较强。

二、信息传播主体行为特征的微观态势

(一)信息传播主体网络的派系分析

我们采用 Cliques 分析法对各个行动者网络进行凝聚子群分析,结果如表 5-1 所示。

表 5-1　政府网络的派系情况

派系	1	2	3	4	5	6	7	8	9	10	11
1	公安部打"四黑"除"四害"	警民直通车—上海	河北公安网络发言人	山东公安	平安辽宁	平安哈尔滨	安徽公安在线	平安北京	山西公安	平安南粤	广州公安
2	平安荆楚	警民直通车—上海	河北公安网络发言人	平安辽宁	平安太原	平安哈尔滨	安徽公安在线	平安北京	山西公安	平安南粤	广州公安
3	公安部打"四黑"除"四害"	警民直通车—上海	河北公安网络发言人	山东公安	平安辽宁	平安哈尔滨	中国维和警察	平安北京	山西公安	平安南粤	广州公安
4	公安部打"四黑"除"四害"	警民直通车—上海	河北公安网络发言人	警民携手同行	山东公安	平安哈尔滨	安徽公安在线	平安北京	山西公安	平安南粤	广州公安
5	平安荆楚	警民直通车—上海	河北公安网络发言人	警民携手同行	平安太原	平安哈尔滨	安徽公安在线	平安北京	山西公安	平安南粤	广州公安
6	中国维和警察	警民直通车—上海	河北公安网络发言人	山东公安	平安辽宁	平安哈尔滨	平安太原	平安北京	山西公安	平安南粤	广州公安
7	公安部打"四黑"除"四害"	警民直通车—上海	河北公安网络发言人	平安荆楚	深圳公安	成都发布	平安太原	平安北京	山西公安	平安南粤	广州公安

续表

派系	1	2	3	4	5	6	7	8	9	10	11
8	中国维和警察	警民直通车—上海	河北公安网络发言人	平安太原	深圳公安	成都发布	平安荆楚	平安北京	山西公安	平安南粤	广州公安
9	公安部打"四黑"除"四害"	警民直通车—上海	河北公安网络发言人	平安荆楚	深圳公安	成都发布	安徽公安在线	平安北京	山西公安	平安南粤	广州公安
10	安徽公安在线	警民直通车—上海	河北公安网络发言人	平安太原	深圳公安	成都发布	平安荆楚	平安北京	山西公安	平安南粤	广州公安

资料来源:新浪微博。

表5-1显示在派系规模最小值为11的情况下,政府网络中存在十个派系。此外可以看出政府网络相对比较集中,同时它的子群体重叠交叉的情况也会比较复杂,说明派系之间的共享成员比较多。

从上表结果中我们发现每个派系都包含广州公安、平安北京、山西公安、平安南粤、河北公安网络发言人、警民直通车—上海,他们主要属于政府里面的公安部门,连接着外宣、司法、医疗卫生和交通部门,在网络中处于核心地位。同时,除了成都发布属于外宣部门外,各派系的成员全为公安部门,说明该部门间的联系十分紧密,而四个派系中都包含成都发布,说明成都发布与公安部门合作密切。

表5-2 企业网络的派系情况

派系	1	2	3	4
1	苏宁	上海苏宁	南京苏宁	天津苏宁
2	招商银行	招商银行信用卡	招商银行远程银行中心	

续表

派系	1	2	3	4
3	中国银行电子银行	中国银行信用卡	中国银行	

资料来源：新浪微博。

表 5-2 显示在派系规模最小值为 3 的情况下,企业网络存在三个派系,它们分别形成了三个完备子图,并且派系相互之间是独立的。每个派系中的成员都属于同一公司,它们之间的联系主要是母子公司关系,说明了企业与企业之间的联系并不是特别紧密,而企业内部沟通交流比较频繁。

表 5-3　学校网络的派系情况

派系	1	2	3
1	复旦大学	武昌理工学院官方	哈尔滨工程大学
2	复旦大学	武昌理工学院官方	武汉大学
3	复旦大学	武汉大学	华中科技大学
4	杭州浙江大学校友会	浙江大学校友总会	浙江大学管理学院
5	华中科技大学上海校友	华中科技大学	华中科技大学本科招生
6	北京电影学院	中央美术学院	中央美术学院附中
7	中山大学招生办	华中科技大学本科招生	哈尔滨工程大学招生办
8	中山大学招生办	哈尔滨工程大学	哈尔滨工程大学招生办
9	复旦大学	哈尔滨工程大学	哈尔滨工程大学招生办

资料来源：新浪微博。

表 5-3 显示在派系规模最小值为 3 的情况下,学校网络存在九个派系,它们的子群之间是重叠交叉的关系,其中复旦大学为四个派系所共享,哈尔滨工程大学、哈尔滨工程大学招生办分别为三个派系所共享,武昌理工学院官方、华中科技大学分别为两个派系所共享。派系 4 和 5 的成员都属于同所大学之间的联系,派系 6 和 7 的成员属于同行业之间的联系。

所有派系成员均属于高校、校友会和教育培训部门,说明这三个部门之间的联系十分紧密,而中小学与出国留学部门之间的联系比较松散。

表 5-4　微博名人网络的派系情况

派系	1	2	3	4	5	6
1	LXP	DB	BSS	XXN	JPX	LDS
2	LXP	DB	BSS	XXN	JPX	MYS
3	LXP	ZX	BSS	XXN	JPX	MYS
4	LXP	XXN	ZX	BSS	JPX	MYS
5	LXP	DB	BSS	XXN	LDS	WS
6	LXP	DB	BSS	XXN	WS	MYS
7	LXP	ZX	BSS	XXN	WS	MYS
8	LKF	LXP	DB	XXN	JPX	LDS
9	LKF	LXP	DB	XXN	LDS	WS
10	SSCR	SSDRSYX	LXZL	CRDN	SSXB	SSDDRR
11	SSCR	SSDRSYX	LXZL	CRDN	SSDDRR	SSMT
12	SSCR	SSCRXY	LXZL	CRDN	SSDDRR	SSMT
13	SSCR	LXZL	CRDN	SSXB	SSDDRR	SSCRYLLL
14	SSCR	LXZL	CRDN	SSDDRR	SSCRYLLL	SSMT

资料来源:新浪微博。

表 5-4 显示在派系规模最小值为 6 的情况下,微博名人网络存在 14 个派系,派系之间是重叠交叉的关系,其中派系 1 到 9 为财经类,10 到 14 为商业类。财经类中,LXP 为连接各个派系的核心人物;商业类中,SSCR、CRDN、LXZL 和 SSDDRR 为连接各个派系的核心人物。

通过表 5-4 还可以得出,财经和商业类内部联系比较紧密,而科技、房产和政府类的内部联系较少。同时,不同行业的微博名人之间的联系也比较少。

(二)信息传播主体网络的点度中心度

点度中心度是指在社会网络中,如一个行动者与很多其他行动者有直接联系,该行动者就处于中心地位,从而拥有较大的权力。点度中心度较高的网络节点,从总体来看是该社会网络的核心点,即该用户被其他用户关注和关注其他用户的整体程度较大。而点度中心度越高表明社会网络的总体整合度越高,信息传播越密集。

表5-5 信息传播主体点度中心性指标

政府部分成员点度中心性指标				
编号	用　户	OutDegree	InDegree	NrmOutDeg	NrmInDeg
36	平安辽宁	96.000	50.000	96.970	50.505
42	豫法阳光	65.000	32.000	65.657	32.323
29	广州公安	63.000	43.000	63.636	43.434
53	宁夏检察	54.000	26.000	54.545	26.263
22	平安北京	53.000	56.000	53.535	56.566
65	甘肃省卫生计生委	50.000	16.000	50.505	16.162
5	交通北京	48.000	23.000	48.485	23.232
23	安徽公安在线	46.000	32.000	46.465	32.323
……	……	……	……	……	……
71	名家健康讲堂	2.000	6.000	2.020	6.061
87	上海发布	0.000	49.000	0.000	49.495

Network Centralization(Outdegree)= 76.615%
Network Centralization(Indegree)= 35.802%

企业部分成员点度中心性指标				
编号	用　户	OutDegree	InDegree	NrmOutDeg	NrmInDeg
98	银联在线支付	10.000	1.000	10.101	1.010
83	中国工商银行电子银行	10.000	6.000	10.101	6.061
28	今生宝贝母婴商城	7.000	1.000	7.071	1.010
97	交通银行电子银行	7.000	4.000	7.071	4.040
94	浦发银行信用卡中心	7.000	1.000	7.071	1.010
93	民生银行手机银行	6.000	0.000	6.061	0.000
4	新浪汽车	6.000	13.000	6.061	13.131

续表

企业部分成员点度中心性指标					
编号	用　户	OutDegree	InDegree	NrmOutDeg	NrmInDeg
8	SUV 世家—广汽三菱	5.000	2.000	5.051	2.020
……	……	……	……	……	……
9	天地华宇官方微博	0.000	0.000	0.000	0.000
32	HDDC 珠宝	0.000	0.000	0.000	0.000
Network Centralization(Outdegree)= 18.243% Network Centralization(Indegree)= 11.101%					

学校部分成员点度中心性指标					
编号	用　户	OutDegree	InDegree	NrmOutDeg	NrmInDeg
10	哈德斯菲尔德大学	16.000	3.000	16.162	3.030
7	华南理工大学校友会	12.000	5.000	12.121	5.051
30	复旦大学	12.000	23.000	12.121	23.232
82	京佳教育	12.000	0.000	12.121	0.000
9	南京邮电大学校友会	9.000	2.000	9.091	2.020
32	武汉大学	9.000	16.000	9.091	16.162
12	武昌理工学院官方	8.000	4.000	8.081	4.040
31	北京工业大学	8.000	1.000	8.081	1.010
……	……	……	……	……	……
1	惠经校友会	0.000	0.000	0.000	0.000
24	西电华为创新俱乐部	0.000	0.000	0.000	0.000
Network Centralization(Outdegree)= 13.784% Network Centralization(Indegree)= 20.926%					

续表

微博名人部分成员点度中心性指标				
编号	用　户	OutDegree	InDegree	NrmOutDeg	NrmInDeg
14	BSS	45.000	28.000	4.132	2.571
70	LGS	36.000	2.000	3.306	0.184
5	LXP	35.000	30.000	3.214	2.755
85	DYZLS	35.000	2.000	3.214	0.184
20	JPX	33.000	21.000	3.030	1.928
71	LCM	30.000	4.000	2.755	0.367
46	WL	24.000	1.000	2.204	0.092
29	SXJJ	21.000	20.000	1.928	1.837
……	……	……	……	……	……
4	SSZJYLQ	0.000	0.000	0.000	0.000
9	ZTXXSJS	0.000	0.000	0.000	0.000
Network Centralization(Outdegree)= 3.297% Network Centralization(Indegree)= 3.205%					

资料来源:新浪微博。

依据政府成员点度中心性指标的分析结果来看,不同的用户表现出不同的点入度和点出度。点入度表示关系"进入"的程度,在这里表示一个用户被其他用户"关注"的程度。点出度表示一个用户"关注"其他用户的程度。从结果可以看出,点入度比较高的用户,即更受人"关注"的用户为平安北京(点入度为 56.000)、公安部打"四黑"除"四害"(点入度为 52.000)、北京发布(点入度为 53.000),说明它们在整个网络上信息传播的过程中拥有较大的权力,它们发布的消息为更多人所关注。整个网络的标准化点入度中心势和点出度中心势分别为:35.802% 和76.615%,说明了关注关系有很大的不对称性。中心势越接近 1,说明网络越具有集中趋势(Centralization),表中可以看出"关注"的中心势更大一些,说明"关注"他人的用户更具集中趋势。同样,被"关注"中心势也达到了 35.802%,也有着比较明显的集中趋势,也就是说,被"关注"的用户有着明显的集中趋势。

企业中心性指标中,新浪汽车(点入度为 13.000)、招商银行(点入度为 12.000)、招商银行信用卡(点入度为 8.000)为影响力最大的用户。整个网络的标准化点入度中心势和点出度中心势分别为:39.00% 和 63.03%。不论是"关注"还是"被关注"的中心势都比较小,说明用户没有明显的集中趋势。

从学校点度中心性指标发现,复旦大学(点入度为 23.000)、华中科技大学(点入度为 17.000)、武汉大学、清华大学(点入度为 16.000)点入度排名前三,高校部门成员对整个学校网络的影响最大,说明高校部门是整个学校网络消息的源头。整个学校网络的标准化点入度中心势和点出度中心势分别为:20.926% 和 13.784%。与企业相似,用户集中趋势比较低,关注关联关系比较少。

微博名人中,PSY(点入度为 44.000)、LKF(点入度为 44.000)、LJ(点入度为 33.000)居于"被关注"关系的中心位置,是整个网络影响力最大的用户。他们发布的消息为更多人所接受。整个微博名人网络的标准化点入度中心势和点出度中心势分别为:3.205% 和 3.297%。星型网络的中心势为 1,而"关注"与"被关注"中心势接近与 0,用户明显分散,联系不紧密。

总之,用户影响排名由大到小依次为政府、微博名人、大学、企业,其内部用户对整个网络的影响力由高到低。因此,在寻找核心人物时,我们应该关注政府与微博名人,这两类用户对引导舆论发展、促进正能量传播有较好的作用。四个网络的中心势由大到小分别为:政府、学校、企业、微博名人,用户集中程度依次递减,整体联系逐步下降。

(三)信息传播主体网络的中介中心度

网络中中介性较高的节点,其拥有较多的机会引导知识流通,它占据了操纵知识流的关键位置。国外学者 Burt 将网络中结构洞(Structure Holes)定义为充当其他行动者交流的中介中心度高的节点,这是因为,中介性高的人拥有控制信息流的权利和各种各样的机会,可以控制人群的其余部分,运用中介权利获得利益。中介性高的人在协调小组矛盾或知识交流和共享时可以发挥极其重要的作用。

如果一个点处于许多其他点对应的测地线（最短途径）上，即其他点与点之间的信息传递的最短路径中包含该点，那么该点具有较高的中间中心度。

分析结果显示存在一些中间中心度数值较高的用户。数值越高表明其他用户利用这些用户获取信息的依赖程度越大，高中间中心性用户在整个社会网络中的权利较大，能够在一定程度上控制信息的流动。而整个社会网络的中间中心势越高，表明在整个社会网络中大部分用户获取信息需要依靠其他用户的连接。

表 5-6　信息传播主体中间中心性指标

政府部分成员中间中心性指标			
编号	用　户	Betweenness	nBetweenness
36	平安辽宁	1745.615	17.992
22	平安北京	835.440	8.611
42	豫法阳光	521.063	5.371
29	广州公安	381.951	3.937
84	北京发布	314.990	3.247
21	公安部打"四黑"除"四害"	304.926	3.143
65	甘肃省卫生计生委	281.681	2.903
53	宁夏检察	219.863	2.266
……	……	……	……
89	鼓楼微讯	0.191	0.002
87	上海发布	0.000	0.000
Network Centralization Index = 17.23%			
企业部分成员中间中心性指标			
编号	用　户	Betweenness	nBetweenness
4	新浪汽车	866.967	8.936
13	哈弗 SUV	576.000	5.937

续表

企业部分成员中间中心性指标			
编号	用 户	Betweenness	nBetweenness
18	长城汽车运动	550.667	5.676
17	首都航空	419.333	4.322
14	一汽马自达	415.367	4.281
82	招商银行	404.900	4.173
49	汤臣倍健官博	392.000	4.040
85	中国银行信用卡	387.633	3.995
……	……	……	……
99	招商银行远程银行中心	0.000	0.000
50	天士力—大健康	0.000	0.000

Network Centralization Index = 8.32%

学校部分成员中间中心性指标			
编号	用 户	Betweenness	nBetweenness
30	复旦大学	755.528	7.787
7	华南理工大学校友会	622.658	6.418
37	华中科技大学	571.904	5.895
5	复旦大学校友会	546.359	5.631
10	哈德斯菲尔德大学	455.339	4.693
3	中国人民大学校友会	318.772	3.286
42	北京王府学校	300.961	3.102
6	留英校友会 AlumniUK	278.772	2.873
……	……	……	……
99	对外经济贸易大学 HND	0.000	0.000
50	北京大学附属中学	0.000	0.000

Network Centralization Index = 7.27%

微博名人部分成员中间中心性指标			
编号	用 户	Betweenness	nBetweenness
29	SXJJ	1291.481	13.311
31	ITGCY	1283.277	13.227
1	LKF	879.294	9.063

续表

微博名人部分成员中间中心性指标			
编号	用　户	Betweenness	nBetweenness
90	DLZJ	834. 176	8. 598
62	CL	728. 623	7. 510
14	BSS	653. 143	6. 732
5	LXP	610. 667	6. 294
28	ZHW	340. 623	3. 511
……	……	……	……
99	LPYLQ	0. 000	0. 000
100	SRL	0. 000	0. 000
Network Centralization Index = 12. 22%			

资料来源:新浪微博。

　　点的中间中心度测量的是一个点 C 在整个网络中对信息的流动或对传播的控制作用的大小,即信息要想从节点 A 传达到节点 B 在多大程度上要依赖于节点 C。从分析结果中可清晰地看到,平安辽宁、平安北京、豫法阳光的中间中心度比较高,说明其他各用户获取消息在很大程度上依赖于这些关键用户,它们在网络中权力较大,在很大程度上控制了信息的流动。同时,可以发现这些用户的点度中心性也都位于前列,说明该关键用户最有可能成为连接政府网络中交流信息、沟通意见、协调行动的重要桥梁。另有鼓楼微讯、上海发布的中间中心性指数为 0,说明这些成员处于网络的边缘地带,对于信息的传递并不重要。

　　在企业网络中,点出度中心度和中间中心度排名前八位的用户都包含新浪汽车,且新浪汽车的点入度也较大,说明该用户是整个网络的交流中心,处于网络的核心位置,能够很好地控制其他用户间的交流及信息资源的传递,在正能量的传播中起着重要作用。

　　在学校网络中,中间中心度最高的八个节点分别是复旦大学、华南理工大学校友会、华中科技大学、复旦大学校友会、哈德斯菲尔德大学、中国人民大学校友会、北京王府学校,将中间中心度最高的节点与点度中心度最高的节点进行比较发现,中间中心度最高的八个节点中有五个出现在点出度最高的八个节点中。其中,复旦大学和武汉大学的点入度也较高。即基于三种不同的中心度进行计算,武汉大学和复旦大学都是核心成员,足以说明它们比较稳定,既能影响他人的相互交往,又能与其他成员相互交流。

在微博名人网络中,SXJJ、ITGCY、LKF 的中间中心度是比较高的。但 ITGCY 的点度中心度并不高,说明该用户与其他用户交流并不是很多,而其他各个用户利用其获取消息的依赖程度是比较高的。另有 LPYLQ、SRL 的中间中心性指数为 0,说明这些成员处于网络的边缘地带,对于信息的传递相对不重要。

（四）信息传播主体网络的接近中心度

点度中心度只是点的中心度的一种测量,然而,有时我们更倾向于关注某一行动者与网络中其他行动者的接近程度。这便引出了点的接近中心度（Closeness Centrality）,该指标是对某一行动者不受其他行动者控制程度的测度。当行动者距离其他行动者越接近,则越是在信息传播中不依赖于他人。固我们称此人有较高的中心度。因为一个非核心位置的成员必须"通过他人才能传递到信息",故如果一个点与网络中其他各点的距离都很短,则该点是整体中心点。

为了研究各主体内部信息传递的独立性和有效性,我们度量了接近中心度。由于四个主体所构成的网络是不完备的,因此无法度量接近中心势。接近中心度测量的是一个行动者不受他人控制的程度,该值越大,则该点与其他点越接近,该点就越不依赖于他者,因而独立性越强。

表 5-7　信息传播主体接近中心性指标

政府部分成员接近中心性指标			
编号	用　户	Farness	nCloseness
36	平安辽宁	259.000	38.224
22	平安北京	262.000	37.786
29	广州公安	270.000	36.667
26	中国维和警察	273.000	36.264

续表

政府部分成员接近中心性指标		
编号	用　户	Farness	nCloseness
23	安徽公安在线	280.000	35.357
84	北京发布	281.000	35.231
83	成都发布	283.000	34.982
21	公安部打"四黑"除"四害"	285.000	34.737
24	平安南粤	286.000	34.615
42	豫法阳光	287.000	34.495
4	新浪汽车	8819.000	1.123
14	一汽马自达	8821.000	1.122
82	招商银行	8825.000	1.122
12	长安汽车	8827.000	1.122
11	东风风行景逸	8829.000	1.121
13	哈弗 SUV	8829.000	1.121
7	东风标致 Peugeot	8829.000	1.121
10	一汽奔腾	8829.000	1.121
99	招商银行远程银行中心	8834.000	1.121
92	招商银行信用卡	8834.000	1.121

学校部分成员接近中心性指标		
编号	用　户	Farness	nCloseness
30	复旦大学	7837.000	1.263
37	华中科技大学	7843.000	1.262
5	复旦大学校友会	7847.000	1.262
32	武汉大学	7848.000	1.261
16	北理工校友会	7849.000	1.261
27	哈尔滨工程大学	7851.000	1.261
95	哈尔滨工业大学招生办	7851.000	1.261
7	华南理工大学校友会	7851.000	1.261
12	武昌理工学院官方	7852.000	1.261

学校部分成员接近中心性指标			
编号	用 户	Farness	nCloseness
36	中央美术学院	7853.000	1.261
微博名人部分成员接近中心性指标			
编号	用 户	Farness	nCloseness
29	SXJJ	3147.000	3.146
5	LXP	3157.000	3.136
14	BSS	3159.000	3.134
20	JPX	3159.000	3.134
1	LKF	3162.000	3.131
62	CL	3163.000	3.130
19	JWZY	3169.000	3.124
6	XXN	3173.000	3.120
15	XXN	3174.000	3.119
63	CSQ	3176.000	3.117

资料来源:新浪微博。

从分析结果中可清晰地看到,平安辽宁、平安北京、广州公安的中间中心度和接近中心度比较高,说明它们在网络中不仅控制权力较大,而且独立性也很强。同时接近中心度排名靠前的大多是公安部门,它们的接近中心度是其他主体的十倍以上,说明公安部门获取信息相对较容易,拥有极高的独立性。

总体来看,在企业网络中各个用户在正能量的传播中独立自主能力相对较低。新浪汽车的中间中心度和接近中心度都同时居于首位,与其他企业最为接近,对信息的传播能够有较大的控制权和独立性。

在学校网络中,接近中心度最高的六个节点分别是复旦大学、华中科技大学、复旦大学校友会、武汉大学、北理工校友会、哈尔滨工程大学,将中间中心度最高的节点与接近中心度最高的节点进行比较发现,接近中心度最高的六个节点中有三个出现在中间中心度最高的八个节点中。但是将接近中心度排名最高的节点与点度中心排名度最高节点进行比较发现,二者鲜有共同成员,在学校内部,说明用户整体联系高低与独立性没有必然关系。

在微博名人网络中,SXJJ、LXP、BSS、JPX、LKF、CL 的中间中心度是比较高的。其总体的接近中心度高于企业及学校,说明其成员比较接近,对正能量的传递较少依赖于他者,独立性较强。

（五）信息传播主体网络的特征向量中心度

除了采用这三种指标外,还引入了特征向量中心度作为主体网络中心性的衡量指标。之前文献所采用的点度中心度等三类指标从各自关注点入手对网络中个体的中心性进行了局部特性描述;而引入特征向量中心度指标则倾向于对个体在整体网络中提供的综合贡献能力给出评价标准,从多角度丰富微博网络的结构描述。特征向量中心度越高,表明节点在与临近节点的影响力为权重进行判定时,越处于网络的权重影响中心。

特征向量中心度是描述网络中节点综合影响力的指标,通过给网络中所有节点进行评分,反映节点在网络中的重要性。特征向量中心度不仅考虑了最短路径,而且将节点间路径之和也纳入计算范围。因此,特征向量中心度能更好地反映节点在网络中传递信息的效率和信息发布的广度。

表5-8　信息传播主体特征向量中心性指标

政府部分成员特征向量中心性指标			
编号	用　户	Eigenv	nEigen
36	平安辽宁	0.265	37.426
29	广州公安	0.255	36.036
22	平安北京	0.237	33.508
21	公安部打"四黑"除"四害"	0.217	30.702
24	平安南粤	0.215	30.425
23	安徽公安在线	0.215	30.341
26	中国维和警察	0.212	29.931
40	深圳公安	0.191	27.017

续表

政府部分成员特征向量中心性指标			
编号	用　户	Eigenv	nEigen
……	……	……	……
8	天津地铁	0.000	0.045
71	名家健康讲堂	0.000	0.017

Network centralization index = 30.26%

企业部分成员特征向量中心性指标			
编号	用　户	Eigenv	nEigen
62	苏宁	0.500	70.711
69	上海苏宁	0.500	70.711
79	南京苏宁	0.500	70.711
80	天津苏宁	0.500	70.711
86	兴业银行信用卡中心	0.000	0.000
92	招商银行信用卡	0.000	0.000
95	交通银行信用卡中心	0.000	0.000
97	交通银行电子银行	0.000	0.000
……	……	……	……
99	招商银行远程银行中心	0.000	0.000
100	浦发银行	0.000	0.000

Network centralization index = 76.23%

学校部分成员特征向量中心性指标			
编号	用　户	Eigenv	nEigen
30	复旦大学	0.518	73.297
37	华中科技大学	0.326	46.131
27	哈尔滨工程大学	0.320	45.197
95	哈尔滨工业大学招生办	0.310	43.884
12	武昌理工学院官方	0.285	40.296
32	武汉大学	0.273	38.584
93	中山大学招生办	0.209	29.624
7	华南理工大学校友会	0.186	26.289
……	……	……	……

续表

学校部分成员特征向量中心性指标			
编　号	用　户	Eigenv	nEigen
99	对外经济贸易大学 HND	0.000	0.000
50	北京大学附属中学	0.000	0.000
Network centralization index＝76.31%			
微博名人部分成员特征向量中心性指标			
编　号	用　户	Eigenv	nEigen
14	BSS	0.279	39.441
20	JPX	0.273	38.583
1	LKF	0.270	38.163
48	MYS	0.251	35.430
11	DB	0.232	32.778
15	XXN	0.236	33.403
43	WS	0.219	31.018
29	SXJJ	0.219	31.012
Network centralization index＝42.12%			

资料来源：新浪微博。

从政府的特征向量中间性指标得出"公安部门"和"交通部门"为最活跃、最有效的群集。这说明这两个主题子网络具有更高的自治性，子网络成员更多地倾向于和本网络内成员保持高度联系而与外部网络成员间保持较低的联络。因此，该类子网络的信息更容易在网络内部快速传播正能量，但不易扩散至其他子网络。

在企业网络中，苏宁集团的特征向量中心度（70.711）极大，其他的用户特征向量为 0，说明苏宁集团控制着企业网络内部信息的传播，其他任何节点对信息的传播都要依赖于它，苏宁集团是整个企业网络的中心。

通过分析学校网络的特征向量中心度，我们发现复旦大学的特征向量中心度最高，同时点度中心度也最大，其包含的联系不仅在网络数量上有优势,同时其拥有的关系质量也最高。

在微博名人网络中,位置重要程度比较高的是 BSS、JPX、LKF、MYS、DB、XXN、WS、SXJJ。这说明他们传递正能量的效率高,同时信息发布的受众范围也很广。另有 MY、YCJXW 的特征向量指数为 0,说明这些成员处于网络的边缘地带,对于信息的传递相对不重要。

第四节 案例分析

一、信息主体互动传播研究——以平安北京为例

我们选取政府主体中中心度较高的北京市公安局官方微博(平安北京)进行研究。平安北京是一个互动交流平台,通过该平台可以了解到北京警方的新闻资讯,更为全面认识身边警察工作,感受警察生活的酸甜苦辣,网民可以向其提出意见和建议。平安北京在政府网络中点度中心度排名第五,点入度为 53.000,点入度表示关系"进入"的程度,其在整个网络上信息传播的过程中拥有较大的权力,发布的消息为更多人所注意。点出度为 56.000,点出度在这里表示一个用户"关注"其他用户的程度。平安北京中间中心度为 8.611,排名第二,居于重要的地位,控制其他行动者之间交往的能力强。平安北京的接近中心度为 37.786,排名第二,它与许多其他点都"接近",该点与其他点之间联系通过的路径越短,传播信息的速度越快。平安北京的特征向量中心度为 33.508,网络的权重影响力排名第三,处于重要的位置。

为了更好地研究信息主体间的互动传播,在此以平安北京为例绘制出以其为中心的一步、二步、三步距离的个体中心网络结构图。节点与平安北京连接距离为一步时,我们要区分各个节点的不同点,它们在个体中心网络中发挥的作用是有差异的,表现为中心度越高,发挥作用越强。节点与平安北京连接距离为二步时,研究中心度就不具有意义了,此时二步的节点群会表现出一定的群聚特点,我们应就其分块特征加以研究。节点与平安北京连接距离为三步时,意味着这些节点对平安北京发布消息、传递信息的作用小。

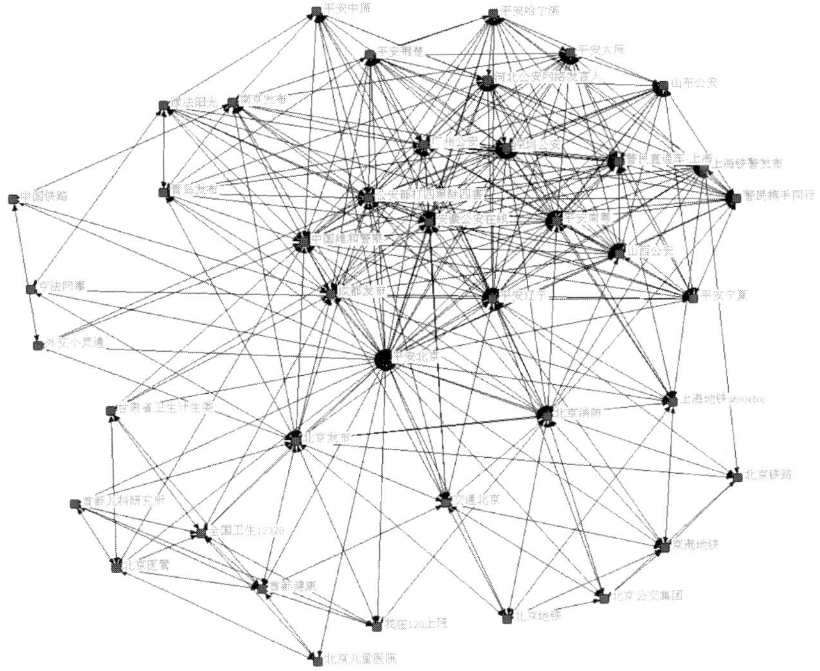

图5-13　以平安北京为中心的网络关系图谱

资料来源:新浪微博。

(一)平安北京中心网络的核心节点

在这100个节点中,跟踪到节点与平安北京之间的关注关系,利用
NETDRAW软件绘出关注网络图。图5-13为到达平安北京与从平安北京
出发的测地距离为一步时的个体网络结构图。图中黑色的节点为平安北
京,它是该网络的中心,运用UCINET 6.0进行中心度测量,其点度中心度
为40、中间中心度为246.189、特征向量中心度为0.284,排名第一。平安北
京个体中心网络是个联系紧密的网络,适合信息相互交流的网络。利用
UCINET 6.0软件,计算出关注网络的中心性,表5-9显示了点度中心度按
照降序排列的前十个节点。

表 5-9 以平安北京为中心的中心性指标

用　户	Degree	Between	Closeness	Eigenve
平安北京	40	246.189	81.000	0.284
平安辽宁	27	43.433	94.000	0.239
中国维和警察	25	32.810	96.000	0.227
公安部打"四黑"除"四害"	25	19.609	96.000	0.24
广州公安	24	10.912	97.000	0.242
安徽公安在线	24	16.873	97.000	0.234
深圳公安	21	6.723	100.000	0.219
平安南粤	21	6.076	100.000	0.222
成都发布	21	23.190	100.000	0.196

资料来源：新浪微博。

点度中心性代表的是某个节点发布信息的权力或获取信息权力的大小。其中点度中心性较大的前五个节点是平安北京、平安辽宁、中国维和警察、公安部打"四黑"除"四害"、广州公安，说明这些节点发布信息的权力和获取信息权力都较高。在平安北京微博信息传播网络中发布信息权力高者为公安部门微博成员，在发展政府微博的同时注意其他政府微博成员的平衡发展，则更能促进信息的有效传播。

中间中心度是衡量节点控制信息流动程度的指标，当一个节点的中间中心度较高，则说明它是很多用户之间的桥节点，控制其他节点间的信息流动，从上表看到，其中中间中心性较大的前五个节点是平安北京、平安辽宁、中国维和警察、成都发布和公安部打"四黑"除"四害"，说明其他节点获得消息对这五个节点的依赖程度较高，这三个节点在网络中具有较大的控制权力，能够很大程度上控制信息的传播流动。经分析发现，控制信息流动的节点是和信息源用户高度相关的用户，而且具有较高的点度中心性，在发布与传播信息中具有较大的权力。

接近中心度表达的是节点在信息传播中不依赖他人的程度。河北公安网络发言人、深圳公安、平安南粤的接近中心度比较高，说明他们在网络中不仅控制权力较大，而且独立性也很强。

特征向量中心度是描述网络中节点综合影响力的指标,特征向量中心度能更好地反映节点在网络中的重要性,通过给网络中所有节点进行评分,特征向量按照由高到低的顺序依次为平安北京、公安部打"四黑"除"四害"、广州公安、平安辽宁、安徽公安在线,这些节点在网络中传递信息的效率高、信息发布的广度大。

（二）建立在关系密度上的平安北京中心网络子群

在这 100 位节点中,依据到节点与平安北京之间的关注关系,利用NETDRAW 软件绘出到达平安北京与从平安北京出发的测地距离二步时的个体网络结构图,如图 5-14 所示。

对该用户关注网络进行成分分析,按照成分大小来分,共有三种成分,其中成分颜色为蓝色的是由孤立节点构成的,即这些节点不关注任何用户,其入度和出度都为 0,该样本中孤立节点约占全部样本节点的 10%,其获取信息并不是通过直接或间接关注信息源,即所传播的信息获得途径是非直接关注形式。成分颜色为红色及黑色的由 46 个节点构成,占全部样本的90% 左右,这些节点中两两用户之间至少存在一个关注关系,并且这些节点并不直接关注信息源用户,即与中心点是分离的。根据微博传播过程,获取微博的另一种途径是信息搜索,搜索信息源用户或者直接搜索相关信息。因此,政府通过微博平台,发布信息并扩大影响,促进信息的传播时,需要提高政府影响力,通过一定的方式,如话题形式,进入微博用户推荐排行,吸引其他用户的关注。另外,政府发布微博应为每条微博设置适当的关键字话题标签,便于其他用户对相关微博的搜索。

图 5-14 左下角部分由 12 个节点构成,占全部节点的 24%,其成员是中国食品药品监管、中国结核病防治、北京 12320 在聆听、湖南疾控、北京卫生监督、北京健康教育、长沙市疾控中心、健康微视、健康中国、上海食药监、北京妇产医院、商务微新闻,它们大部分属于政府部门中的医疗卫生部门,该部门负责医疗卫生方面的政策与环境工作、具体的执法,这说明在信息的传递中,高度相关的组织能发挥集体作用,形成小团体。

图 5-14 右上角分两部分,一部分由 11 个节点构成,占全部节点的23%,其成员包含南昌铁路、郑州铁路局、上铁资讯、上海交通、济南铁路、新

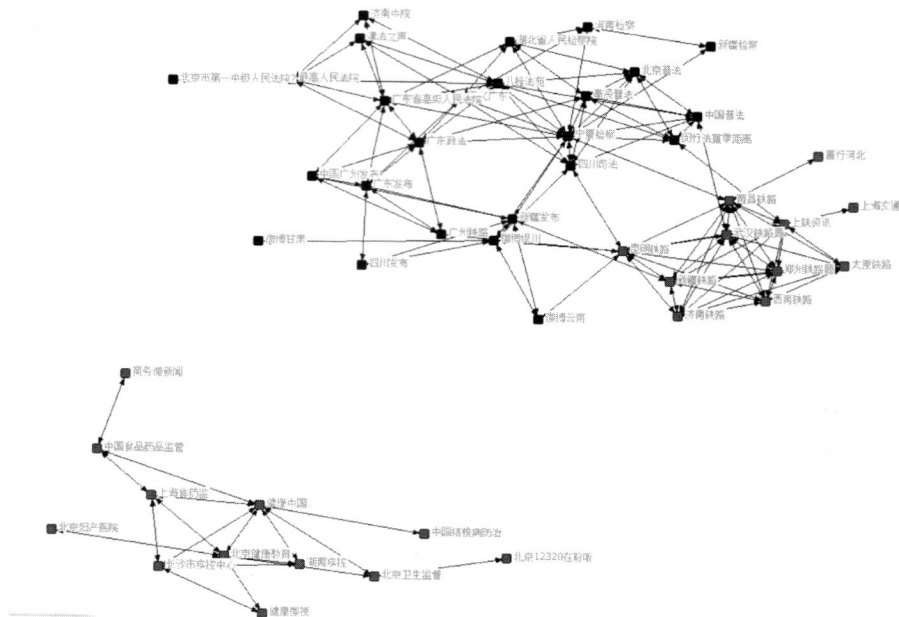

图 5-14　平安北京测地距离二步个体网络结构图

资料来源:新浪微博。

疆铁路、太原铁路、西南铁路、武汉铁路局、昆明铁路、商行河北,它们属于政府的交通部门,交通部门根据工作需求,对相关组织进行关注,形成小团体,从而在信息的关注中也存在着相似性。

图 5-14 右上角的另一部分由 24 个节点构成,约占全部节点的 43%,其成员是广州铁路、最高人民法院、八桂法苑、正义广东、济南中院、闵行法宣零距离、四川司法、北京普法、新疆检察、中国普法、宁夏检察奉贤普法、北京市第一中级人民法院、广东政法、津法之声、河南检察、广东省高级人民法院、湖北省人民检察院商务微新闻、四川发布、中国广州发布、新疆发布善行河北、微博甘肃、广东发布、微博银川、微博云南。通过对其特征进行归类,其成员属于司法及外宣部门,外宣负责对公众推广宣传交流信息,司法部门负责贯彻执行国家司法行政工作的方针、政策和法律、法规,两个部门在处理信息交流中联系密切,共同发挥作用。

（三）平安北京中心网络的边缘节点

依据节点与平安北京之间的关注关系获得到达平安北京与从平安北京出发的测地距离为三步时的个体网络。其成员共六位，分别为天津地铁、最高人民检察院、名家健康讲堂、中国政府网、微言教育、精彩河南。这六个节点作用各异，与中心节点平安北京的关系属于弱关系。

二、信息主体互动行为分析

为了进一步验证以上研究结论，本研究利用一个案例，研究政府微博（平安北京）发布的一条信息的转发网络情况，提取了于2015年1月18日13点16分发布的一条标签为"新手上路九不要"的微博，在1月20日提取了转发用户及评论用户的基本信息（ID、所属主体），查看其信息的转发和评论；用户之间的关注关系能够反映出信息传播的起点、过程，用户通过关注政府微博或其他用户能够看到政府微博或其他用户信息的更新，然后通过转发，使得关注该用户的其他用户也获得该信息，进而根据意愿是否转发，形成一个由关注关系反映的转发网络。

该案例中共涉及191个用户，按照主体进行总结，网民用户最多，为167人，占87%；其次是政府用户16人，占9%；企业学校用户四人，各占2%。在信息发布的2日内有如此巨大的转发及评论，验证了平安北京网络的密度之高，所以信息传播速度快。围绕信息源（微博原始信息发布用户）直接进行的信息传播占较大部分，然后是在小团体之间的传播。用户转发关系主要围绕两大用户，这两个核心点分别是平安北京和人民法院，有若干两两转发关系围绕在周围。

网民用户在转发该信息时表达了传递正能量的意愿，网民用户中很多认证的警务人员参与了该条消息的转发，如：长子营东片社区民警杜志强、水屯市场社区民警陈士强、水屯市场社区民警马建山、水碾屯社区民警夏洪年、社区民警韩广义、长营社区民警郝吉、东半壁店社区民警付建武、流村社区民警洪祥光、史各庄社区民警刘广存等，共计12人，占网民用户的7.2%。

《人民法院报》两次转发了该评论：新手只要爱动脑筋，行车遵规守法，始终把安全驾驶放在心头，很快就能成长为老练沉稳的老司机。此后有

"林甸县法院""呈贡法院""新疆洛浦县法院""eujm 1""乌兰察布市中院""孝义法院""邵阳市新邵县法院""他日岛歌""大脑门 viviening""阎罗天子""风若蜻蜓""通法郭玉洁""通法李峥""朔州朔城区法院""wz 粤战粤勇""孝义法院""山西孙恺""六阳恋紫""kitty12890""奋斗的洛夫斯基""人民法院报"对该条消息进行了二次转发。人民法院属于政府司法部门,二次转发中属于司法部门的共八位,所占转发比例为 40%,二次转发中其余的为普通网民共 12 人,占转发比例的 60%。我们发现用户获取信息的途径并不仅仅是通过直接关注中心节点微博获取,更多的是通过非直接关注中心节点来获取,经过分析发现搜索和话题推荐是非直接关注的用户获取中心节点微博信息的有效形式,故政府如何将信息通过推荐的形式获得用户关注转发,或者通过搜索的形式使用户获取信息,是政府微博需要致力研究的问题。

政府中的公安部门对该消息进行了大量转发,参与的用户有城阳交警上马交警中队、苏孟派出所、阳信公安、新地号派出所、洞头交警、垣曲交通警察大队、沿赤边防派出所、南宁交警高速一大队。高安市法院、陇南礼县法院二司法用户也对该消息进行了转发。南宁交警高速一大队是这样评价的:"新手上路九不要"提示新驾驶员,一定要认真细心地学习好各项驾驶技能,为安全上路打下坚实基础。新手只要爱动脑筋,行车遵规守法,始终把安全驾驶放在心头,很快就能成长为老练沉稳的老司机。其实,老司机也都是从战战兢兢的新手成长起来的。从其转发与评论内容来看,其表达出了对该消息的赞同。我们通过成分分析得出节点由公安和司法两部分构成,同时研究发现信息源,以及和信息源相关部门微博的关注度都比较高,即中心度高,在信息发布和信息传播中具有较大的权力,与上文所述政府微博信息传播模式中集体微博角色作用分析相呼应。

企业用户和学校用户参与很少,如:东风雪铁龙客户服务中心、IOS 健康应用、北京公交客三第十六车队,但从其特征可以发现,其工作内容性质与公安息息相关。这揭示了影响信息传播的重要因素——话题,政府为了促进信息传播,应该从生活实际出发,寻找贴近人们需求的主题进行推广宣传,从而达到科普、树立良好形象及与外界关系和睦的效果。

在 21 条评论中,平安北京与各个用户进行了积极的互动,其中认证的用户有"林甸县法院""初夏早读依旧""街头诗人 477""拼搏在线彩票网"。"末铭锦心"询问新手是否可以驾车走高速回家的问题,"平安北京"对"末铭锦心"进行了回复:仍处于实习期的驾驶人上高速应由持相应或更高准驾车型驾驶证三年以上的驾驶人陪同。同时回复"末铭锦心"还可以询问北京交警。政府认证微博与网民进行及时的互动,有助于正能量的传播,说明积极的互动是促进正能量传播的基础。

第六章　政策建议

近几年,国外发达国家陆续出台了关于互联网治理和发展的一系列战略规划和发展决策,试图在未来的信息化时代中及早占据优势地位。网络内容传播是网络安全工作的重要组成部分,必须引起足够的重视。而用科学的态度研究网络信息,特别是网络正能量的传播,对于维护网络安全的发展有着极大的促进作用。从个人和社会的角度来看,网络作为现实社会和虚拟社会的结合,早已成为人们参与公共事务、舆论监督、从事经济活动以及学习互动的沟通平台;而从国家发展的角度来看,网络为国家在提高自身经济实力和社会文化水平方面提供了方法和途径。然而,网络的发展也是一把"双刃剑",在目前的发展趋势下,网络正在快速地渗透到现实生活的各个层面,这为个人的生活提供极大的便利,给社会带来巨大的效益,与此同时,不可避免地也会带来巨大的风险。因此,网络的自身发展迫切需要适合的理论来对实践进行正确的应用性指导,从而调动网络主体的积极性和创造性,引导越来越多的人参与到网络内容建设的队伍中来。

本书贯彻党的十八大关于互联网信息安全的会议精神,就网络内容传播主体间相互关系及其传播路径进行了深入的思考和研究。前面几章将行动者网络理论、社会网络分析、利益相关者理论等理论知识创新性地运用到网络社会信息传播的研究中,先后从行动者网络的协同化、与外部环境的治理结构以及行动者正能量传播生态系统等角度来构建政府、学校、企业和网民的行动者网络的结构模型。本章在前面工作的基础上,从政策层面,对现实生活中行动者网络工作体系的构建进行思考,得出了几点有用的结论,并指出了该工作体系未来发展的根本思路和关键。

第一节 构建行动者网络工作体系基础保障

一、推动互联网信息传播法制建设

20世纪90年代,随着互联网在我国的逐步兴起,我国开始实行《计算机软件保护条例》。这可以看作是我国关于互联网的第一个法律条文,其主要的内容是对软件的著作权和所有权在法律上的保护。经过二十多年的发展,目前已经陆续出台了三十多部针对互联网的法律法规和规章制度以及各个网络领域的大量的管理办法和条例,例如《互联网信息服务管理办法》《维护互联网安全的决定》《互联网文化管理暂行规定》等,这些法律条例对引导公众更有序、更规范、更合法地享有自由权益,规范和治理网络空间都取得了一定的效果。然而,现行的互联网管理法律法规中由于受传统思想影响,较多地以加强监管为目的,存在着"监管就是促进发展"的控制思想,而对于发展日新月异的互联网技术来说,这种传统的法治理念难以直接控制涉及各个主体的网络事件,从而在出现较为复杂的治理问题时,往往不能够从法律上得到保障,这说明现行的针对互联网的网络治理法制建设还不能完全适应网络时代的要求。

当前互联网中传播的信息具有时效性、开放性和交互性等特性,而在其每分每秒大量的传播过程中,具有传播主体多元化、传播内容碎片化、传播效果难以预测等特点,信息的复杂程度和传播的不可控性给互联网的治理带来大量的现实问题,例如网络信息缺乏安全保障、网络暴力和色情等不良信息传播泛滥、虚假信息和网络谣言等,这些都给互联网信息传播的正常发展和人们的生活带来了一定的困扰。因此,必须借助行动者网络协同治理的思维,来推动其法制建设的完善和优化。构建行动者网络工作体系首先要针对互联网信息传播法制建设提出相应的对策。

(1)完善信息安全的法律

在网络中,个人信息是最重要的,但是却缺乏应有的重视,因此也较为容易被盗取,从而给网络主体之间的交互关系带来一系列的风险。一方面,个人信息是网络交易的前提和基础,缺乏安全保障会带来严重的社会影响;另一方面,个人信息也可能会被用来进行电信诈骗、敲诈勒索和绑架、暴力讨债等违法行为,甚至有不法分子组成专门的犯罪团伙,形成完善的黑色产业链条,给社会经济带来重大损失。随着互联网的快速发展,个人注册信息的频繁泄露导致一些不法分子有机可乘,近年来当事人因个人信息泄露而在经济、精神和名誉等方面蒙受损失的案件不胜枚举。然而,面对如此严重的问题,目前我国一些法律虽然涉及了对个人信息保护的内容,但比较零散,也缺乏法律位阶比较高的法律,还难以形成严密的保护个人信息的法律网,这就容易使不法分子钻空子。在现实的网络生活中,对利用公民个人信息谋取巨额利润的一些商家甚至不法分子难以追究其法律责任。

（2）明确法律责任的主体对象

从行动者网络的角度来看,网络信息安全的问题不仅仅是单一主体存在的问题,其他主体也同样存在。例如,对于威胁网络信息安全的问责的责任追究既要针对违法犯罪的网民,也要追究不良企业在网站运营的法律责任。其次,对于已经发生的网络安全事件而言,要根据法律责任的不同类型明确各主体的责任。对于直接造成不利后果和一定危害性的原始违法者和传播者承担直接的法律责任,而对于缺乏职业操守和社会责任观,除了予以道德谴责外,还要承担相应的连带责任和民事责任,对那些提供公共或专业服务、涉及个人信息储存和利用的机构,要对其承担的相关法律义务加以明确;对于非法手段获取个人信息的行为,应规定较为严厉的惩治措施。最后,要从规范化的角度对网络安全条例进行法律保障。例如,在维护网络信息安全过程中,要用一定的法律来强制保障网络实名制、推广和完善电子签名以及落实网络信息安全等级评价等相关程序的实施。

（3）以法律手段强化多主体协同监管

根据《全国人民代表大会常务委员会关于加强网络信息保护的决定》①

---

① 王萌萌:《全国人民代表大会常务委员会关于加强网络信息保护的决定》,2012 年 12 月 28 日,见 http://news.xinhuanet.com/politics/2012-12/28/c_114195221.htm。

的重要指示,"加强网络信息保护是推进网络依法规范有序进行和营造良好网络社会管理的重要举措,政府在对网络进行监管时应该体现管理和发展相协调、规范与保护相统一、权利与义务相一致的原则,兼顾个人、企业和政府等相关主体的责权关系,为保障网络信息安全、保护各主体的合法权益提供法律保障。"这充分说明我国对落实互联网安全保障的强大决心,必须要认真贯彻执行好全国人大常委会的《决定》,制定、完善配套法规、规章和措施。在实际的网络监管过程中,必须认识到造成网络信息安全问题的原因有很多方面,建立一套系统和完善的监管体系对于解决网络安全问题十分必要。我们要倡导多主体共同监管,多种监管方式同下的模式来应对网络传播监管问题,例如政府监管、行业自律、社会监督等方式。

目前,由中宣部、广电总局等16个部委联合出台的《互联网管理协调工作方案》中规定了我国针对互联网中的信息传播的管理方案,确立了以发展为导向的网络信息传播控制政策,强调了信息传播控制的适度性和合法性;倡导道德自律和法律监控平衡使用,在保持网络法律惩戒功能的同时,强调通过其他主体的参与来发挥激励功能。国家为确保网络传播与网络经济的良性发展,近年来提出"积极发展、加强管理、大力发展"的指导方针,主张行政监管、司法监管、社会各种自律手段多元化综合运用,进一步促进信息传播的法制创新。

(4)加强信息传播安全的法律宣传和教育

在信息传播过程中,无论是作为政府主体、企业主体、学校主体还是广大的网民主体,都要认真学习和总结网络安全和信息安全的相关概念,接受对保障计算机信息系统安全准则和相关法律法规的教育。积极发动学生和老师,广泛开展网络文明教育和网络法制教育活动。要让学生增强对网上有害信息的甄别、抵制、批判能力,引导广大师生形成科学、文明、健康、守法的上网习惯。在网络信息发达的今天,网络已毫无疑问地成为大学生接收各种信息的重要渠道,要加强学生日常教育管理,完善学生管理规定,发挥学生骨干作用,引导学生不浏览、不制作、不转发不良信息,不点击不良信息网页,慎交网友,努力实现学生网上自我教育、自我约束和自我保护。发挥思想政治教育类课程、互联网专业课等主渠道作用,将学生网络道德教育纳入课程教学。要把文明用网作为师德建设重要内容,在教师岗前培训、业务学习、工作考核等环节提出相关要求,引导教师做学生健康成长的指导者和引路人。

可以看到,我国虽然已经看到信息传播安全的重要性,将信息安全保障提高到国家战略的高度,但是由于我国信息安全立法仍处于起步阶段,还没有形成完善的、具有适用性和针对性的法律体系,而在我国互联网发展的过程中还存在着大量的现实问题亟待解决,特别是在信息传播的过程中出现的难以追责和监管的难题一直是困扰信息安全保障的重大问题。因此,明确法律责任的主体对象、倡导以法律手段强化多主体协同监管以及加强信息传播安全教育的宣传,对于保障公民的网络合法权益,健全网络法制建设就显得十分必要。

二、提升网络正能量传播主体意识

党的十八大报告指出:"要丰富人民精神文化生活,加强和改进网络内容建设,唱响网上主旋律。"在这样的指示下,网络正能量是指能够激发广大群众积极向上和充满希望的情感和动力的网络内容,其传播模式是网络内容建设的重要内容。"认知决定行为",提高行动者参与正能量传播的意识,应该以完成国家及党的总体要求和期望为前提,以行动者主体之间联合行动的需求和目标为基础,同时兼顾各个行动者的认知需求,掌控参与意识和参与行为之间的平衡关系,继而制订可行的长远计划。只有通过行动者网络的协调流动,充分调动行动者主体的积极性,才能真正做到提升正能量传播意识。

(1)深化社会主义核心价值观的引领作用

社会主义核心价值观是中华民族复兴的精神动力,是构建"中国梦"不可获取的精神力量。在现实社会中,倡导社会主义核心价值观能够凝聚人民力量,形成统一的价值观认识。而在网络社会中,各个主体必须学习和贯彻社会主义核心价值观,坚持以中国特色社会主义共同理想为核心,坚持以社会主义荣辱观为道德评价标准。当前,我国正处在社会转型时期,物质主义横行、西方拜金主义和资本主义思想也在中国生根发芽,现实中存在的各种社会矛盾通过网络被无限放大,在这样的情况下,要把互联网看作是传播社会主义先进文化和精神文明的前沿阵地,立足现实、把握潮流,用社会主义核心价值引领社会主流思想,才能营造良好健康的网络社会。同时,在具体行动上,行动者主体决不能做"沉默的大多数",要牢牢把握网络空间的话语权,大胆地同那些试图以扰乱社会安定,危害国家,以互联网作为颠覆中国的工具的破坏分子作斗争,用正能量驱散歪风邪气,清除网络杂音噪音①。

（2）大力开展抵制网络不良信息的专项活动

网络传播的快速性和时效性给信息传播带来了飞速发展,而正能量的传播意识的形成不仅仅意味着要在网络上弘扬社会主义核心价值观,同时也要各个主体积极合作,企业、学校和网民积极响应国家政府严厉打击和全面清理整治网络不良信息的活动,这样才能形成广泛的影响,促进网络正能量的传播意识的觉醒。例如,从 2011 年开始,国家互联网信息办组织先后开展几次"净化网络环境专项活动",重点整治境内非法钓鱼、淫秽色情、低俗信息等不良信息的传播,关闭了大量的网站频道、栏目和 QQ 群组等传播工具。在这个过程中,各大搜索引擎公司积极响应,不仅刊登了"抵制黄色低俗、共建和谐家园""净化网络从你我做起"等标语,还在网站的显著位置设置专门的链接渠道,为网民主体举报不良信息的传播提供了各种方便。一方面,政府要坚决惩处以传播不良信息谋取利益以及违法违规提供接入服务,盗取用户个人信息的企业和个人,同时通告依法关闭未依法履行备案登记手续或非法网站来遏制不良信息的传播;另一方面,各级政府要高度重视、创新联合打击机制,开展严格督导检查和明确的分工合作,畅通举报通道,促进各主体自觉实施网络监控。通过这样的方式,才能在网络社会中充分形成全社会的正能量传播意识,从而为维护健康的网络环境打下坚实的基础。政府可以建公益服务平台,积极培育和发展民间慈善团体和社会服务中介组织,吸引有能力、有志愿的人士为社会服务,相互关心、尊老爱幼、

---

① 李广乾、谢丽娜:《全球化背景的网络安全新思维:他国镜鉴及其下一步》,《改革》2014 年第 8 期。

扶贫济困,使树正气、行正义、做好事成为备受推崇的社会主流,让温暖、和谐的人际关系抚平人与人之间的冷漠和隔阂,这样可以提高网民的认知度,继而参与到正能量传播中来。

三、完善网络正能量传播教育机制

校园是培养人才、研究学科知识、服务现代化建设和引领社会文化的地方,也是弘扬主旋律、传播扩散正能量的主阵地。然而,大量调查发现,网络不良内容正严重侵蚀大学生的价值观和人生观,例如,青少年暴力案件频繁发生的一个很重要的原因是网络上"暴力文化"对青少年的恶劣影响;拜金主义、攀比之风在广大学生中间盛行,等等。我们在正确分析这些问题发生原因的基础上,也必须意识到在其背后传播途径的重要影响。高校作为培养社会人才的园地,并不止在于知识的传授,更重要的是培养学生的研究精神、塑造健全的人格以及优良的人文素质。学校担负着培养国家未来建设者的重任,教育主管部门作为政府主体,联合学校教育主体着力构建一套网络教育知识体系。对于儿童来说,要以培养其健康的上网习惯,并且严厉控制其接触到不良信息的渠道,政府要从法律上严格执行未成年人不能进网吧的规定,学校在平时的日常生活中也要给予充分的信息教育和绿色上网宣传,避免因为他们的好奇心而受到网络中不良信息传播的影响;而对于接受高等教育的年轻人而言,他们是网民主体的重要组成部分,在积极参与互联网信息传播中,互联网信息技术的发展极大地拓展了他们的视野,同时也带来了重大的风险。有研究表明,目前中国的青年一代绝大多数都能认清互联网络的安全风险,但是其往往没有自觉地规避这些风险,因此,他们更需要接受网络正能量传播的教育,既要从价值观倡导的方面着手工作,同时也要采用网络监管和批评惩罚的方式来控制学生群体之间的不良传播。在这个工作上,政府和学校主体应该相互合作,在高校学生群体中形成良好的价值导向,而学生作为网民主体的重要组成部分,也要积极地参与学校组织的各种网络正能量传播活动,自觉接受网络安全部门的监管。建设正能量传播的主题论坛或板块,积极调动师生在论坛中进行交流,以提高广大师生对正能量的科学认知为主要目的,让他们在相互沟通中建立友谊,丰富业余活动与精神生活等,通过这种方式让网络正能量在无形之中传播。其次,加强学校与政府间的合作,在高校网站中加入思政板块,宣扬政府的主要政策和发动学习先进人物,这样可以使得师生及时了解国家政策,并对广大师生进行思想教育,不但可以增进师生对时事的了解,还可以增加对祖国的认知,在伟大的民族精神引导下,产生一股欣欣向荣的心态,既而奋发图强。政府部门可以引导高校建立有关正能量专题的教育系统报刊、网站板块等,加强对正能量的宣传力度,提高广大师生对正能量传播的认同感和认知感[1]。通过"小手拉大手"、学校加社区等各种既有的教育模式,推动学校与家庭、社会形成合力、齐抓共管、群策群力、协同配合,共同参与打击网络淫秽色情信息工作,为推动专项行动深入开展作出学校应有的贡献。

近期,共青团中央大力推进青年网络文明志愿行动,倡导广大青年争当中国好网民,文明上网,弘扬网上主旋律,构建清朗网络空间,其主要目的是让信息时代的青年意识到并明确自己对于构建网络文明的责任。当代青年学生是互联网上最活跃的群体,他们是最有感染力的社会力量之一,也是最容易受到网络不良影响的群体,坚决抵制危害网络空间的不文明行为,传播正能量,建设文明和健康的网络环境,是当代青年学生的历史使命。学校作为教育主体,对学生文化和价值的培养至关重要。一方面,广大在校学生必须经过学校的职业培养和道德培养才能成长为社会主义的主要建设者;另一方面,由于网络时代中青年的接收信息和知识的渠道多种多样,学校必须要重视对学生的正确指导,规避他们的不良上网习惯,以免受到网络上的不良信息的影响。

(1)积极培育健康有益的校园网络空间

积极发动学生和老师,广泛开展网络文明教育和网络法制教育活动。要让学生增强对网上有害信息的甄别、抵制、批判能力,引导广大师生形成科学、文明、健康、守法的上网习惯。在网络信息发达的今天,网络已毫无疑

---

[1] 冯刚:《新形势下推动高校网络文化建设的思考与实践》,《思想教育研究》2015年第8期。

问成为大学生接收各种信息的重要渠道,要加强学生日常教育管理,完善学生管理规定,发挥学生骨干作用,引导学生不浏览、不制作、不转发不良信息,不点击不良信息网页,慎交网友,努力实现学生网上自我教育、自我约束和自我保护。发挥思想政治教育类课程、互联网专业课等主渠道作用,将学生网络道德教育纳入课程教学。要把文明用网作为师德建设重要内容,在教师岗前培训、业务学习、工作考核等环节提出相关要求,引导教师做学生健康成长的指导者和引路人。

(2)加强教育媒介建设,改善教育手段和方法以及网络思想政治教育队伍

一方面在教育媒介上,健全德育工作网站建设和各类校园文化网站建设,特别是加强红色网站建设,主动占领网络阵地,营造正确的主流舆论,带动校园文化阵地建设。另一方面在教育内容上,加强网络道德素养和法律法规教育,引导学生理性选择,促进学生网络道德自律。在教育手段和方法上,坚持网上与网下互动、正面与反面结合、自律与他律统一的方法,听取学校不同的舆论声音及对教育活动的评价反馈。

不仅如此,壮大网络思政教育队伍也非常重要。作为网络时代的思想政治教育者,更要具备深厚的政治理论功底,较强的思想教育创新素质,尤其要具有良好的信息素质,即具有优秀的信息意识、信息能力和良好的信息道德,了解大学生的网上意识、网上心理问题,要对网上文明、网上伦理、网上思想政治的特点进行专题研究,找出网络思想政治教育的突破点,才能在网络数字化空间中施展自己的理论才能,进行创新教育。因此,要制定高校校园网络文化工作队伍建设和培养规划,加强网络文化工作队伍培训工作,不断提高队伍的网络技术水平和思想理论素质,提高网上发现问题和解决问题的能力,用网络信息技术手段开展工作。

因此,网络正能量传播意识的觉醒需要以政府为核心,以学校以及企业主体为支撑,以网民为重要参与者的行动者网络的相互配合才能够完成。作为核心主体,政府要进一步加强社会核心价值观的道德教育,同时联合企业和学校主体大力开展抵制网络不良信息的活动以及构建一套良好运作的网络正能量传播教育机制体系,只有这样才能在行动者网络中共同为网络

社会正能量的传播做出必要的工作进而使正能量传播意识成为一种国民的自觉意识和民族的传统。

第二节 重视行动者网络信息传播机制治理

一、严格控制信息传播的安全风险

网络信息传播是以通讯设备和计算机为硬件依托,利用网络技术传递信息实现信息共享和信息交流为目的的过程。互联网信息传播实现了信息的双向互动,信息的传播者和信息的接收者之间可以直接交流,他们之间的地位也是相互变化的,信息的接收者也可以随时变成信息的发送者。网民可以实现与网络资源、大众传播者、网站的互动、网民之间的互动。互联网信息传播在全球传递和交流达到了前所未有的深度和广度,使人们的文化意识和理念有了一个全新的境界。对信息传播机制的治理需要通过行动者各方的共同努力,加强网络信息传播的建设和管理。

(1)进一步推广网络实名制

网络实名制是随着互联网的诞生与发展而产生的,最初也是针对网络犯罪、网络暴力以及不和谐的网络环境等问题所提出的。以真实姓名或资料使用互联网,是促进用户自我约束及问责的有效办法。目前,我国由于现行的各种制度障碍的问题,尽管实名制上网已经成为基本的社会管理规定,在一定程度上使信息发布的源头实现透明化,但是还没有完全将个人的身份信息与网上注册信息直接连接,仍给互联网信息传播管理带来了不便。网民主体的实名制是未来互联网治理的关键。一方面,加大升级互联网接口技术,实现网络端口管理,创造性地实现多种网络实名制的方式,确保网络社会的透明和公开。除了即时通信实名制之外,全面推进网络真实身份信息的管理,以"后台实名、前台自愿"为原则,包括微博、贴吧等均实行实名制,对此将加大监督管理执法的力度;另一方面,严格控制网络实名制带来的各种个人信息泄密风险,政府和企业要联合采取行动,不断升级保密技术,确保用户的个人信息不会被盗取。

（2）设立专门机构，提倡社会监督

社会监督的主体包括每一个公民和组织，但在互联网监管中以网民、家长和学校等为重点。实行传播内容日常监测制度，加大网络信息内容审查的力度，过滤对有关国家安全、政治稳定以及其他不良信息。社会监督以无时无处不在、低廉的成本、有利于网民自律等特点，被许多国家广泛采用。政府通过开展多方面教育普及活动，提高民众自我保护和网络监督意识，同时设置热线电话，开办监督网站，引导他们自觉参与到互联网管理。民众主要以举报网上违法内容的形式进行监管①。

（3）加强互联网信息传播的伦理建设和制度伦理

网络道德主体是在互联网中具有相应道德需要和道德义务的个体和组织。由于互联网信息传播代表了各利益方的利益诉求和道德倾向，行业自律或个人自律在这一特殊的传播途径中就显得格外重要，也成为构建网络伦理道德的基础。制度伦理是把一定社会的伦理原则、伦理自律和道德要求政策化、法律化，将其规范、提升、规定为制度，强化伦理的制度约束和制度管理政府应加强在人财物上的控制和投入，使网络信息的文化意义不断深化。另一方面，鼓励网民及企业开办网站，从数量和种类以及社会生活的方方面面都有自己的宣传，从而争取网络宣传的主动权，以便控制整个社会舆论。互联网多年来的发展习惯是在"非真实"的情况下发生的，要想让用户逐渐走上真实性这条道路，还需要很长的一段路要走。今后，网络信用将成为社会信用的重要组成部分，也将成为电子商务、互联网金融等深层网络应用发展的重要社会基础。

互联网时代突破了传统的自上而下的信息传播途径，即报纸、电视、广播等是信息的主要来源，而网络新媒体充当传播载体，转变为自下而上的传播方式，广大网民主体和其他主体同时作为信息传播的来源，但是它们传播的信息内容却有所不同，政府等主体往往通过权威在国家政策方针等题材上占据统治地位，而网民则通过发帖等方式把注意力集中在贪污腐败、社会保障等民生话题中。对于这两种信息传递方式和内容的不同，应该采取分

---

① 孟宪平：《网络虚拟社会管理问题及对策分析》，《学习与实践》2011 年第 8 期。

别对待的方式,通过行动者网络的相互流动,从而加强信息传播机制的治理和建设。

二、准确把握网络舆情的监管模式

网络的出现为我们提供了一种全新的生活方式,这体现在它改变了以往的新闻和信息传播方式,使之越来越去中心化和及时化,也使人们在一个新的平台上形成舆论。网络舆情正是在网络上舆论形成的公共空间,因而也是网络内容建设的重要部分,网络舆情来源于不同主体之间不同层次上与自身利益相适应的社会和价值需求,在网络社会的建构中具有重大的影响力,而网络社会的形成和发展反过来也会决定网络舆情的发展与走向。网络舆情是网络上舆论形成的公共空间,因而也是网络内容建设的重要部分。政府在网络正能量传播过程中起引导作用,通过利益驱动机制将其他行动者主体引入行动者网络中,然后鼓励他们传播网络正能量。作为引导主体,政府需要不断完善互联网相关法制以及信息公开体系,促进网络正能量有效传播。

从行动者网络的角度看,网络舆情指的是行动者主体基于自身的文化理念、思维模式和行为规范对网络内容的判断过程中,通过相互之间的互动趋同和分化,最终形成对某种社会现象或社会问题具有一定影响力和倾向性的共同意见。网络舆情在特定的文化境遇下形成具有自发性质的社会心理氛围,强烈地影响和制约着我们的社会生活。然而,由于网络舆情变化迅速,往往发生时难以做到及时控制和处理,政府对网络舆情的表达长期缺乏有效治理,舆情的变化容易导致政府的行为不当,从而引发公共秩序的紊乱。因此,政府主导的传统工作模式必须逐渐转变为基于政府及其他行动者之间共同管理的模式,搭建协同治理的平台,这既是一种变革,也是一种创新。在新形势下,政府部门需要更加准确把握建设网络内容的本质,注重网络舆情的表达,并明确在网络舆情的监管中政府的职责以及和其他行动者的关系,以此来制定相应的工作策略和法律方针,对网络舆情进行有效的治理。

（1）实施以政府为主体,其他行动者协同治理的网络舆情监管模式

在网络舆情的发展过程中,政府作为客体与作为网络舆情的主体的网民

是对等的。然而,在之前的监管工作中,政府在总体上是以一种支配和控制的方式在管理网民及其舆情的表达方式,这既缺乏对网民表达舆情的尊重,也不能使问题得到真正的解决。因此,政府必须在观念上接受网民,充分认识到网络舆情作为网民和其他行动者的表达自身的普遍性和代表性,转变其居高临下的姿态,同其他行动者相互合作,了解民意、集聚民智,使网络成为一个真正的公众参与、政府监管、各方协同治理的重要平台。政府应明确把握其在网络舆情监管中的权利行使边界和限度。政府监管网络舆情的目的在于确保不被不法分子利用,避免社会公共和个人利益受到不良侵害,但在行使过程中,要让网络舆情的表达与政府的监管和治理达到一种均衡的关系,也就是说政府既不能无作为,也不能任意作为,要严格控制其权力的边界,认真意识到作为监管主体的限度,从而保证网络舆情的健康有效的形成和发展。

(2)发挥政府模范带头作用,着重对待网络舆情中政府与网民之间的关系

在提高行动者参与意识和正能量传播能力的过程中,政府起到一个核心的驱动作用,而其他行动者主体也要积极行动和配合。由网民表达的网络舆情虽然不能被视为全部公众的态度,但在一定程度上具有广泛的代表性,政府不能片面地将网络舆情当作简单的事务来处理,而应该充分意识到网民在其中的主体性和创造性,尊重网民的主体地位,政府与网民的关系是建立在相互合作和理解的基础上的,两者之间的关系可以通过行动者之间的沟通和交流来得以维持。"上梁不正下梁歪",政府要率先倡导正能量信息,做到言而有信,其中最重要的是"政策诚信"。为此,政府要提高决策的科学化水平,使政策更加符合实际,更加具有可行性和操作性,减少政策波动引发的社会疑虑。政府要以身作则,带头执行,从一举一动中传递清风正气,做遵守社会规范的表率。同时,要提高执法的公信力,提高行政办事效率和执法规范,增加执法过程的透明度,防止部分法规演变成个别部门和单位的"家法",防止"潜规则"滋生和蔓延①。再一个是有错必纠,要把监督

① 巢乃鹏:《从"对抗"到"协商"——以"躲猫猫事件"为例探讨政府网络舆论引导新模式》,《编辑学刊》2009年第5期。

和防腐体系建设渗透到执法过程的每个环节,提高对行政违法行为的惩治力和震慑力,特别是要对好大喜功、弄虚作假、欺上瞒下等群众最反感、最影响政府诚信的行为"零容忍"。

（3）动员全社会力量,争做文明健康社会风尚参与者

以往,政府会把注意力集中在社会宏观结构和大趋势发展,在网络舆情的检测过程中,往往关注大事件和影响大局的一些舆论事件的发展,而忽视了大量的小事件的形成和发展,这一方面是由于政府自身的资源不足,另一方面却是没有调动其他主体参与对网络舆情的监控的结果。我们不能忽视网络小事件的发展,因为小事件在某种程度上也可以被触发,从而形成具有显性的大事件。因此,在网络舆情的研究和监管中,我们要通过行动者网络的各个主体之间的协同治理来及时处理网络舆情新事件。只有这样,才能共同提高社会文明程度。我们要努力建立社会共识,增强公民社会责任意识,积极开展志愿服务。引导人们自觉履行社会责任和法律义务,大力弘扬奉献社会、遵纪守法、诚信为本、见义勇为、扶正祛邪的良好风尚。由网民表达的网络舆情虽然不能被视为全部社会公众的态度,但在一定程度上具有广泛的代表性,政府不能片面地将网络舆情当作简单的事务来处理,而应该充分意识到网民在其中的主体性和创造性,尊重网民的主体地位,政府与网民的关系是建立在相互合作和理解的基础上的,两者之间的关系可以通过行动者之间的沟通和交流来得以维持。

因此,基于行动者网络的网络舆情的监管模式的创新,在新形势下,政府部门需要更加准确地把握建设网络内容的本质,注重网络舆情的表达,并明确在网络舆情的监管中政府的职责以及和其他行动者的关系,以此来制定相应的工作策略和方针,达到准确把握网络舆情监管模式的目的。

三、切实维护网络空间的安全防范

信息时代,网络安全已经成为政府面临的最紧迫的国家安全问题之一。中共中央总书记、国家主席、中央军委主席、中央网络安全和信息化领导小组组长习近平在中央网络安全和信息化领导小组第一次会议上提出了"没

有网络安全就没有国家安全,没有信息化就没有现代化"①。他明确提出,网络安全和信息化是事关国家安全和国家发展、事关广大人民群众工作和生活的重大战略问题,要从国际国内大势出发,总体布局,统筹各方,创新发展,努力把我国建设成为网络强国。在习近平总书记的重要指示下,我们深刻认识到保护网络空间的安全必须在政府的领导下,在政策法律和技术教育等方面进行变革,以适应日益复杂的网络安全问题。2014 年 11 月,中共中央政治局常委、中央书记处书记、中央网络安全和信息化领导小组副组长刘云山在首届国家网络安全宣传周启动仪式发表讲话②。他指出,充分享受互联网种种便利的同时,要清醒看到网络攻击、网络诈骗、网络侵权时有发生,网上黄赌毒、暴力恐怖以及网络谣言等有害信息屡禁不止,严重危害国家安全、损害人民利益,维护网络安全、规范网络秩序、净化网络环境,已成为广大群众的共同呼声。要不断增强全民网络安全意识,切实维护网络安全,着力推进网络空间法治化,为建设网络强国提供有力保障。

(1)要让各主体明确健康网络文化在社会生活中的作用

加强网络文化建设,使之能够有助于推进社会主义民主政治建设的健康发展,适应社会经济快速发展,满足人们精神文化需求,推动社会和谐发展。建设网络文化是国家高度重视的问题,新闻和政府网站的影响力与日俱增,开创了民主政治建设的新路径。然而,网络文化在建设中存在的问题十分显著。网络文化的自由性和开放性特征在为人们提供极其丰富多彩的精神文化的同时,也给网络不良文化的传播提供了沃土。网络谣言仍然猖獗,网络暴力文化宣传屡禁不止,网络色情严重,等等。其中主要的原因在于网络文化建设主体的素质和能力较弱,单一主体不能承担起治理这些问题的责任,通过行动者网络的协同治理,发动各个主体的优势,改变网络文化管理方式和手段的滞后性。

---

① 张梦琪、杨文娟:《习近平中央网络安全和信息化领导小组组长》,2014 年 2 月 28 日,见 http://he.people.com.cn/n/2014/0228/c192235-20668942.html。

② 孟洁:《刘云山在首届国家安全宣传周启动仪式上强调,维护网络安全,建设网络强国》, 2014 年 11 月 25 日,见 http://news.xinhuanet.com/newmedia/2014-11/25/c_127247220.htm。

（2）大力发展和拓宽网络文化建设平台，提升网络文化主体素质

完善网络文明规范、提升网络道德修养，加强主体之间的沟通和接触。网络的便利性和松散性为网络正常发展带来了巨大的风险，对各个行动者主体的权利构成威胁和挑战。如何在严峻的环境中维护网络安全是政府必须要解决的一个问题。本课题根据研究结果形成了一套行动方案：一是确立政府为实施层最高领导；二是增强网络安全工作的主动性和有效性；三是全部主体共同承担网络安全责任；四是建立有效的信息共享和危机反应框架。依法维护网络安全，是全面推进依法治国的重要内容，必须要进一步完善互联网建设管理的法律法规，着力健全国家网络安全保障体系。坚决打击网上违法犯罪活动，政府部门要开展多种多样的宣传网络安全的活动，各个职能部门可以积极合作，各主体积极参与互联网的国际对话合作，促进解决网络安全面临的突出问题，共同构建和平、安全、开放、合作的网络空间，推动建立多边、民主、透明的国际互联网治理体系①。确保网络信息既自由流动又安全流动、有序流动，更好维护国家网络空间安全和发展利益，维护人民群众网络信息合法权益。政府和学校合作，加大研发进程，构建基本的数字设施架构，加强国家网络安全，避免军事情报的泄露，政府主导的国有企业和民营公司合作，在运营上实现重大改观，避免知识产权和经济运行受到破坏。

（3）大力发展信息安全技术

要在架构网络的可靠性和灵活性的基础上，增加安全性。中国的信息和通信的基础设施基本掌握在国有企业中，但在互联网上使用和发展这些网络的却是众多互联网企业，加强信息和通讯基础设施的建设，离不开两者之间的交流与合作。以国有企业为主体的网络基础设备制造商和以民营公司为主体的网络服务提供商需要拥有一个全面的合作架构，以确保在发展网络技术的基础上能够更好地相互配合和互补。同时注重政府和企业两者之间的利益，政府关注的是网络安全保障，而企业关注的是网络能带来的自

---

① 杨立英：《用社会主义核心价值体系引领网络文化的思考》，《思想理论教育导刊》2010 年第 3 期。

身发展。政府要在支持企业发展的基础上,建立网络安全的合作伙伴关系,并清晰地界定这种关系的性质,明确各自的分工和职责,确定优先任务,采取具体行动,以发挥最大的效能,同时提供一个良好的信息技术产业环境,出台支持信息产业发展的各项优惠和扶持政策。

没有网络安全就没有国家安全,没有信息化就没有现代化。建设网络强国,要有自己的技术,有过硬的技术;要有丰富全面的信息服务,繁荣发展的网络文化;要有良好的信息基础设施,形成实力雄厚的信息经济;要有高素质的网络安全和信息化人才队伍;要积极开展双边、多边的互联网国际交流与合作。建设网络强国的战略部署要与"两个一百年"奋斗目标同步推进,向着网络基础设施基本普及、自主创新能力显著增强、信息经济全面发展、网络安全保障有力的目标不断前进。

第三节 促进行动者网络工作主体协同发展

一、加强政府与各主体的网络关系

随着我国社会主义事业建设的步伐逐渐加快,政府职能日臻完善,高校的教育事业蓬勃发展,企业在良好的市场环境下不断发展壮大,民众参与社会事务的意识逐渐觉醒、积极性和主动性日益提高,因此,在互联网的协同治理中,政府和其他行动主体需要共同协调与合作。在行动者网络中,任何一个行动者主体之间包含着各种相互依赖,彼此影响的要素,行动者网络本身就是一个复杂的有机系统,要素和要素之间存在着相互协同共生的关系。搭建以政府、企业、学校以及网民为基础的协同治理平台,当网络内容的公共管理从行政转移到社会时,政府不再是唯一的统治权威,在一些领域中,其他主体可能会比政府具有更大的优势,政府将部分监督权赋予其他主体,与公众加强合作,在协同治理平台上,既采取正式的法律法规,有权威的正式化管理,又有网络内容主体之间民主协商,通过约束和谈判来发挥协同的作用。

(1)信任彼此,以巩固关系网络

社会网络理论强调社会信任对联盟治理的重要影响,认为信任是正式契约之外的另一个联盟治理机制。政府和其他行动主体之间的信任可以形成相互之间善意的感知,利于协调组织间的联系和行为,促进成员对合作的信心。政府部门为了能够适应新的网络治理模型,必须在合作中不断地学习,包括新的管理能力、合作能力、组织流程的改进等。这是一个演变的过程,政府需要以组织网络的形式提供公共服务以及对治理网络投入更多的资源和精力。例如提供信息资源,充分把握市场信息,了解公民需求及合作组织的信息;提供充分的资金和人员支持;积极争取上级领导和部门领导的认同和支持,便于开展与其他部门的合作等。政府作为一个制度设计者和创新服务供给者,其巩固和强化主体地位的着力点应集中在为建立一个信任和公平的网络平台,同时积极察觉行动者网络中的流动缺陷和不足,通过建立起良好的治理机制来确保主体间协同化的进一步发展。

(2)消除利益冲突,促进和谐共赢

企业作为行动者主体在网络社会中占据着重要的一环,企业参与网络的主要目的是为获取更多的商机,从而给企业带来利益。在互联网时代,电子商务的出现给企业带来了巨大的机遇,各大企业纷纷建立线上业务,甚至将其业务范围转型至网上,上至手机业巨头小米公司通过网络营销来销售手机,下至坚果品牌商三只松鼠通过入驻淘宝和京东,各行各业的企业都把互联网营销当做公司未来发展的重中之重。企业关注的是它们自身的利益,其投入的是对公司自身或者其产品的广告宣传,然而,企业的不良宣传以及过于追求自身利益导致的恶性竞争也会在网络社会的发展中产生一定的负面影响,给网络内容的健康发展造成严重的后果。例如,2015年4月,莆田健康产业总会针对百度公司提高搜索词竞价价格以及加大对医疗广告的审核而做出让所有会员医院停止在百度投放广告的决定,引发了两者之间的"互掐",双方都指责对方通过不正当手段来维护自身的权益,在网络上被炒得沸沸扬扬。同时,企业如果忽略网民所代表的网络群体的利益,也会引发企业和网民群体之间的冲突,例如,2011年10月,阿里巴巴公司对其旗下的电子商务平台淘宝商城(天猫)调整了招商公告,将服务费和违约保证金大幅提高,此举引发了众多淘宝卖家的强烈抗议,他们通过线下静坐以及扰乱网上正常交易的方式来抗议阿里巴巴公司单方面的提价,阿里巴巴公司则发布声明称："这是网络黑社会行为,面对网络黑社会,淘宝绝不低头。"可以看出,企业和网民之间的利益冲突也给网络社会的和谐发展带来了严重隐患。

（3）大力引入多元管理主体,分层次共建服务型网络

多元化发展要在推进行动者主体共同参与发展的前提下,发挥政府的领导作用以及多元行动主体的参与互动作用,以积极的多重动力,集中培育社会力量,协调多主体利益表达,开拓网络协同发展空间,最终在网络社会中达到主体间的相互呼应、协调与合作。同时,在行动者网络的内部平衡中,要根据能量流动方向从重到轻的逻辑顺序,分层次和分阶段共建服务型网络。在初级层次,政府从系统的角度制定适用的网络机制和标准,而在高级层次,网络机制中流动的信息要具有高度的回应性。在行动者网络中,任何一个行动者主体之间包含着各种相互依赖、彼此影响的要素,行动者网络本身就是一个复杂的有机系统,要素和要素之间存在着相互协同共生的关系。政府在网络正能量传播过程中,要营造公平、公正的环境,不断完善信息公开系统,增强政府的公信力,促进各主体间的信任与协同。

二、积极增进企业主体社会责任感

随着经济全球化,我国的企业与世界其他各国的企业都在同一个竞争平台上,而我国企业要想在激烈的竞争中赢得一席之地,企业产品的质量扮演着重要的角色。尤其是在互联网环境下,网络信息的快速传播,使企业既面临机遇,又面临挑战。机遇就是企业好的产品和服务质量能迅速在网民中传开,从而形成口碑营销;挑战就是当产品和服务质量降低时,网民就会去做更好的选择,从而遗弃该企业,使企业遭受损失。总而言之,质量是企业永恒发展的主题,一个企业如果没有质量保证,那么这个企业也就无法继续长久地发展。尤其是在互联网普及的情况下,如何提高企业的产品质量和服务,也是企业的管理者必须仔细研究的问题。

近几年来,产品安全问题,企业造假问题频繁发生,从这些问题中反映出有些企业只注重企业本身利益,而忽视了社会利益,这是缺乏社会责任意识的表现。尤其是在互联网环境下,企业的社会责任显得更为重要。因为,

在网络环境下,广大群众不再是信息的被动接受者,被动接受的这些信息极有可能是篡改过的信息,这些信息只会对企业有利。而如今,网络越来越普及,广大群众可以去搜索企业的相关信息,从而更加了解企业,进而可以去监督企业,让企业认真履行应有的社会责任。从这方面可以知道,企业在互联网时代需要承担更多的风险以及社会舆论压力。然而,企业的这些问题的出现,主要是企业与社会的博弈问题。企业是一个营利组织,它存在的主要目的就是盈利,所以企业希望的是能够想方设法地去赚取更多的利润,而不会在意承担社会责任的多少;与之相反的是社会需要企业承担更多的社会责任,这样有利于造福广大群众和国家。简而言之,企业是把利益放在第一位,社会责任放在第二位;而社会是把社会责任放在第一位,企业的盈利放在第二位,这样就形成了博弈。这种博弈可能会出现四种情况:一是企业履行了社会责任,同时也受到网民的监督,企业成本虽然提高,但企业好的声誉得到了宣传;二是企业履行了社会责任,但声誉没有得到有效传播;三是企业没有履行社会责任,而且受到了网民的监督,降低了企业的声誉;四是企业没有履行社会责任,网民也没有监督企业的行为,企业没有获得额外的激励和惩罚。需要说明的是企业声誉是一种无形资产,将会带给企业很大的好处,所以最好的结果就是企业承担了社会责任,受到网民的监督,企业声誉得到了有效传播,增加了企业的无形资产。所以说强化企业的社会责任意识,调动企业的积极性,对企业和社会而言都是有利的。站在企业战略角度讲,企业社会责任与企业的经济绩效也具有正相关的关系。

因此,企业想要获得长远发展,就需要强化其社会责任意识,调动其积极性,更加积极主动地去参加一些社会活动,例如,根据社会的需要,参加一些社会公益活动;在产品生产过程中,把更多的注意力放在产品安全问题上,防止污染环境以及积极参与社会文化建设;等等。然而单靠企业内部作出调整是远远不够的,还需要政府,网民等其他主体的积极参与。从企业的角度讲,企业应该加强自身的道德文化建设,加大企业社会责任信息的披露程度。企业可以对企业内部的管理者及员工进行思想道德素质教育,使他们积极地融入企业的经营观念中,并把承担社会责任主动纳入企业的长期发展目标之中,并且与企业文化建设形成一个整体,通过企业制度的形式使其成为企业的道德规范和行为准则。总而言之,企业要在激烈的市场竞争中生存下来,特别是在互联网环境下,企业间的市场竞争越来越激烈。企业需要不断提高产品和服务的质量,做到质优价廉,服务周到;增强其社会责任意识,调动企业积极性;加大对网络技术人才培养的投入以及完善企业内部监督和管理机制等这些措施将有助于企业提高竞争力,促进企业长远的发展。

三、提高网民主体网络参与积极性

中国互联网络信息中心(CNNIC)发布《第 37 次中国互联网络发展状况统计报告》指出,截至 2015 年 12 月,我国网民规模达 6.88 亿,全年共计新增网民 3951 万人。互联网普及率为 50.3%,较 2014 年年底提升了 2.4 个百分点①。作为行动者主体之一的网民通过网络平台与其他行动者主体相互交流和沟通,参与经济、社会和政治生活,在促进网络正能量传播方面有着非常重要的作用。

(1)增强网民监督和参政议政的积极性

我国是一个社会主义民主的国家,社会主义民主赋予了群众监督和参政议政的权利,我们要通过不同的途径来实现这些权利。而互联网的出现正好给网民监督与参政议政提供了有效渠道,网络监督,以一种新的群众监督的形式出现,它与传统的监督方式相比更具有独特的功能以及与时俱进的时代特征。我国网民规模较大,分布在社会的各个领域,互联网不仅仅打破了地域的界限,使得每个网民都能及时参与讨论,发表自己的意见,更重要的是政府也能够通过网络平台及时地了解民意,从而解决民众所急需解决的问题。因此增强网民的监督意识可以从以下几方面入手:(1)加强网民的教育,培养其意识。正如学者胡松、赖秀东(2008)所言②,社会主义公民意识的作用在于指导和规范公民依法行使自己的权利,维护自己的利益,

---

① CNNIC:《第 37 次中国互联网络发展状况统计报告》,2015 年 12 月,见 http://www.199it.com/archives/432626.html。

② 胡松、赖秀东:《构建和谐社会背景下践行毛泽东"让人民来监督政府"思想的现实保障》,《中共郑州市委党校学报》2008 年第 2 期。

履行自己的义务,自觉参政议政和监督国家立法、司法、行政机关以及人大代表和公职人员是否正确利用人民赋予他们的权利。作为网民,必须注重家庭教育、学校教育以及成人教育,这有助于网民培养其意识。(2)进一步深化民主理念,提高网民的参与意识。首先提高自身的政治文化素养,比如主动学习必要的政治方面的知识、法律法规、制度,以及参与技巧的培训等,这样就能使其熟悉政治生活,了解民主规则,激发其民主监督的兴趣。其次是努力营造良好的监督环境,经常在论坛上发帖讨论相关的政治话题,提出自己的看法,为政府更好地管理国家提供可行性的建议。参政议政也是国家赋予我们的权利,网民需要不断增强参政议政的意识,因为一个国家的良好运转,需要的不止是一小部分人的参与,而是需要每个公民积极参与,为政府献计献策。为此,网民需要做到:一是提高自身的道德素质修养,不要在网络上造谣,不要做违法的事;二是充分认识参政议政的重要性,努力培养其政治责任感,经常去了解网络问政等电视节目,增强其民主意识和民主观念,从而提高网民参政议政的意识。

(2)提高网民的网络安全意识

现实生活中,很多网络安全事故的发生,都是因为网民自身安全意识过低,使得不法分子钻了空子。因此,广大网民一定要提高自己的网络安全意识,丰富自己的网络安全知识,以不变应万变,避免掉入不法分子处心积虑设置的网络"陷阱"中。将网民通过网络联系起来的一个节点就是计算机,而正是因为网民对计算机安全方面的知识认识不够,才导致网络上许多安全事故的发生,尤其是个人信息以及财产的损失。这都是计算机病毒带来的后果,由于计算机病毒的传播方式多种多样,又通常具有一定的隐蔽性,因此,首先应提高网民对计算机病毒的防范意识,因此在使用计算机的时候应注意下几点:①安装正版杀毒软件、个人防火墙和上网安全助手,并及时升级;②使用带有漏洞修复功能的软件,定时打好补丁,弥补系统漏洞;③不浏览陌生网站,不随意下载安装可疑插件;④不接收 QQ、MSN 等传来的可疑文件,电脑的安全级别最好选择较高的级别;⑤上网时打开杀毒软件的网页监控功能,这样能及时发现病毒;⑥把网游、QQ 等重要软件加入带有账号保护功能的软件中,可以有效保护密码安全;⑦定期浏览各大杀毒软件官网,看看最新的病毒情况,并做好预防。除此之外,网民还应该学习必要的网络技术,以防在发生网络安全问题时无从下手,避免财产和信息进一步的损失。网民对于如何学习必要的网络技术,可以考虑以下两点建议:一是自学,网民可以去购买关于网络技术处理方面的书籍,学习里面的故障处理方法;二是去参加培训班,自学对一个人来说要求有点高,而且遇到难题时往往需要花费大量的时间去理解,而参加培训班可以在老师的帮助下更快、更好地学懂相关的网络技术内容。

第四节　提高行动者网络工作体系整体效率

在网络治理中,行动者网络的搭建对网络社会的信息传播与控制空间的稳定和发展具有重要的作用,因此,有效地提高其工作体系的整体效率,从实际效果出发,不断优化,建立起科学高效的运行模式,及时对实施的效果进行监管和控制,从而更好地为网络问题的治理提供合适的方案,是开展政府、企业、学校、网民为主体的行动者网络工作不可缺失的一部分。具体而言,就是要对行动者网络的工作流程进行合理的优化,除此之外,还应该确保行动者网络工作的制度完善。

一、合理优化行动者网络的工作模式

（1）发展信息沟通网络的关键节点作用

在行动者网络工作体系中,点度中心性高的主体在这个网络中拥有十分重要的地位,它是整个行动者网络的关键节点。因此,要对关键节点与外部联系的内容、方式和频率进行分析,也就是对其信息沟通渠道进行合理分析,从而明确其影响力范围。任何内部的信息源很少的主体不利于组织的信息迅速交流,过于依赖极个别的节点对信息共享存在着一定的障碍。因此,优化行动者网络工作模式,应发展并增加信息源,改善主体内部信息共享的结构。首先,应分析该节点具备的能力,提高关键节点的信息获取、信息转移以及信息保护能力,促进整个主体内部信息的有效扩散,然后将其扩散化;其次,最大化地运用信息传播关键节点获取和发布信息时的"权利",

通过该关键节点连接在网络中其他节点,从而便捷、快速地获得信息、传达信息,同时控制着信息走向;再次,大力培养主体内部的其他关键节点,避免因原有关键节点的退出造成整个网络内部消极后果。优化其他成员与其交流的路径,扩大其隐含能力在网络内的扩散,从而避免因为关键节点的离开而造成网络内信息的脱节。对于点度中心性不高的节点,寻找其无法有效融入网络结构的原因,通过有目的性的改变并激发个体沟通能力达到最大化,使得单个成员的信息扩散出去,促进正能量信息的传播。

(2)连接行动者网络中主体内部的孤立点

行动者网络中,政府主体内部孤立点较少,但是其他主体内部存在孤立节点或因交流过少而相对孤立于整体之外的节点。这些相对孤立的节点有些是因为信息共享的能力或意愿不足,有些是因为职能或其他的原因,它们中有些节点可能是被忽视的潜在信息源,能提供某些新颖和创新性的信息。对发现的孤立点,应该分析其孤立或交流过少的原因,然后采取有针对性的措施,为其融入网络内部创造条件,使这些节点更多地参与组织的信息交流与共享,帮助其实现对外的信息交流,进而理顺网络路径,不断地增加网络中知识交流的渠道,最大化地实现节点间的最短联系和无孤点联系。有研究表明,网络内某些孤立点其所带有的信息往往对其他成员来说是比较具有创新性的,通过寻找其无法融入网络内部的原因,不断学习激发该孤立点沟通能力的最大化,促进网络内部信息的活跃。

此外,在网络主体内部,节点间的联系日益增多,依照社会网络的观点,中间中心性高的节点具备收集来自不同方面有价值信息和信息的结构洞优势。通过分析中间中心性指标,挖掘主体内部的联系纽带,借助单个主体影响力改善个体或群体间的合作状态。在此基础上,通过组织相关活动,加强节点间的正式联系和非正式联系,通过自身加工和吸收将一定信息扩散出去,提高整个网络传播正能量的影响力。对于中间中心性不高的节点,增强其取得资源、控制资源的能力,并且通过改善信息互动质量,提高这些节点对其他节点的实际影响力和支配力。

(3)完善主体内部信息交流网络的联系渠道

在行动者网络中,节点间接触面越广,联系越紧密,便能获得更多的机会交流,越容易扩大信息的传播。寻找网络内信息快速转移与扩散的有效渠道和节点,促进不同信息在整个网络内部的有序流动,减少网络内部信息交流与扩散成本。与此同时,充分利用"小世界"网络的多重连接,拓展网络范围,改善网络既有结构或功能的沟通平台,缩短整个节点间的沟通距离;科学测度个体中心性和整体中心势的关系。通过计算整体中心势指标,反映整个网络的紧密程度和集权程度进而发挥群体优势提高网络信息扩散效果;充分重视网络内部不同关系网络对信息扩散的影响;基于复杂网络理论,仿真模拟中枢节点增加、退出、变动对信息扩散的影响,建立动态环境下关键节点对信息扩散影响的一般模型,并根据模拟结果提出相应建议。

二、确保行动者网络体系的制度完善

行动者网络工作体系的有效运行必须依靠完善和灵活的制定保障,当前,网络科技日新月异,网络发展不断与国际潮流相接轨,在制度建设上,对网络信息流的有效引导应着重于正面辅导管理与自律而非强制管制,减少政府的直接介入,鼓励以民间自律为主的力量,引导信息流动,促进用户之间的互动。制定的网络规范既能维持网络的多元化和自由化需求,又能保护用户的隐私权益,尊重市场自由竞争。按照网络服务提供商为主体,政府管理为辅的原则成立同业会并制定相应的自律规则,政府通过间接管理模式对可能造成的负面影响进行揭露、批评,同时鼓励积极正面的网络内容与服务,运用民间自律的力量而不是行政的力量来提高网络内容与服务的质量。

首先,建立网络责任机制,避免网络工作失效。行动者网络工作体系强调网络主体之间的合作,拥有极大的调动主体积极性,对建设和谐网络空间,提升网络治理能力起到了重要作用,但也存在一定的局限性。它不能代替政府享有绝对的强制权力,也不能代替网络空间本身自发的对网络中大多数资源进行有效的配置。此外,过度强调主体之间的合作,也会在一定程度上造成对网络变化的适应性降低,从而导致过度反应或迟钝反应。因此,在实际操作中,为了避免行动者网络工作可能的失效,需要建立好网络责任机制。国家和各级政府要充分地调动财政支出,合理制定网络文化建设和管理工作所需资金的投入比例,切实保证经费的开支,实行逐级考核、分类考核和量化考核。在量化考核的过程中,要针对不同岗位设定不同的考核分值。对年度分数值达到优秀指标的要给予资金嘉奖,在职务晋升、职称评定等方面给予倾斜。

其次,加强对行动者网络工作的考核机制。网络社会中的信息传播与控制,特别是针对网络信息传播的影响力开展的一系列对于维护网络工作的评估。网络工作评估是对行动者网络运行的结果的评估,因此要根据网络工作的特点来进行构建。要及时对政策实施的情况和网络社会发展的状况进行评估,包括网络空间安全和网络发展战略、方针等。由政府组织专家组成评估小组负责对行动者网络之间的流动性和协同治理进行评估,并提出具有广泛代表性的意见和建议。

三、搭建行动者网络的虚拟社区平台

为了方便行动者网络工作体系的有效运行,有必要为各个主体的相互沟通和交流营造合适的平台,而在网络社会中,虚拟社区不仅仅是由软件和硬件组成的信息中介,而是具有虚拟特性的现实交互性社会组织,是特定社会关系的集合。针对网络中存在的问题,为了充分利用网络平台,提高每位用户的参与积极性,应该创造良好的信息交流共享机制,要使社区成员积极负责地参与到社区的互动中,鼓励用户间的相互交流与沟通,必须形成特定的文化氛围。为了增加社区成员的归属感,需要制定社交规范和奖励机制。虚拟社区中制定的规范准则必须获得用户的认可,同时符合线下的道德与法律行为准则。对于规范的执行需要依赖一定标准的奖励机制。为了提升用户的归属感,使用户感受到社区对自己的意义与价值,可以设置相关功能,在有特定含义的日子向社区成员发送问候与祝福,鼓励成员积极主动地参与到社区组织的活动中来,扩大虚拟社区对个体成员的影响力。

政府主体可以通过网民信息的反馈,来完善虚拟社区平台的信息交流功能,或改善自身行为,完善相关政策等。因此,虚拟社区平台的构建应该有利于满足各类行动者自身的需求,并为他们利益的实现提供一个助力。该平台的建设更有效地整合了资源,帮助各个行动者获取自身所需要的信

息。该平台有利于政府、企业和科研机构等选择自身的合作伙伴,增进对彼此间的了解,继而使得各自之间的利益最大化获取双赢并推动网络正能量的传播;有利于网民获得相关的政府政策、行业状态信息,帮助其选择更适合自己的工作,既而做出更好的选择等;有利于网民和政府之间的互动,使得政府能更好地聆听民众的声音、了解民生等,以便通过制定更好的政策或者采取更好的措施来解决民众纠纷、化解民众矛盾、提供便民设施等;以便更好地满足民众的需求,减少民怨,促进社会和谐。因此,虚拟社区平台在机制上形成交流互补互促,在信息发布上形成及时、全面、互动的信息共享平台。打破行动者之间的隔阂和壁垒,整合各个行动者的信息资源。

总之,基于行动者网络构建的四位一体的协同治理体系可以被当成高效的社会运作系统,政府、企业、学校和网民每一个主体在网络社会中都占据着不可替代的位置,任何一个社会都是政治、经济、文化等要素相互依赖、相互影响的有机系统,各要素之间存在着复杂的共生协同关系。随着我国社会主义市场经济体制日臻完善,各种社会组织不断发展壮大,公民意识觉醒,参与社会事务的积极性、主动性提高,在互联网社会的治理方面,需要各级政府及其行动主体共同协调、合作。行动者网络的正常运行,离不开政府、企业、学校、网民各主体的协同治理。政府作为引导主体,需要不断地完善法制和信息公开体系,提高政府公信力、增强法律的权威性,约束和监督其他各主体的行为,促进网络正能量的有效传播;企业作为运营主体,对国家经济发展的影响重大,增强企业社会责任意识,在政府、网民、学校的监督和帮助下,促进经济健康、快速的发展;学校作为教育主体,肩负着重要的使命,在网络环境下不断地改革教育体制,加大对学生文化和价值培养力度,与政府、企业、网民合作,努力提升我国的教育质量;网民作为行动主体,要不断提高网络参与的积极性以及网络安全意识,加强自身的道德素质教育,在政府的监督、企业和学校的帮助下,抵制负能量的传播,不断改善网络环境。

结　束　语

　　中国作为网络大国,党和国家也逐渐重视互联网和信息化的发展,习近平主席在中央网络安全和信息化领导小组第一次会议上提出,"没有网络安全就没有国家安全,没有信息化就没有现代化。网络安全和信息化是事关国家安全和国家发展、事关广大人民群众工作生活的重大战略问题,要从国际国内大势出发,总体布局,统筹各方,创新发展,努力把我国建设成为网络强国。"互联网是一个完全开放的空间,任何一个主体都享受着开放和自由所带来的便利。然而,网络的开放性也会带来网络犯罪、网络病毒、网络色情等一系列问题,这些负面的风险影响互联网健康有序发展,损害人民利益,社会各界迫切需要制定合理的规则制度来预防和杜绝这些风险。本课题从行动者网络的视角来抽取行为主体,在不断变化的网络外部环境中,构建一个政府、企业、学校、网民四位一体的协同治理体系,以此在政治、经济、文化、社会等各个领域实现任何单一主体都无法单独完成的任务,如网络文化中正能量的传播、网络安全治理、网络内容发展、互联网技术的革新,等等。同时着重从政策性的角度来进一步阐述,并从网络内容建设、网络安全、网络发展等方面给出合理的建设性建议,以期能够对网络的发展和网络内容建设有较好的指导意义。

　　党的十八大报告提出,要"加强和改进网络内容建设,唱响网上主旋律",让网络更好地为社会主义中国的政治、经济和文化等方面作出贡献。随着网络社会的进一步发展,单一主体如政府、企业等无法单独成为引导网络社会内容导向的力量,也无力应对网络社会中大量的风险挑战,正是由于网络社会中充满了不确定性和难以预见性,互联网的治理也就离不开政府、企业、高校和网络诸多主体的参与。结合前面几章对行动者网络以及信息传播用户行为特征的研究及其影响因素的相关分析结果,本节提出构建行动者主体工作体系的具体流程。我们认为,应该提高在加强网络法治和提升正能量传播意识的基础上,大力推进网络信息传播平台的治理和建设,同时正确引领网络正能量传播导向,促进政府与各主体协同化发展,同时大力推动网络信息化和网络安全建设,最后完善网络工作评估和考核机制。

根据本研究的论题"构建政府、学校、企业、网民协同共建的行动者网络",从研究的整体出发,抓住了"协同"与"行动者网络"这两个关键点。因此,本研究着眼于如何构建政府、学校、企业、网民四位一体的行动者网络,并探讨如何协同治理它们之间的关系,利用行动者网络促进网络内容的建设,促使信息和正能量在行动者网络中更好地传播。

(1)本研究结合十八大报告、十七届六中全会、习近平总书记各大讲话、国家互联网信息办公室主任鲁炜提出的对网络发展的规划等,首先分析了研究背景与意义,点明本研究的研究目标在于肃清网络空间、网聚正能量、共筑中国梦、推动网络内容建设主体协同化。

(2)本研究阐述并分析了行动者网络理论、社会网络理论、协同治理理论、利益相关者理论、生态系统理论,为分析行动者网络的构成、构成要素间的关系、行动者网络的内部构成与外部影响因素的互动关系、正能量在行动者网络中的传播机理、如何利用行动者网络促进信息的传播效果等议题提供理论指导与论证基础,从宏观和微观探讨如何加强和改进网络内容建设。

(3)本研究借鉴系统分析方法,从内外出发。第三章探讨了行动者网络的内部构成,对行动者网络当前的运行现状与内部构成要素的关系模式与关系流进行了分析,并由此提出行动者网络的运行关键与行动逻辑,对如何引导构建更好的行动者网络,协同行动者网络中各主体的利益驱动机制,从而推动网络内容建设、引导正能量传播进行分析。第四章探讨了影响行动者网络中行动主体发挥作用的外部因素,并运用实证方法识别各类因素中的最主要因素,从而分析如何更好地推动行动者网络的建设,如何协同行动者网络的内外关系,推动网络内容建设。

（4）信息与正能量都是在行动者网络中传播的,行动者网络是信息与正能量传播的主体与载体。由此,我们抓住了信息与正能量这两个关键点,从微观角度并运用实证方法对行动者网络进行分析。第五章,类比生态系统发现,正能量在行动者网络中的传播机制与生态系统的传播机制相似,由此提出了正能量传播生态系统的概念。首先分析了正能量传播生态系统的构成、层级分类与关联;其次分析了正能量传播生态系统的形成与演变;最后分析了正能量在行动者网络中传播,即正能量传播生态系统的驱动机制、摩擦与协调机制及保障机制,由此探讨如何促进正能量在行动者网络中更好地传播。第六章,以信息传递为研究对象,微博平台为载体,从行动者网络的整体特性与局部特性出发,比较分析构成行动者网络的四大主体网络,即政府、企业、学校、微博名人这四类信息传播主体的结构特征、内部用户的互动关系、个体用户的各项指标,从而分析不同类别的网络信息传递主体的行为特征,映射并分析团体、组织、社区等内部间的关系流、关系模式,从微观和宏观层面讨论如何优化信息传播主体的行为,以期为推动信息在网络中更好地传播提供政策建议。

主要参考文献

［法］布鲁诺·拉图尔：《科学在行动：怎样在社会中跟随科学家和工程师》，刘文旋等译，东方出版社 2005 年版。

［美］怀特：《机会链——组织中流动的系统模型》，张文宏等译，格致出版社 2009 年版。

［美］林顿·C.弗里曼：《社会网络分析发展史：一项科学社会学的研究》，张文宏等译，中国人民大学出版社 2008 年版。

林聚任：《社会网络分析：理论、方法与应用》，北京师范大学出版社 2009 年版。

［美］林南：《社会资本——关于社会结构与行动的理论》，张磊译，上海人民出版社 2005 年版。

刘军：《法村社会支持网络——一个整体研究的视角》，社会科学文献出版社 2006 年版。

刘军：《整体网分析讲义》，格致出版社 2009 年版。

［美］米切尔·伍德福德等：《宏观经济学手册（第 1A 卷）》，刘凤良等译，经济科学出版社 2010 年版。

彭伟步：《信息时代政府形象传播》，社会科学文献出版社 2005 年版。

［美］乔治·梅奥：《工业文明的人类问题》，陆小斌译，电子工业出版社 2013 年版。

［美］约翰·斯科特：《社会网络分析》，刘军译，重庆大学出版社 2007 年版。

蔡宁、吴结兵：《产业集群组织间关系密集性的社会网络分析》，《浙江大学学报》（人文社会科学版）2006 年第 4 期。

陈东平、倪佳伟、周月书：《行动者网络理论下农民资金互助组织形成机制分析》，《贵州社会科学》2013 年第 6 期。

陈宏辉、贾生华：《企业利益相关者三维分类的实证分析》，《经济研究》2004 年第 4 期。

陈晓红、王陟昀:《中小企业外部环境评价方法比较研究》,《科学学与科学技术管理》2008 年第 9 期。

陈晓红、张亚博:《中小企业外部环境比较研究》,《中国软科学》2008 年第 7 期。

程安科:《基于行动者网络理论的移动互联网产业盈利及利益协调研究》,硕士学位论文,北京邮电大学管理科学与工程,2010 年。

崔永华、高迎爽:《行动者网络理论视角下的高职校企合作研究》,《教育发展研究》2013 年第 5 期。

代吉林、张书军:《集群企业网络结构的个案分析与实证检验》,《科技管理研究》2010 年第 3 期。

邓汉慧、张子刚:《企业核心利益相关者共同治理模式》,《科研管理》2006 年第 1 期。

费钟琳、王京安:《社会网络分析:一种管理研究方法和视角》,《科技管理研究》2010 年第 24 期。

郭晓姝:《企业微博信息互动传播模式、途径与影响因素研究》,博士学位论文,东北财经大学管理科学与工程,2013 年。

何新明、林澜:《企业利益相关者导向:组织特征与外部环境的影响》,《南开管理评论》2010 年第 4 期。

洪进、余文涛等:《基于"行动者网络理论"的中国生物制药产业技术的演化和治理研究》,《中国科技论坛》2010 年第 5 期。

贾生华、陈宏辉:《利益相关者的界定方法述评》,《外国经济与管理》2002 年第 5 期。

江若尘:《企业利益相关者问题的实证研究》,《中国工业经济》2006 年第 10 期。

李广乾、谢丽娜:《全球化背景的网络安全新思维:他国镜鉴及其下一步》,《改革》2014 年第 8 期。

李维安、邱艾超等:《中国公司治理主体和治理边界的变迁路径》,《中国社会科学报》2010 年第 12 期。

梁广文:《中小型科技企业外部环境分析》,《商情》2013 年第 5 期。

梁艳萍、刘芳:《高校网络文化体系建立探析》,《人力资源管理》2010 年第 1 期。

梁中:《低碳产业创新系统的构建及运行机制分析》,《经济问题探索》2010 年第 7 期。

刘惠芬、阳化冰:《多重互动的网络学习社区研究》,《现代远程教育研究》2005 年第 2 期。

马海涛、苗长虹等:《行动者网络理论视角下的产业集群学习网络构建》,《经济地理》2009 年第 8 期。

孟宪平:《网络虚拟社会管理问题及对策分析》,《学习与实践》2011 年第 8 期。

明燕飞、卿艳艳:《公共危机协同治理下政府与媒体关系的构建》,《求索》2010 年第 6 期。

欧治花、汤胤:《SNS 社交网络结构实证研究——以豆瓣网为例》,《科技管理研究》2012 年第 5 期。

彭兰:《网络传播与社会人群的分化》,《上海师范大学学报》(哲学社会科学版)2011 年第 2 期。

平亮、宗利永:《基于社会网络中心性分析的微博信息传播研究——以 Sina 微博为例》,《图书情报知识》2010 年第 6 期。

任义科、李树苗等:《农民工的社会网络结构分析》,《西安交通大学学报》(社会科学版)2008 年第 5 期。

沙勇忠、解志元:《论公共危机的协同治理》,《中国行政管理》2010 年第 4 期。

沈月、赵海月:《生态文化视域下生态教育的内涵与路径》,《学术交流》2013 年第 7 期。

石长顺、周莉:《新媒体语境下涵化理论的模式转变》,《国际新闻界》2008 年第 6 期。

田高良:《连锁董事、财务绩效和公司价值》,《管理科学》2011 年第 3 期。

王春梅:《基于行动者网络理论的区域创新体系进路研究——以南京为例》,《科技进步与对策》2012 年第 12 期。

王一鸣、曾国屏:《行动者网络理论视角下的技术预见模型演进与展望》,《科技进步与对策》2013 年第 5 期。

王运锋、夏德宏等:《社会网络分析与可视化工具 NetDraw 的应用案例分析》,《现代教育技术》2008 年第 4 期。

韦路、张明新:《第三道数字鸿沟:互联网上的知识沟》,《新闻与传播研究》2006 年第 4 期。

肖冬平、彭雪红:《组织知识网络结构特征、关系质量与创新能力关系的实证研究》,《图书情报工作》2011 年第 18 期。

谢新洲:《"沉默的螺旋"假说在互联网环境下的实证研究》,《现代传播》2003 年第 6 期。

谢周佩:《两种文化与行动者网络理论》,《浙江社会科学》2001 年第 2 期。

薛靖、任子平:《从社会网络角度探讨个人外部关系资源与创新行为关系的实证研究》,《管理世界》2006 年第 5 期。

薛可、梁海等:《基于信息平衡的网络论坛传播模式研究》,《上海交通大学学报》(哲学社会科学版)2008 年第 4 期。

颜楚华、王章华等:《政府主导学校主体企业主动——构建校企合作保障机制的思考》,《中国高教研究》2011 年第 4 期。

颜端武、王曰芬等:《国外人际关系网络分析的典型软件工具》,《现代图书情报技术》2007 年第 9 期。

杨立英:《用社会主义核心价值体系引领网络文化的思考》,《思想理论教育导刊》

2010 年第 3 期。

杨清华：《协同治理与公民参与的逻辑同构与实现理路》，《北京工业大学学报》（社会科学版）2011 年第 2 期。

张存刚、李明等：《社会网络分析——一种重要的社会学研究方法》，《甘肃社会科学》2004 年第 2 期。

张环宙、周永广等：《基于行动者网络理论的乡村旅游内生式发展的实证研究——以浙江浦江仙华山村为例》，《旅游学刊》2008 年第 2 期。

张其仔：《社会网与基层经济生活——晋江市西滨镇跃进村案例研究》，《社会学研究》1999 年第 3 期。

张文宏、阮丹青等：《天津农村居民的社会网》，《社会学研究》1999 年第 2 期。

郑巧、肖文涛：《协同治理：服务型政府的治道逻辑》，《中国行政管理》2008 年第 7 期。

钟耕深、崔祯珍：《商业生态系统理论及其发展方向》，《东岳论丛》2009 年第 6 期。

周葆华：《新媒体使用与主观阶层认同：理论阐释与实证检验》，《新闻大学》2010 年第 2 期。

周勇：《网络传播中的"马太效应"——关于华南虎照片真伪事件的实证研究》，《国际新闻界》2008 年第 3 期。

左璜、黄甫全：《行动者网络理论：教育研究的新世界》，《教育发展研究》2012 年第 4 期。

Adger W N, "Social and Ecological Resilience: Are They Related?", *Progress in Human Geography*, 2000, 24(3).

Barnes, "Graph Theory in Network Analysis", *Social Networks*, 1962, 05.

Berkes F, Colding J, Folke C, *Navigating Social-Ecological Systems: Building Resilience for Complexity and Change*, Cambridge: Cambridge University Press, 2003.

Borgatti, "Models of Core/Periphery Structures", *Social Networks*, 1999.

Burt, *Structural Holes*, *The Social Structure of Competition*, Harvard University Press, 1992.

Callon M, *Some Elements of A Sociology of Translation: Domestication of The Scallops and The Fishermen of Saint Brieuc Bay*, *Power, Action and Belief: A New Sociology of Knowledge*, Boston: Routledge, 1986.

Carpenter S, Walker B H, Anderies J M, "From Metaphor to Measurement: Resilience of What to What?", *Ecosystems*, 2001, 04.

Coleman, James, "Social Capital in the Creation of Human Capital", *American Journal of sociology*, 1988.

Degenais, A Fodor, E Schulze, "Charting New Directions: The Potential of Actor-Network Theory for Analyzing Children's Videomaking", *Language and Literacy*, 2013.

Durkheim, *The Division of Labor in Society*, New York: The Free Press, 1893.

Elodie Paget, Jean Pierre Mounet, "A Tourism Innovation Case: An Actor-Network Approach", *Annals of Tourism Research*, 2010.

Freeman, "Centrality in Social Networks: Conceptual Clarification", *Social Networks*, 1979.

Granovetter, "Economic Action and Social Structure: The Problem of Embeddedness", *American Journal of Sociology*, 1985.

Granovetter, "The Strength of Weak Ties", *American Journal of Sociology*, 1973.

Gunderson L H, Holling C S, *Panarchy: Understanding Transformations in Human and Natural Systems*, Washington: Island Press, 2002.

Holling C S, "Resilience and Stability of Ecological Systems", *Annual Review of Ecological and Systematic*, 1973, 7(4).

Holling C S, "Understanding The Complexity of Economic, Ecological and Social Systems", *Ecosystems*, 2001, 6(4).

Jo Rhodes, "Using Actor-Network Theory to Trace an ICT (Telecenter) Implementation Trajectory in An African Women's Micro-Enterprise Development Organization", *Information Technologies & International Development*, 2009.

Klovdahl, "Urban Social Network: Some Methodlogic Problems and Prospets", *Network Analysis*, 1989.

Law, "On the Methods of Long Distance Control: Vessels, Navigation and The Portuguese Route to India", *Power, Action and Belief: A New Sociology of Knowledge, Sociological Review Monograph*, 1986, 32.

Michela Arnaboldi, Nicola Spiller, "Actor-Network Theory and Stakeholder Collaboration: The Case of Cultural Districts", *Case of Management*, 2011.

Michela Arnaboldi, "Actor-network Theory: The Case of Cultural Districts", *Case of Management*, 2012.

Miller, Arthur H., "Political Issues and Trust in Government: 1964 – 1970", *American Olitical Science Review*, 1974, 68(3).

Mitchell, *The Concept and Use of Networks*, Manchester University Press, 1969.

Putnam, Robert, "Bowling Alone: The Collapse and Revival of Americian Community", *N. Y.: simon & Schuster*, 2000.

René Vander Duim R, "Tourismscapes: An Actor-Network Perspective", *Annals of Tourism Research*, 2007, 04.

Ronald S. Burt, Joseph E. Jannotta, James T. Mahoney, "Personality Correlates of Structural Holes", *Social Networks*, 1998, 20(1).

Scott, John, *Social Network Analysis*: *A Handbook*, Newbury Park, CA: Sage Publications, 2000.

Simmel, *Sociological*, Berlin: Duncker And Humblot Press, 1992.

Tribe J, "Tribes Territories and Network in The Tourism Academy", *Annals of Tourism Research*, 2010, 01.

Watts, Duncan, *Six Degrees*: *The Dynamics of Networks Between Order and Randomness*, Princeton University Press, 1999.

Wellman, Barry, "Different Strokes From Different Folks: Community Ties and Social Support", *American Journal of Sociology*, 1990.

Wellman, "Networks Analysis: Some Basic Principles", *Sociological Theory*, 1983(1).

White, Harrison, *Social Structures*: *A Network Approach*, Cambridge University Press, 1988.

附录一　调查问卷

政府调查问卷

尊敬的先生/女士：

您好！为了了解民众对政府的信任程度，以及政府在信息公开、法制、执行效率和处理问题方面能力的情况，本课题组希望您能协助填写这份调查表。在此，我们郑重承诺，调查结果仅供研究使用，对您所回答的问题都会严格保密，请您不要顾虑，实事求是答题。

谢谢您的合作与支持！

《加强和改进网络内容建设研究》课题组

2014 年 11 月

下列句子是对政府的相关描述，请就下列陈述与您所感受到的实际情况作比较，判断这些陈述与您所感受到的情况的符合程度，进行 5 级打分，1—5 依次表示从非常不同意向非常同意过渡，在相应的框内用"√"标记。

公信力

序号	条　目	很不同意	较不同意	一般	比较同意	非常同意
1	政府通常能及时公布政务信息，让公众及时了解政府的工作动态	1	2	3	4	5

续表

序号	条 目	很不同意	较不同意	一般	比较同意	非常同意
2	政府不会轻易隐瞒或封锁消息,保障人民的知情权和监督权	1	2	3	4	5
3	政府不断推进民主化进程,鼓励、支持民众积极参与公共事务管理	1	2	3	4	5
4	人民权益受到国家机关及其工作人员的侵害时,能够及时申诉并获得赔偿	1	2	3	4	5
5	政府部门能够及时有效地贯彻执行上级的政策	1	2	3	4	5
6	目前,政府办事效率比较高,办事不拖拉	1	2	3	4	5
7	政府在公共管理活动中出现问题时,有及时、明确、清晰的责任追究机制	1	2	3	4	5
8	政府在公共管理活动中出现政府失信等问题时,有相应的补救措施	1	2	3	4	5

企业调查问卷

尊敬的先生/女士:

您好!为了了解网站及网站运营、网络内容提供商的基本状况和存在的主要问题以及政府对网络建设的影响,本课题组希望您能协助填写这份调查表。在此,我们郑重承诺,调查结果仅供研究使用,对您所回答的问题都会严格保密,请您不要顾虑,实事求是答题。

谢谢您的合作与支持!

《加强和改进网络内容建设研究》课题组

2014 年 11 月

下列句子是对企业的相关描述,请就下列陈述与您所感受到的实际情况作比较,判断这些陈述与您所感受到的情况的符合程度,进行 5 级打分,1—5 依次表示从非常不同意向非常同意过渡,在相应的框内用"√"标记。

技术创新

序号	条　　目	非常不同意	较不同意	一般	比较同意	非常同意
1	企业能够严格执行其网络技术研发战略	1	2	3	4	5
2	我也已经掌握了完善的软件使用手册及硬件使用方法和程序	1	2	3	4	5
3	企业的 IT 员工能够迅速解决网络技术故障	1	2	3	4	5

市场竞争

序号	条　　目	非常不同意	较不同意	一般	比较同意	非常同意
1	互联网的推广和使用使得企业的营销手段不断创新	1	2	3	4	5
2	通过电子商务系统企业可以有效地进行采购和销售工作	1	2	3	4	5
3	电子商务系统的使用降低了企业的交易成本	1	2	3	4	5

基本信息

1. 您所运营的企业是(　　)

A. 网络运营商　　B. 网络提供商　　C. 其他类型

2. 企业登记注册的类型(　　)

A. 国有企业　　B. 集体企业　　C. 私营企业　　D. 个体经营

E. 股份合作企业　　F. 有限责任公司　　G. 股份有限公司　　H. 外资企业

I. 其他_____

3. 您所在企业的规模(　　)

A. 1~49 人　　B. 50~99 人　　C. 100~499 人　　D. 500~999 人

E. 1000 人以上　　F. 不清楚

4. 您所在企业成立的年限(　　)

A.5年以下 B.6~10年 C.11~15年 D.16年及以上

5.您所在企业有没有自己的主页网站（　）

A.有 B.没有

6.如果有自己的主页网站,那么其主页内容一般有哪些(可多选)(　)

A.公司简介 B.产品信息 C.企业规模 D.内部晋升机制

E.企业文化 F.企业发展前景 G.其他_____

7.企业主要通过什么方式实现与员工的及时沟通（　）

A.电子邮件 B.电话 C.QQ D.微信 E.MSN F.单位公告

G.其他_____

8.企业主要通过什么途径最先获取政府的某项政策信息（　）

A.网络 B.单位公布或别人告知 C.电视 D.电话咨询 E.其他_____

再次感谢您的支持与配合,祝您学习顺利、工作愉快!

学校调查问卷

亲爱的老师/同学:

您好! 为了了解贵校的网络环境,探索高校校园网络建设的问题与方向以及政府对网络建设的影响,我们在高校随机抽取了部分师生作为代表,您是其中的一位。本调查不用填写姓名,答案没有正确与错误之分,请仔细阅读问卷,选择您认可的选项。

谢谢您的合作!

《加强和改进网络内容建设研究》课题组

2014年11月

下列句子是对学校的相关描述,请就下列陈述与您所感受到的实际情况作比较,判断这些陈述与您所感受到的情况的符合程度,进行5级打分,1—5依次表示从很不同意向非常同意过渡,在相应的框内用"√"标记。

高校网络信息传播

序号	条　　目	非常不同意	较不同意	一般	比较同意	非常同意
1	您参与网络事件的评论与传播的频率非常高	1	2	3	4	5
2	当社会大事件在网络上传播且贵校学生对某件事情在网上形成集体反响时(如钓鱼岛游行事件),贵校非常及时地进行了正确的思想引导	1	2	3	4	5
3	您认为贵校网络舆情工作人员组织体系比较完备	1	2	3	4	5

高校网络文化

序号	条　　目	非常不同意	较不同意	一般	比较同意	非常同意
1	您认为贵校网络文化思政教育的师资队伍十分完备	1	2	3	4	5
2	贵校校园网板块对社会主义核心价值观的宣传力度非常大	1	2	3	4	5
3	您认为贵校网络文化的宣传、引导、管理工作具有高度一致性	1	2	3	4	5

网络人才培养

序号	条　　目	非常不同意	较不同意	一般	比较同意	非常同意
1	您认为通过学习贵校开设的信息技术基本课程可以熟练掌握计算机基本技能(如office办公软件应用的熟练程度)	1	2	3	4	5
2	您认为贵校提供的网络实践平台已经完备	1	2	3	4	5
3	您认为贵校学生进入企业实施产学教学的机会非常大	1	2	3	4	5
4	根据您平常的了解(如就业率),您认为贵校的学生能满足社会对网络人才的需要	1	2	3	4	5

基本信息

以下是对个人背景信息的描述,请您根据个人情况在相应的选项上画"√"(非注明均为单选)

1. 您的身份是( )

A. 学生　B. 教师　C. 管理人员　D. 职工　E. 信息网络专业的学生

2. 您最常浏览的网站是(可多选)( )

A. 主流媒体网站　B. 商业网站　C. 社交网站　D. 校园网站

E. 娱乐网站　F. 国外英文网站　G. 高新技术网站

3. 您访问校园网站的频率( )

A. 从不访问　B. 几乎不访问　C. 有时访问　D. 经常访问

4. 您有兴趣阅读的校园网络内容是(可多选)( )

A. 传统文化　B. 当代文化精品　C. 网络娱乐产品　D. 社交媒体内容

E. 新闻资讯　F. 生活休闲　G. 西方国家动态　H. 其他

5. 您平均每天的上网时间是( )

A. 1 小时以下　B. 1—2 小时　C. 3—5 小时　D. 6—9 小时

E. 10 小时以上

网民调查问卷

尊敬的先生/女士:

您好!为了了解网民的网络安全意识以及他们对网络正能量传播的理解与态度,本课题组希望您能协助填写这份调查表。在此,我们郑重承诺,调查结果仅供研究使用,对您所回答的问题都会严格保密,请您不要顾虑,实事求是答题。

谢谢您的合作与支持!

《加强和改进网络内容建设研究》课题组

2014 年 11 月

下列句子是对网民的相关描述,请就下列陈述与您所感受到的实际情况作比较,判断这些陈述与您所感受到的情况的符合程度,进行 5 级打分,1—5 依次表示从非常不同意向非常同意过渡,在相应的框内用"√"标记。

网络安全

序号	条　目	非常不同意	较不同意	一般	比较同意	非常同意
1	对于浏览过程中出现的安全警告(如继续浏览可能丢失个人信息,受到病毒侵害)等,您一般会觉得风险不大,直接跳过并继续浏览	1	2	3	4	5
2	您觉得网吧存在很大的安全隐患	1	2	3	4	5
3	在使用 QQ、微信、淘宝等工具时,您或您的朋友经常遇到账号被盗的情况	1	2	3	4	5

网络正能量传播

序号	条　目	非常不同意	较不同意	一般	比较同意	非常同意
1	您在浏览网页时经常会弹出广告、游戏、黄色暴力链接	1	2	3	4	5
2	您认为主流媒体网站可以传播生活正能量(积极向上的网络内容),值得大力提倡	1	2	3	4	5
3	当您遇到需要帮助的链接,如孩子需要救助、弱者受到冤屈等,您会积极转发,以期让更多的人关心这个群体,让弱者得到支持	1	2	3	4	5

基本信息

以下是对个人背景信息的描述,请您根据个人情况在相应的选项上画"√"(非注明均为单选)

1. 您的性别(　　)

A. 男　B. 女

2. 您的年龄(　　)

A. 15 岁以下　B. 15—25 岁　C. 25—35 岁　D. 35—50 岁

E. 50 岁以上

3. 您的政治面貌(　　)

A. 共青团员　B. 共产党员　C. 民主党派　D. 群众

4. 您的文化程度(　　)

A. 初中以下　B. 高中以下　C. 大学本科　D. 研究生及以上

5. 平均上网时间(　　)

A. 1 小时以下　B. 1—2 小时　C. 3—5 小时　D. 6—9 小时

E. 10 小时以上

6. 与网下实际生活相比,您在网络上对社会问题或生活问题的参与度
(　　)

A. 高很多　B. 高一些　C. 差不多　D. 低一些　E. 低很多

7. 平均每周网上发帖频率(　　)

A. 从不发帖　B. 1—2 次　C. 3—5 次　D. 6—10 次　E. 10—20 次

F. 20 次以上

附录二　民意调查

民意调查一

尊敬的先生/女士：

您好！为了了解网站及网站运营、网络内容提供商与政府、学校之间的联系以及他们在联系期间所遇到的问题，本课题组希望您能协助填写这份调查表。在此，我们郑重承诺，调查结果仅供研究使用，对您所回答的问题都会严格保密，请您不要顾虑，实事求是答题。

谢谢您的合作与支持！

《加强和改进网络内容建设研究》课题组

2014 年 11 月

下列句子是对企业的相关描述，请就下列陈述与您所感受到的实际情况作比较，判断这些陈述与您所感受到的情况的符合程度，进行 5 级打分，1—5 依次表示从非常不同意向非常同意过渡，在相应的框内用"√"标记。

序号	条　　目	非常不同意	较不同意	一般	比较同意	非常同意
1	当地政府的法律政策对企业创新非常支持	1	2	3	4	5
2	企业经常与政府联系	1	2	3	4	5
3	企业经常与高校合作研发新技术	1	2	3	4	5

续表

序号	条　　目	非常不同意	较不同意	一般	比较同意	非常同意
4	学校能为企业培养所需要的网络技术高科技人才	1	2	3	4	5
5	企业主要通过网络向顾客来传递产品服务的信息	1	2	3	4	5
6	舆论监督对企业的影响很大	1	2	3	4	5

基本信息

1：您所运营的企业是（　　）

A. 网络运营商　　B. 网络提供商　　C. 其他类型

2：企业登记注册的类型（　　）

A. 国有企业　　B. 集体企业　　C. 私营企业　　D. 个体经营

E. 股份合作企业　　F. 有限责任公司　　G. 股份有限公司

H. 外资企业　　I. 其他_____

3：您所在企业的规模（　　）

A. 1~49 人　　B. 50~99 人　　C. 100~499 人　　D. 500~999 人

E. 1000 人以上　　F. 不清楚

4：您所在企业成立的年限（　　）

A. 5 年以下　　B. 6~10 年　　C. 11~15 年　　D. 16 年及以上

5：您所在企业有没有自己的主页网站（　　）

A. 有　　B. 没有

6：如果有自己的主页网站,那么其主页内容一般有哪些(可多选)（　　）

A. 公司简介　　B. 产品信息　　C. 企业规模　　D. 内部晋升机制

E. 企业文化　　F. 企业发展前景　　G. 其他_____

7：企业主要通过什么方式实现与员工的及时沟通（　　）

A. 电子邮件　　B. 电话　　C. QQ　　D. 微信　　E. MSN　　F. 单位公告

G. 其他_____

8：企业主要通过什么途径最先获取政府的某项政策信息（　）

A. 网络　　B. 单位公布或别人告知　　C. 电视　　D. 电话咨询　　E. 其他_____

再次感谢您的支持与配合，祝您学习顺利、工作愉快！

民意调查二

亲爱的老师/同学：

您好！为了了解贵校与政府和企业之间的联系情况以及联系互动的内容，我们在高校随机抽取了部分师生作为代表，您是其中的一位。本调查不用填写姓名，答案没有正确与错误之分，请仔细阅读问卷，选择您认可的选项。

谢谢您的合作！

《加强和改进网络内容建设研究》课题组

2014 年 11 月

下列句子是对学校的相关描述，请就下列陈述与您所感受到的实际情况作比较，判断这些陈述与您所感受到的情况的符合程度，进行 5 级打分，1—5 依次表示从很不同意向非常同意过渡，在相应的框内用"√"标记。

序号	条　　目	非常不同意	较不同意	一般	比较同意	非常同意
1	我们经常与政府联系	1	2	3	4	5
2	政府积极支持学校的网络内容建设	1	2	3	4	5
3	我们经常为政府的网站提供学术内容	1	2	3	4	5
4	我们经常与企业联系	1	2	3	4	5
5	我们经常通过网络平台与企业开展合作	1	2	3	4	5
6	我们与企业形成了良好的信任关系	1	2	3	4	5

基本信息

以下是对个人背景信息的描述,请您根据个人情况在相应的选项上画"√"(非注明均为单选)

1. 您的身份是( )

A. 学生 B. 教师 C. 管理人员 D. 职工 E. 信息网络专业的学生

2. 您最常浏览的网站是(可多选)( )

A. 主流媒体网站 B. 商业网站 C. 社交网站 D. 校园网站

E. 娱乐网站 F. 国外英文网站 G. 高新技术网站

3. 您访问校园网站的频率( )

A. 从不访问 B. 几乎不访问 C. 有时访问 D. 经常访问

4. 您有兴趣阅读的校园网络内容是(可多选)( )

A. 传统文化 B. 当代文化精品 C. 网络娱乐产品 D. 社交媒体内容

E. 新闻资讯 F. 生活休闲 G. 西方国家动态 H. 其他_____

5. 您平均每天的上网时间是( )

A. 1 小时以下 B. 1—2 小时 C. 3—5 小时 D. 6—9 小时

E. 10 小时以上

民意调查三

尊敬的先生/女士:

您好! 为了了解平常网民与政府、学校和企业之间的互动情况,以及他们对政府、学校、企业行为的重视程度,本课题组希望您能协助填写这份调查表。在此,我们郑重承诺,调查结果仅供研究使用,对您所回答的问题都会严格保密,请您不要顾虑,实事求是答题。

谢谢您的合作与支持!

《加强和改进网络内容建设研究》课题组

2014 年 11 月

下列句子是对网民的相关描述,请就下列陈述与您所感受到的实际情况作比较,判断这些陈述与您所感受到的情况的符合程度,进行 5 级打分,1—5 依次表示从非常不同意向非常同意过渡,在相应的框内用"√"标记。

序号	条 目	非常不同意	较不同意	一般	比较同意	非常同意
1	您经常浏览政府网站,关注时事新闻	1	2	3	4	5
2	您会主动为政府献计献策,如给市长写信等	1	2	3	4	5
3	您会特别关注政府官员的作风问题,并积极参与评论	1	2	3	4	5
4	您经常会在网上购物	1	2	3	4	5
5	您会时时关注企业产品质量问题	1	2	3	4	5
6	当您发现产品质量问题时,您会通过网络平台进行解决	1	2	3	4	5
7	您认为学校的思政教育工作非常重要	1	2	3	4	5
8	您认为学校可以为企业和社会输送大批优秀人才	1	2	3	4	5
9	学校对学生人生观和价值观的塑造至关重要	1	2	3	4	5

基本信息

以下是对个人背景信息的描述,请您根据个人情况在相应的选项上画"√"(非注明均为单选)

1. 您的性别(　　　)

A. 男　B. 女

2. 您的年龄(　　　)

A. 15 岁以下　B. 15—25 岁　C. 25—35 岁　D. 35—50 岁

E. 50 岁以上

3. 您的政治面貌(　　　)

A. 共青团员　B. 共产党员　C. 民主党派　D. 群众

4. 您的文化程度( )

A. 初中以下 B. 高中以下 C. 大学本科 D. 研究生及以上

5. 平均上网时间( )

A. 1 小时以下 B. 1—2 小时 C. 3—5 小时 D. 6—9 小时

E. 10 小时以上

6. 与网下实际生活相比,您在网络上对社会问题或生活问题的参与度
( )

A. 高很多 B. 高一些 C. 差不多 D. 低一些 E. 低很多

7. 平均每周网上发帖频率( )

A. 从不发帖 B. 1—2 次 C. 3—5 次 D. 6—10 次 E. 10—20 次

F. 20 次以上

附录三 政府中心度

政府点度中心度

		OutDegree	InDegree	NrmOutDeg	NrmInDeg
36	平安辽宁	96.000	50.000	96.970	50.505
42	豫法阳光	65.000	32.000	65.657	32.323
29	广州公安	63.000	43.000	63.636	43.434
53	宁夏检察	54.000	26.000	54.545	26.263
22	平安北京	53.000	56.000	53.535	56.566
65	甘肃省卫生计生委	50.000	16.000	50.505	16.162
5	交通北京	48.000	23.000	48.485	23.232
23	安徽公安在线	46.000	32.000	46.465	32.323
80	北京医管	44.000	12.000	44.444	12.121
26	中国维和警察	43.000	35.000	43.434	35.354
14	济南铁路	43.000	14.000	43.434	14.141
24	平安南粤	42.000	35.000	42.424	35.354
6	上铁资讯	40.000	25.000	40.404	25.253
40	深圳公安	37.000	35.000	37.374	35.354
30	上海铁警发布	33.000	38.000	33.333	38.384
21	公安部打四黑除四害	32.000	53.000	32.323	53.535
38	山西公安	31.000	24.000	31.313	24.242
33	警民直通车—上海	31.000	30.000	31.313	30.303

		OutDegree	InDegree	NrmOutDeg	NrmInDeg
83	成都发布	31.000	43.000	31.313	43.434
28	北京消防	30.000	31.000	30.303	31.313
52	中国普法	29.000	12.000	29.293	12.121
77	上海食药监	28.000	12.000	28.283	12.121
100	微博银川	27.000	27.000	27.273	27.273
84	北京发布	27.000	52.000	27.273	52.525
97	南京发布	26.000	39.000	26.263	39.394
96	青岛发布	25.000	22.000	25.253	22.222
50	北京普法	25.000	13.000	25.253	13.131
31	警民携手同行	24.000	17.000	24.242	17.172
37	平安太原	24.000	25.000	24.242	25.253
32	平安宁夏	23.000	17.000	23.232	17.172
34	河北公安网络发言人	22.000	35.000	22.222	35.354
2	南昌铁路	22.000	20.000	22.222	20.202
90	精彩河南	21.000	4.000	21.212	4.040
92	中国广州发布	21.000	28.000	21.212	28.283
72	北京健康教育	21.000	13.000	21.212	13.131
54	奉贤普法	20.000	11.000	20.202	11.111
9	中国铁路	20.000	26.000	20.202	26.263
27	平安荆楚	20.000	25.000	20.202	25.253
98	广东发布	20.000	17.000	20.202	17.172
62	首都健康	20.000	24.000	20.202	24.242
59	广东省高级人民法院	20.000	20.000	20.202	20.202
56	广东政法	19.000	25.000	19.192	25.253
60	湖北省人民检察院	19.000	16.000	19.192	16.162
1	上海地铁 shmetro	19.000	30.000	19.192	30.303
51	新疆检察	19.000	4.000	19.192	4.040
76	健康中国	19.000	20.000	19.192	20.202
63	全国卫生 12320	19.000	25.000	19.192	25.253
4	北京铁路	19.000	24.000	19.192	24.242

		OutDegree	InDegree	NrmOutDeg	NrmInDeg
35	山东公安	19.000	17.000	19.192	17.172
46	正义广东	19.000	22.000	19.192	22.222
73	长沙市疾控中心	18.000	9.000	18.182	9.091
25	平安中原	18.000	29.000	18.182	29.293
45	八桂法苑	18.000	14.000	18.182	14.141
17	太原铁路	17.000	15.000	17.172	15.152
20	昆明铁路	17.000	18.000	17.172	18.182
39	平安哈尔滨	17.000	18.000	17.172	18.182
48	闵行法宣零距离	17.000	13.000	17.172	13.131
3	郑州铁路局	17.000	16.000	17.172	16.162
44	京法网事	16.000	17.000	16.162	17.172
93	新疆发布	16.000	21.000	16.162	21.212
12	广州铁路	16.000	25.000	16.162	25.253
18	西南铁路	15.000	15.000	15.152	15.152
16	京港地铁	14.000	16.000	14.141	16.162
66	北京12320在线聆听	14.000	15.000	14.141	15.152
13	北京公交集团	13.000	8.000	13.131	8.081
15	新疆铁路	12.000	17.000	12.121	17.172
69	湖南疾控	12.000	7.000	12.121	7.071
7	北京地铁	12.000	15.000	12.121	15.152
19	武汉铁路局	12.000	16.000	12.121	16.162
70	北京卫生监督	11.000	15.000	11.111	15.152
49	四川司法	11.000	17.000	11.111	17.172
91	微博云南	11.000	25.000	11.111	25.253
67	首都儿科研究所	11.000	24.000	11.111	24.242
79	北京儿童医院	10.000	14.000	10.101	14.141
41	最高人民法院	10.000	30.000	10.101	30.303
61	中国食品药品监管	10.000	16.000	10.101	16.162
10	上海交通	10.000	12.000	10.101	12.121
78	北京妇产医院	10.000	10.000	10.101	10.101

		OutDegree	InDegree	NrmOutDeg	NrmInDeg
8	天津地铁	9.000	2.000	9.091	2.020
88	四川发布	9.000	24.000	9.091	24.242
43	最高人民检察院	9.000	13.000	9.091	13.131
94	善行河北	8.000	8.000	8.081	8.081
58	河南检察	8.000	9.000	8.081	9.091
81	外交小灵通	8.000	44.000	8.081	44.444
47	济南中院	8.000	20.000	8.081	20.202
74	健康微视	8.000	6.000	8.081	6.061
68	我在120上班	8.000	30.000	8.081	30.303
89	鼓楼微讯	7.000	6.000	7.071	6.061
86	微言教育	7.000	12.000	7.071	12.121
64	中国结核病防治	6.000	9.000	6.061	9.091
57	津法之声	6.000	8.000	6.061	8.081
95	微博甘肃	6.000	13.000	6.061	13.131
75	北大医院	6.000	9.000	6.061	9.091
11	天津地铁运营	5.000	6.000	5.051	6.061
85	商务微新闻	5.000	14.000	5.051	14.141
82	中国政府网	5.000	25.000	5.051	25.253
99	清风中原	4.000	5.000	4.040	5.051
55	北京市第一中级人民法院	4.000	11.000	4.040	11.111
71	名家健康讲堂	2.000	6.000	2.020	6.061
87	上海发布	0.000	49.000	0.000	49.495

Descriptive Statistics

		OutDegree	InDegree	NrmOutDeg	NrmInDeg
1	Mean	20.910	20.910	21.121	21.121
2	StdDev	15.407	11.770	15.562	11.888
3	Sum	2091.000	2091.000	2112.121	2112.121

续表

		OutDegree	InDegree	NrmOutDeg	NrmInDeg
4	Variance	237. 362	138. 522	242. 181	141. 334
5	SSQ	67459. 000	57575. 000	68828. 688	58744. 004
6	MCSSQ	23736. 189	13852. 190	24218. 131	14133. 445
7	EucNorm	259. 729	239. 948	262. 352	242. 372
8	Minimum	0. 000	2. 000	0. 000	2. 020
9	Maximum	96. 000	56. 000	96. 970	56. 566

Network Centralization (Outdegree) = 76. 615%.

Network Centralization (Indegree) = 35. 802%.

Closeness Centrality Measure.

政府中介中心度

		Betweenness	nBetweenness
36	平安辽宁	1745. 615	17. 992
22	平安北京	835. 440	8. 611
42	豫法阳光	521. 063	5. 371
29	广州公安	381. 951	3. 937
84	北京发布	314. 990	3. 247
21	公安部打四黑除四害	304. 926	3. 143
65	甘肃省卫生计生委	281. 681	2. 903
53	宁夏检察	219. 863	2. 266
26	中国维和警察	216. 942	2. 236
5	交通北京	191. 710	1. 976
80	北京医管	182. 420	1. 880
62	首都健康	176. 010	1. 814
83	成都发布	170. 592	1. 758
97	南京发布	154. 917	1. 597
30	上海铁警发布	153. 572	1. 583
9	中国铁路	146. 618	1. 511
24	平安南粤	137. 506	1. 417
76	健康中国	126. 539	1. 304

续表

		Betweenness	nBetweenness
6	上铁资讯	122.282	1.260
23	安徽公安在线	116.761	1.203
28	北京消防	116.562	1.201
63	全国卫生 12320	109.368	1.127
100	微博银川	105.237	1.085
81	外交小灵通	100.561	1.036
14	济南铁路	95.874	0.988
4	北京铁路	89.775	0.925
1	上海地铁 shmetro	89.722	0.925
40	深圳公安	84.899	0.875
77	上海食药监	74.951	0.773
34	河北公安网络发言人	73.388	0.756
2	南昌铁路	70.966	0.731
25	平安中原	70.809	0.730
61	中国食品药品监管	67.158	0.692
41	最高人民法院	64.500	0.665
98	广东发布	54.938	0.566
92	中国广州发布	53.178	0.548
12	广州铁路	50.263	0.518
44	京法网事	49.826	0.514
46	正义广东	48.902	0.504
93	新疆发布	45.864	0.473
96	青岛发布	45.381	0.468
52	中国普法	43.533	0.449
67	首都儿科研究所	42.441	0.437
33	警民直通车—上海	42.276	0.436
56	广东政法	41.648	0.429
20	昆明铁路	40.472	0.417
37	平安太原	40.243	0.415
38	山西公安	38.878	0.401

续表

		Betweenness	nBetweenness
59	广东省高级人民法院	38.281	0.395
16	京港地铁	32.059	0.330
50	北京普法	31.478	0.324
3	郑州铁路局	27.429	0.283
86	微言教育	26.596	0.274
72	北京健康教育	26.534	0.273
60	湖北省人民检察院	26.522	0.273
82	中国政府网	26.250	0.271
43	最高人民检察院	25.524	0.263
66	北京 12320 在聆听	23.830	0.246
45	八桂法苑	23.542	0.243
68	我在 120 上班	21.723	0.224
7	北京地铁	21.018	0.217
27	平安荆楚	19.830	0.204
58	河南检察	19.634	0.202
91	微博云南	19.065	0.197
49	四川司法	17.970	0.185
69	湖南疾控	17.821	0.184
18	西南铁路	16.599	0.171
90	精彩河南	15.707	0.162
19	武汉铁路局	15.120	0.156
48	闵行法宣零距离	14.395	0.148
17	太原铁路	14.391	0.148
54	奉贤普法	13.674	0.141
47	济南中院	12.870	0.133
70	北京卫生监督	12.837	0.132
15	新疆铁路	12.448	0.128
35	山东公安	12.387	0.128
85	商务微新闻	12.025	0.124
51	新疆检察	11.286	0.116

		Betweenness	nBetweenness
88	四川发布	10. 785	0. 111
31	警民携手同行	10. 211	0. 105
32	平安宁夏	10. 169	0. 105
74	健康微视	9. 562	0. 099
73	长沙市疾控中心	8. 489	0. 088
79	北京儿童医院	6. 288	0. 065
95	微博甘肃	5. 082	0. 052
13	北京公交集团	4. 757	0. 049
11	天津地铁运营	4. 634	0. 048
94	善行河北	4. 188	0. 043
57	津法之声	3. 783	0. 039
39	平安哈尔滨	3. 621	0. 037
99	清风中原	3. 257	0. 034
78	北京妇产医院	2. 918	0. 030
10	上海交通	2. 820	0. 029
8	天津地铁	2. 658	0. 027
64	中国结核病防治	2. 413	0. 025
75	北大医院	2. 242	0. 023
55	北京市第一中级人民法院	0. 826	0. 009
71	名家健康讲堂	0. 250	0. 003
89	鼓楼微讯	0. 191	0. 002
87	上海发布	0. 000	0. 000

Descriptive Statistics For Each Measure

		Betweenness	nBetweenness
1	Mean	90. 610	0. 934
2	StdDev	203. 076	2. 093
3	Sum	9061. 000	93. 393

续表

		Betweenness	nBetweenness
4	Variance	41239.773	4.381
5	SSQ	4944994.500	525.343
6	MCSSQ	4123977.500	438.121
7	EucNorm	2223.734	22.920
8	Minimum	0.000	0.000
9	Maximum	1745.615	17.992

Network Centralization Index = 17.23%.

政府接近中心度

		Farness	nCloseness
36	平安辽宁	259.000	38.224
22	平安北京	262.000	37.786
29	广州公安	270.000	36.667
26	中国维和警察	273.000	36.264
23	安徽公安在线	280.000	35.357
84	北京发布	281.000	35.231
83	成都发布	283.000	34.982
21	公安部打"四黑"除"四害"	285.000	34.737
24	平安南粤	286.000	34.615
42	豫法阳光	287.000	34.495
40	深圳公安	294.000	33.673
5	交通北京	294.000	33.673
30	上海铁警发布	297.000	33.333
97	南京发布	297.000	33.333
53	宁夏检察	297.000	33.333
100	微博银川	299.000	33.110
28	北京消防	300.000	33.000
34	河北公安网络发言人	300.000	33.000
98	广东发布	300.000	33.000

		Farness	nCloseness
38	山西公安	301.000	32.890
33	警民直通车—上海	301.000	32.890
93	新疆发布	302.000	32.781
39	平安哈尔滨	303.000	32.673
96	青岛发布	303.000	32.673
65	甘肃省卫生计生委	304.000	32.566
35	山东公安	304.000	32.566
25	平安中原	305.000	32.459
6	上铁资讯	305.000	32.459
32	平安宁夏	305.000	32.459
27	平安荆楚	306.000	32.353
1	上海地铁 shmetro	307.000	32.248
2	南昌铁路	307.000	32.248
37	平安太原	307.000	32.248
9	中国铁路	309.000	32.039
44	京法网事	311.000	31.833
20	昆明铁路	313.000	31.629
31	警民携手同行	314.000	31.529
14	济南铁路	314.000	31.529
62	首都健康	314.000	31.529
63	全国卫生 12320	315.000	31.429
4	北京铁路	315.000	31.429
92	中国广州发布	319.000	31.034
16	京港地铁	319.000	31.034
13	北京公交集团	320.000	30.938
69	湖南疾控	321.000	30.841
3	郑州铁路局	321.000	30.841
80	北京医管	322.000	30.745
81	外交小灵通	322.000	30.745
59	广东省高级人民法院	323.000	30.650

		Farness	nCloseness
56	广东政法	323.000	30.650
50	北京普法	324.000	30.556
48	闵行法宣零距离	325.000	30.462
77	上海食药监	325.000	30.462
52	中国普法	326.000	30.368
18	西南铁路	326.000	30.368
10	上海交通	327.000	30.275
45	八桂法苑	327.000	30.275
49	四川司法	327.000	30.275
46	正义广东	327.000	30.275
67	首都儿科研究所	328.000	30.183
12	广州铁路	328.000	30.183
68	我在 120 上班	329.000	30.091
54	奉贤普法	331.000	29.909
60	湖北省人民检察院	332.000	29.819
7	北京地铁	334.000	29.641
17	太原铁路	335.000	29.552
66	北京 12320 在聆听	336.000	29.464
58	河南检察	339.000	29.204
91	微博云南	339.000	29.204
79	北京儿童医院	339.000	29.204
88	四川发布	341.000	29.032
57	津法之声	343.000	28.863
15	新疆铁路	346.000	28.613
51	新疆检察	347.000	28.530
89	鼓楼微讯	347.000	28.530
19	武汉铁路局	349.000	28.367
76	健康中国	356.000	27.809
61	中国食品药品监管	359.000	27.577
72	北京健康教育	360.000	27.500

续表

		Farness	nCloseness
95	微博甘肃	362.000	27.348
47	济南中院	365.000	27.123
73	长沙市疾控中心	366.000	27.049
94	善行河北	367.000	26.975
41	最高人民法院	368.000	26.902
55	北京市第一中级人民法院?	380.000	26.053
99	清风中原	381.000	25.984
43	最高人民检察院	387.000	25.581
70	北京卫生监督	390.000	25.385
90	精彩河南	392.000	25.255
78	北京妇产医院	396.000	25.000
11	天津地铁运营	397.000	24.937
85	商务微新闻	402.000	24.627
64	中国结核病防治	407.000	24.324
74	健康微视	409.000	24.205
75	北大医院	411.000	24.088
82	中国政府网	436.000	22.706
86	微言教育	447.000	22.148
8	天津地铁	494.000	20.040
71	名家健康讲堂	506.000	19.565
87	上海发布		

政府特征向量中心度

		Eigenvec	nEigenvec
1	上海地铁 shmetro	0.098	13.845
2	南昌铁路	0.083	11.719
3	郑州铁路局	0.052	7.419
4	北京铁路	0.058	8.176

续表

		Eigenvec	nEigenvec
5	交通北京	0.104	14.655
6	上铁资讯	0.103	14.544
7	北京地铁	0.039	5.477
8	天津地铁	0.000	0.045
9	中国铁路	0.066	9.381
10	上海交通	0.058	8.233
11	天津地铁运营	0.007	0.933
12	广州铁路	0.069	9.751
13	北京公交集团	0.047	6.648
14	济南铁路	0.072	10.119
15	新疆铁路	0.035	4.925
16	京港地铁	0.052	7.284
17	太原铁路	0.048	6.748
18	西南铁路	0.052	7.369
19	武汉铁路局	0.034	4.782
20	昆明铁路	0.079	11.206
21	公安部打四黑除四害	0.217	30.702
22	平安北京	0.237	33.508
23	安徽公安在线	0.215	30.341
24	平安南粤	0.215	30.425
25	平安中原	0.109	15.449
26	中国维和警察	0.212	29.931
27	平安荆楚	0.155	21.864
28	北京消防	0.140	19.819
30	上海铁警发布	0.161	22.708
31	警民携手同行	0.135	19.109
32	平安宁夏	0.150	21.233
33	警民直通车—上海	0.171	24.134
34	河北公安网络发言人	0.173	24.464
35	山东公安	0.145	20.475

		Eigenvec	nEigenvec
36	平安辽宁	0.265	37.426
37	平安太原	0.153	21.622
38	山西公安	0.172	24.340
39	平安哈尔滨	0.151	21.305
41	最高人民法院	0.024	3.422
42	豫法阳光	0.145	20.460
43	最高人民检察院	0.013	1.819
44	京法网事	0.058	8.186
45	八桂法苑	0.062	8.732
46	正义广东	0.078	11.098
47	济南中院	0.025	3.478
48	闵行法宣零距离	0.055	7.714
49	四川司法	0.050	7.127
50	北京普法	0.057	8.017
51	新疆检察	0.021	3.029
52	中国普法	0.054	7.700
53	宁夏检察	0.133	18.814
54	奉贤普法	0.056	7.948
55	北京市第一中级人民法院	0.011	1.544
56	广东政法	0.098	13.854
57	津法之声	0.027	3.844
58	河南检察	0.034	4.842
59	广东省高级人民法院	0.077	10.955
60	湖北省人民检察院	0.056	7.910
61	中国食品药品监管	0.010	1.369
62	首都健康	0.035	4.988
63	全国卫生12320	0.040	5.716
64	中国结核病防治	0.003	0.355
65	甘肃省卫生计生委	0.058	8.220
66	北京12320在聆听	0.021	2.974

续表

		Eigenvec	nEigenvec
67	首都儿科研究所	0.026	3.687
68	我在 120 上班	0.030	4.305
69	湖南疾控	0.016	2.294
70	北京卫生监督	0.007	0.941
71	名家健康讲堂	0.000	0.017
72	北京健康教育	0.013	1.788
73	长沙市疾控中心	0.008	1.070
74	健康微视	0.002	0.353
75	北大医院	0.002	0.240
76	健康中国	0.012	1.648
77	上海食药监	0.021	2.929
78	北京妇产医院	0.006	0.840
79	北京儿童医院	0.018	2.527
80	北京医管	0.031	4.454
81	外交小灵通	0.047	6.625
82	中国政府网	0.001	0.145
83	成都发布	0.188	26.591
84	北京发布	0.121	17.054
85	商务微新闻	0.003	0.390
86	微言教育	0.001	0.098
87	上海发布	−0.000	−0.000
88	四川发布	0.042	5.952
89	鼓楼微讯	0.025	3.537
90	精彩河南	0.005	0.692
91	微博云南	0.029	4.160
92	中国广州发布	0.074	10.468
93	新疆发布	0.076	10.816
94	善行河北	0.020	2.836
95	微博甘肃	0.016	2.198
96	青岛发布	0.130	18.368

		Eigenvec	nEigenvec
97	南京发布	0. 147	20. 812
98	广东发布	0. 094	13. 347
99	清风中原	0. 007	1. 019
100	微博银川	0. 117	16. 606

Descriptive Statistics

		Eigenvec	nEigenvec
1	Mean	0. 074	10. 481
2	StdDev	0. 067	9. 495
3	Sum	7. 411	1048. 088
4	Variance	0. 005	90. 151
5	SSQ	1. 000	19999. 998
6	MCSSQ	0. 451	9015. 121
7	EucNorm	1. 000	141. 421
8	Minimum	−0. 000	−0. 000
9	Maximum	0. 265	37. 426
10	N of Obs	100. 000	100. 000

Network centralization index = 30. 26%.

附录四 企业中心度

企业点度中心度

		OutDegree	InDegree	NrmOutDeg	NrmInDeg
98	银联在线支付	10.000	1.000	10.101	1.010
83	中国工商银行电子银行	10.000	6.000	10.101	6.061
28	今生宝贝母婴商城	7.000	1.000	7.071	1.010
97	交通银行电子银行	7.000	4.000	7.071	4.040
94	浦发银行信用卡中心	7.000	1.000	7.071	1.010
93	民生银行手机银行	6.000	0.000	6.061	0.000
4	新浪汽车	6.000	13.000	6.061	13.131
8	SUV世家—广汽三菱	5.000	2.000	5.051	2.020
20	天津航空	5.000	3.000	5.051	3.030
69	上海苏宁	5.000	4.000	5.051	4.040
9	天地华宇官方微博	0.000	0.000	0.000	0.000
32	HDDC珠宝	0.000	0.000	0.000	0.000
1	春秋航空	1.000	7.000	1.010	7.071
2	东航官网	1.000	2.000	1.010	2.020
3	绅宝	3.000	0.000	3.030	0.000
5	长安铃木	2.000	1.000	2.020	1.010
6	锦湖轮胎官方微博	1.000	1.000	1.010	1.010

		OutDegree	InDegree	NrmOutDeg	NrmInDeg
7	东风标致 Peugeot	1.000	5.000	1.010	5.051
10	一汽奔腾	2.000	2.000	2.020	2.020
11	东风风行景逸	2.000	2.000	2.020	2.020
12	长安汽车	2.000	3.000	2.020	3.030
13	哈弗 SUV	2.000	1.000	2.020	1.010
14	一汽马自达	4.000	6.000	4.040	6.061
15	深圳航空	3.000	2.000	3.030	2.020
16	雅迪电动车官方微博	0.000	0.000	0.000	0.000
17	首都航空	2.000	2.000	2.020	2.020
18	长城汽车运动	4.000	1.000	4.040	1.010
19	优科豪马橡胶	2.000	0.000	2.020	0.000
21	育儿亲子乐园	3.000	4.000	3.030	4.040
22	优衣库_UNIQLO	0.000	6.000	0.000	6.061
23	艾肋电商运营	1.000	2.000	1.010	2.020
24	璞谷翡翠	0.000	1.000	0.000	1.010
25	艾肋服饰俱乐部	1.000	2.000	1.010	2.020
26	宝得适 Britax 旗舰店	4.000	0.000	4.040	0.000
27	优衣库官方网络旗舰店	2.000	1.000	2.020	1.010
29	妈妈咪呀晚宴服	1.000	0.000	1.010	0.000
30	英皇钟表珠宝官方微博	0.000	0.000	0.000	0.000
31	小猪班纳官方微博	1.000	0.000	1.010	0.000
33	黛姿乐维品牌婚宴鞋	20.000	0.000	20.202	0.000
34	鄂尔多斯官方微博	0.000	0.000	0.000	0.000
35	G2000 官方微博	2.000	3.000	2.020	3.030
36	季候风官方旗舰店	0.000	0.000	0.000	0.000
37	hotwind—热风	1.000	1.000	1.010	1.010
38	Genanx 格男仕官方微博	1.000	0.000	1.010	0.000
39	adidasOriginals	0.000	3.000	0.000	3.030

续表

		OutDegree	InDegree	NrmOutDeg	NrmInDeg
40	李宁跑步	0.000	0.000	0.000	0.000
41	广州百草堂药业	2.000	1.000	2.020	1.010
42	白云山和黄中药	2.000	4.000	2.020	4.040
43	钙尔奇 Caltrate	1.000	2.000	1.010	2.020
44	申养堂	1.000	0.000	1.010	0.000
45	汤臣倍健营养家	2.000	1.000	2.020	1.010
46	999 强力枇杷露	0.000	0.000	0.000	0.000
47	喜视光学	0.000	0.000	0.000	0.000
48	康泰克先生	0.000	0.000	0.000	0.000
49	汤臣倍健官博	1.000	3.000	1.010	3.030
50	天士力—大健康	1.000	1.000	1.010	1.010
51	白云山星群夏桑菊	1.000	1.000	1.010	1.010
52	北京国奥心理医院 vip	0.000	0.000	0.000	0.000
53	安怡 Anlene 骨骼营养专家	0.000	0.000	0.000	0.000
54	飞利浦医疗健康	1.000	0.000	1.010	0.000
55	碧莲盛国际植发连锁机构?	0.000	0.000	0.000	0.000
56	碧生源牌减肥茶	0.000	0.000	0.000	0.000
57	康之家药房网	2.000	1.000	2.020	1.010
58	黄金搭档	0.000	0.000	0.000	0.000
59	i 掌控官方微博	0.000	0.000	0.000	0.000
60	广州仁爱医院官方微博	0.000	0.000	0.000	0.000
61	乐天免税店	0.000	5.000	0.000	5.051
62	苏宁	3.000	5.000	3.030	5.051
63	国美	0.000	2.000	0.000	2.020
64	虎门富民	1.000	0.000	1.010	0.000
65	家乐福中国	2.000	3.000	2.020	3.030

		OutDegree	InDegree	NrmOutDeg	NrmInDeg
66	韩国新世界_SHINSE-GAE	2.000	0.000	2.020	0.000
67	万达广场	3.000	4.000	3.030	4.040
68	韩国乐天百货店	1.000	1.000	1.010	1.010
70	新罗免税店	0.000	0.000	0.000	0.000
71	乐购 TESCO 乐活派	0.000	1.000	0.000	1.010
72	百脑汇—广州店	0.000	0.000	0.000	0.000
73	华克山庄免税店	1.000	0.000	1.010	0.000
74	香港東港城	2.000	2.000	2.020	2.020
75	上海国金中心商场	1.000	1.000	1.010	1.010
76	北京 apm	5.000	4.000	5.051	4.040
77	vcityhk	3.000	1.000	3.030	1.010
78	现代百货店	0.000	0.000	0.000	0.000
79	南京苏宁	3.000	3.000	3.030	3.030
80	天津苏宁	4.000	3.000	4.040	3.030
81	建行电子银行	0.000	7.000	0.000	7.071
82	招商银行	5.000	12.000	5.051	12.121
84	中国银行电子银行	3.000	6.000	3.030	6.061
85	中国银行信用卡	3.000	7.000	3.030	7.071
86	兴业银行信用卡中心	2.000	2.000	2.020	2.020
87	建信基金	2.000	0.000	2.020	0.000
88	中国银行	2.000	5.000	2.020	5.051
89	广发电子银行	1.000	1.000	1.010	1.010
90	中国农业银行电子银行	1.000	4.000	1.010	4.040
91	广发信用卡	1.000	4.000	1.010	4.040
92	招商银行信用卡	3.000	8.000	3.030	8.081
95	交通银行信用卡中心	1.000	5.000	1.010	5.051
96	平安银行	2.000	2.000	2.020	2.020
99	招商银行远程银行中心	2.000	3.000	2.020	3.030

续表

		OutDegree	InDegree	NrmOutDeg	NrmInDeg
100	浦发银行	2.000	4.000	2.020	4.040

Descriptive Statistics

		OutDegree	InDegree	NrmOutDeg	NrmInDeg
1	Mean	2.120	2.120	2.141	2.141
2	Std Dev	2.758	2.531	2.786	2.556
3	Sum	212.000	212.000	214.141	214.141
4	Variance	7.606	6.406	7.760	6.536
5	SSQ	1210.000	1090.000	1234.568	1112.131
6	MCSSQ	760.560	640.560	776.002	653.566
7	Euc Norm	34.785	33.015	35.136	33.349
8	Minimum	0.000	0.000	0.000	0.000
9	Maximum	20.000	13.000	20.202	13.131

Network Centralization(Outdegree) = 18.243%.

Network Centralization(Indegree) = 11.101%.

企业中介中心度

		Betweenness	nBetweenness
4	新浪汽车	866.967	8.936
13	哈弗 SUV	576.000	5.937
18	长城汽车运动	550.667	5.676
17	首都航空	419.333	4.322
14	一汽马自达	415.367	4.281
82	招商银行	404.900	4.173
49	汤臣倍健官博	392.000	4.040
85	中国银行信用卡	387.633	3.995
45	汤臣倍健营养家	353.000	3.638
42	白云山和黄中药	326.000	3.360

		Betweenness	nBetweenness
20	天津航空	258. 667	2. 666
57	康之家药房网	229. 000	2. 360
15	深圳航空	213. 500	2. 201
65	家乐福中国	196. 500	2. 025
92	招商银行信用卡	191. 133	1. 970
80	天津苏宁	120. 000	1. 237
67	万达广场	114. 000	1. 175
1	春秋航空	97. 667	1. 007
83	中国工商银行电子银行	92. 200	0. 950
21	育儿亲子乐园	74. 833	0. 771
97	交通银行电子银行	69. 667	0. 718
27	优衣库官方网络旗舰店	57. 833	0. 596
7	东风标致 Peugeot	53. 833	0. 555
84	中国银行电子银行	48. 833	0. 503
76	北京 apm	46. 500	0. 479
12	长安汽车	45. 000	0. 464
62	苏宁	35. 000	0. 361
98	银联在线支付	31. 667	0. 326
96	平安银行	23. 000	0. 237
28	今生宝贝母婴商城	21. 833	0. 225
94	浦发银行信用卡中心	16. 133	0. 166
35	G2000 官方微博	13. 000	0. 134
8	SUV 世家—广汽三菱	12. 500	0. 129
100	浦发银行	12. 000	0. 124
95	交通银行信用卡中心	11. 167	0. 115
11	东风风行景逸	9. 333	0. 096
69	上海苏宁	8. 000	0. 082
75	上海国金中心商场	5. 000	0. 052
91	广发信用卡	4. 000	0. 041
74	香港東港城	2. 500	0. 026

续表

		Betweenness	nBetweenness
41	广州百草堂药业	2.500	0.026
43	钙尔奇 Caltrate	2.000	0.021
88	中国银行	0.333	0.003
6	锦湖轮胎官方微博	0.000	0.000
36	季候风官方旗舰店	0.000	0.000
5	长安铃木	0.000	0.000
2	东航官网	0.000	0.000
23	艾肋电商运营	0.000	0.000
3	绅宝	0.000	0.000
29	妈妈咪呀晚宴服	0.000	0.000
39	adidasOriginals	0.000	0.000
52	北京国奥心理医院 vip	0.000	0.000
22	优衣库_UNIQLO	0.000	0.000
54	飞利浦医疗健康	0.000	0.000
31	小猪班纳官方微博	0.000	0.000
53	安怡 Anlene 骨骼营养专家	0.000	0.000
51	白云山星群夏桑菊	0.000	0.000
9	天地华宇官方微博	0.000	0.000
59	i 掌控官方微博	0.000	0.000
10	一汽奔腾	0.000	0.000
61	乐天免税店	0.000	0.000
37	hotwind—热风	0.000	0.000
63	国美	0.000	0.000
64	虎门富民	0.000	0.000
40	李宁跑步	0.000	0.000
16	雅迪电动车官方微博	0.000	0.000
55	碧莲盛国际植发连锁机构?	0.000	0.000
56	碧生源牌减肥茶	0.000	0.000
19	优科豪马橡胶	0.000	0.000
58	黄金搭档	0.000	0.000

续表

		Betweenness	nBetweenness
71	乐购 TESCO 乐活派	0.000	0.000
72	百脑汇—广州店	0.000	0.000
73	华克山庄免税店	0.000	0.000
24	璞谷翡翠	0.000	0.000
25	艾肋服饰俱乐部	0.000	0.000
26	宝得适 Britax 旗舰店	0.000	0.000
77	vcityhk	0.000	0.000
78	现代百货店	0.000	0.000
79	南京苏宁	0.000	0.000
68	韩国乐天百货店	0.000	0.000
81	建行电子银行	0.000	0.000
32	HDDC 珠宝	0.000	0.000
33	黛姿乐维品牌婚宴鞋	0.000	0.000
34	鄂尔多斯官方微博	0.000	0.000
60	广州仁爱医院官方微博	0.000	0.000
86	兴业银行信用卡中心	0.000	0.000
87	建信基金	0.000	0.000
38	Genanx 格男仕官方微博	0.000	0.000
89	广发电子银行	0.000	0.000
90	中国农业银行电子银行	0.000	0.000
66	韩国新世界_SHINSEGAE	0.000	0.000
30	英皇钟表珠宝官方微博	0.000	0.000
93	民生银行手机银行	0.000	0.000
44	申养堂	0.000	0.000
70	新罗免税店	0.000	0.000
46	999 强力枇杷露	0.000	0.000
47	喜视光学	0.000	0.000
48	康泰克先生	0.000	0.000
99	招商银行远程银行中心	0.000	0.000
50	天士力—大健康	0.000	0.000

Descriptive Statistics For Each Measure

		Betweenness	nBetweenness
1	Mean	68. 110	0. 702
2	Std Dev	151. 094	1. 557
3	Sum	6811. 000	70. 202
4	Variance	22829. 424	2. 425
5	SSQ	2746839. 500	291. 817
6	MCSSQ	2282942. 500	242. 534
7	Euc Norm	1657. 359	17. 083
8	Minimum	0. 000	0. 000
9	Maximum	866. 967	8. 936

Network Centralization Index = 8. 32%.

企业接近中心度

		Farness	nCloseness
4	新浪汽车	8819. 000	1. 123
14	一汽马自达	8821. 000	1. 122
82	招商银行	8825. 000	1. 122
12	长安汽车	8827. 000	1. 122
11	东风风行景逸	8829. 000	1. 121
13	哈弗 SUV	8829. 000	1. 121
7	东风标致 Peugeot	8829. 000	1. 121
10	一汽奔腾	8829. 000	1. 121
99	招商银行远程银行中心	8834. 000	1. 121
92	招商银行信用卡	8834. 000	1. 121
1	春秋航空	8835. 000	1. 121
5	长安铃木	8837. 000	1. 120
76	北京 apm	9505. 000	1. 042
35	G2000 官方微博	9506. 000	1. 041

续表

		Farness	nCloseness
37	hotwind—热风	9508.000	1.041
77	vcityhk	9508.000	1.041
74	香港東港城	9509.000	1.041
80	天津苏宁	9603.000	1.031
69	上海苏宁	9603.000	1.031
62	苏宁	9603.000	1.031
79	南京苏宁	9603.000	1.031
97	交通银行电子银行	9604.000	1.031
83	中国工商银行电子银行	9604.000	1.031
90	中国农业银行电子银行	9606.000	1.031
95	交通银行信用卡中心	9606.000	1.031
84	中国银行电子银行	9702.000	1.020
20	天津航空	9702.000	1.020
42	白云山和黄中药	9702.000	1.020
85	中国银行信用卡	9702.000	1.020
88	中国银行	9702.000	1.020
2	东航官网	9703.000	1.020
15	深圳航空	9703.000	1.020
51	白云山星群夏桑菊	9703.000	1.020
57	康之家药房网	9703.000	1.020
91	广发信用卡	9801.000	1.010
45	汤臣倍健营养家	9801.000	1.010
43	钙尔奇 Caltrate	9801.000	1.010
67	万达广场	9801.000	1.010
28	今生宝贝母婴商城	9801.000	1.010
25	艾肋服饰俱乐部	9801.000	1.010
23	艾肋电商运营	9801.000	1.010
98	银联在线支付	9801.000	1.010
65	家乐福中国	9801.000	1.010
96	平安银行	9801.000	1.010

续表

		Farness	nCloseness
94	浦发银行信用卡中心	9801.000	1.010
89	广发电子银行	9801.000	1.010
50	天士力—大健康	9801.000	1.010
8	SUV 世家—广汽三菱	9801.000	1.010
49	汤臣倍健官博	9801.000	1.010
100	浦发银行	9801.000	1.010

企业特征向量中心度

		Eigenv	nEigen
1	春秋航空	0.000	0.000
2	东航官网	0.000	0.000
3	绅宝	0.000	0.000
4	新浪汽车	0.000	0.000
5	长安铃木	0.000	0.000
6	锦湖轮胎官方微博	0.000	0.000
7	东风标致 Peugeot	0.000	0.000
8	SUV 世家—广汽三菱	0.000	0.000
9	天地华宇官方微博	0.000	0.000
10	一汽奔腾	0.000	0.000
11	东风风行景逸	0.000	0.000
12	长安汽车	0.000	0.000
13	哈弗 SUV	0.000	0.000
14	一汽马自达	0.000	0.000
15	深圳航空	0.000	0.000
16	雅迪电动车官方微博	0.000	0.000
17	首都航空	0.000	0.000
18	长城汽车运动	0.000	0.000
19	优科豪马橡胶	0.000	0.000

		Eigenv	nEigen
20	天津航空	0.000	0.000
21	育儿亲子乐园	0.000	0.000
22	优衣库_UNIQLO	0.000	0.000
23	艾肋电商运营	0.000	0.000
24	璞谷翡翠	0.000	0.000
25	艾肋服饰俱乐部	0.000	0.000
26	宝得适 Britax 旗舰店	0.000	0.000
27	优衣库官方网络旗舰店	0.000	0.000
28	今生宝贝母婴商城	0.000	0.000
29	妈妈咪呀晚宴服	0.000	0.000
30	英皇钟表珠宝官方微博	0.000	0.000
31	小猪班纳官方微博	0.000	0.000
32	HDDC 珠宝	0.000	0.000
33	黛姿乐维品牌婚宴鞋	0.000	0.000
34	鄂尔多斯官方微博	0.000	0.000
35	G2000 官方微博	0.000	0.000
36	季候风官方旗舰店	0.000	0.000
37	hotwind—热风	0.000	0.000
38	Genanx 格男仕官方微博	0.000	0.000
39	adidasOriginals	0.000	0.000
40	李宁跑步	0.000	0.000
41	广州百草堂药业	0.000	0.000
42	白云山和黄中药	0.000	0.000
43	钙尔奇 Caltrate	0.000	0.000
44	申养堂	0.000	0.000
45	汤臣倍健营养家	0.000	0.000
46	999 强力枇杷露	0.000	0.000
47	喜视光学	0.000	0.000
48	康泰克先生	0.000	0.000
49	汤臣倍健官博	0.000	0.000

续表

		Eigenv	nEigen
50	天士力—大健康	0.000	0.000
51	白云山星群夏桑菊	0.000	0.000
52	北京国奥心理医院 vip	0.000	0.000
53	安怡 Anlene 骨骼营养专家	0.000	0.000
54	飞利浦医疗健康	0.000	0.000
55	碧莲盛国际植发连锁机构?	0.000	0.000
56	碧生源牌减肥茶	0.000	0.000
57	康之家药房网	0.000	0.000
58	黄金搭档	0.000	0.000
59	i 掌控官方微博	0.000	0.000
60	广州仁爱医院官方微博	0.000	0.000
61	乐天免税店	0.000	0.000
62	苏宁	0.500	70.711
63	国美	0.000	0.000
64	虎门富民	0.000	0.000
65	家乐福中国	0.000	0.000
66	韩国新世界_SHINSEGAE	0.000	0.000
67	万达广场	0.000	0.000
68	韩国乐天百货店	0.000	0.000
69	上海苏宁	0.500	70.711
70	新罗免税店	0.000	0.000
71	乐购 TESCO 乐活派	0.000	0.000
72	百脑汇—广州店	0.000	0.000
73	华克山庄免税店	0.000	0.000
74	香港東港城	0.000	0.000
75	上海国金中心商场	0.000	0.000
76	北京 apm	0.000	0.000
77	vcityhk	0.000	−0.000
78	现代百货店	0.000	0.000
79	南京苏宁	0.500	70.711

续表

		Eigenv	nEigen
80	天津苏宁	0.500	70.711
81	建行电子银行	0.000	0.000
82	招商银行	0.000	0.000
83	中国工商银行电子银行	0.000	0.000
84	中国银行电子银行	0.000	−0.000
85	中国银行信用卡	0.000	0.000
86	兴业银行信用卡中心	0.000	0.000
87	建信基金	0.000	0.000
88	中国银行	0.000	−0.000
89	广发电子银行	0.000	−0.000
90	中国农业银行电子银行	0.000	0.000
91	广发信用卡	0.000	0.000
92	招商银行信用卡	0.000	−0.000
93	民生银行手机银行	0.000	0.000
94	浦发银行信用卡中心	0.000	0.000
95	交通银行信用卡中心	0.000	0.000
96	平安银行	0.000	0.000
97	交通银行电子银行	0.000	0.000
98	银联在线支付	0.000	0.000
99	招商银行远程银行中心	0.000	0.000
100	浦发银行	0.000	0.000

Descriptive Statistics

		Eigenvec	nEigenvec
1	Mean	0.020	2.828
2	Std Dev	0.098	13.856
3	Sum	2.000	282.843
4	Variance	0.010	192.000

		Eigenvec	nEigenvec
5	SSQ	1. 000	20000. 000
6	MCSSQ	0. 960	19200. 000
7	Euc Norm	1. 000	141. 421
8	Minimum	−0. 000	−0. 000
9	Maximum	0. 500	70. 711
10	N of Obs	100. 000	100. 000

Network centralization index = 76. 23%.

附录五　学校中心度

学校点度中心度

		OutDegree	InDegree	NrmOutDeg	NrmInDeg
10	哈德斯菲尔德大学	16.000	3.000	16.162	3.030
7	华南理工大学校友会	12.000	5.000	12.121	5.051
30	复旦大学	12.000	23.000	12.121	23.232
82	京佳教育	12.000	0.000	12.121	0.000
9	南京邮电大学校友会	9.000	2.000	9.091	2.020
32	武汉大学	9.000	16.000	9.091	16.162
12	武昌理工学院官方	8.000	4.000	8.081	4.040
31	北京工业大学	8.000	1.000	8.081	1.010
93	中山大学招生办	8.000	4.000	8.081	4.040
94	华中科技大学本科招生	8.000	4.000	8.081	4.040
1	惠经校友会	0.000	0.000	0.000	0.000
24	西电华为创新俱乐部	0.000	0.000	0.000	0.000
2	中国传媒大学校友会	2.000	4.000	2.020	4.040
3	中国人民大学校友会	2.000	7.000	2.020	7.071
4	杭州浙江大学校友会	2.000	6.000	2.020	6.061
5	复旦大学校友会	4.000	9.000	4.040	9.091

		OutDegree	InDegree	NrmOutDeg	NrmInDeg
6	留英校友会 Alumni-UK	2.000	5.000	2.020	5.051
8	中央戏剧学院校友会	2.000	0.000	2.020	0.000
11	华东师范大学校友会	4.000	3.000	4.040	3.030
13	浙江大学校友总会	3.000	4.000	3.030	4.040
14	大连海事大学校友总会	0.000	1.000	0.000	1.010
15	北京师范大学校友会	2.000	2.000	2.020	2.020
16	北理工校友会	5.000	3.000	5.051	3.030
17	南京大学 EMBA 联合会	1.000	0.000	1.010	0.000
18	湖南理工学院校友会	2.000	0.000	2.020	0.000
19	CUCSSA 哥伦比亚大学中国学联	1.000	2.000	1.010	2.020
20	华中科技大学上海校友	2.000	2.000	2.020	2.020
21	微博中学	1.000	3.000	1.010	3.030
22	北京电影学院	3.000	13.000	3.030	13.131
23	南京林业大学青春健康教育	2.000	2.000	2.020	2.020
25	唱片街	0.000	0.000	0.000	0.000
26	浙江大学管理学院	4.000	3.000	4.040	3.030
28	清华大学微博协会	4.000	9.000	4.040	9.091
29	耶鲁大学	0.000	8.000	0.000	8.081
33	清华大学	1.000	16.000	1.010	16.162
34	网上人大	1.000	0.000	1.010	0.000
35	作业答案来了	0.000	1.000	0.000	1.010
36	中央美术学院	3.000	7.000	3.030	7.071
37	华中科技大学	6.000	17.000	6.061	17.172
38	山东大学教育招生	4.000	1.000	4.040	1.010
39	集美大学理学院就业会	0.000	0.000	0.000	0.000

		OutDegree	InDegree	NrmOutDeg	NrmInDeg
40	纽约州立宾汉姆顿大学	8.000	0.000	8.081	0.000
41	砀山二中	1.000	2.000	1.010	2.020
42	北京王府学校	5.000	3.000	5.051	3.030
43	北京市古城高级中学	3.000	0.000	3.030	0.000
44	广州市华美中加国际高中	1.000	0.000	1.010	0.000
45	北京新东方外国语学校	0.000	0.000	0.000	0.000
46	宜宾县一中	0.000	1.000	0.000	1.010
47	南村中学微博	0.000	0.000	0.000	0.000
48	云南外国语学校	0.000	0.000	0.000	0.000
49	牛津国际公学常州学校	1.000	1.000	1.010	1.010
50	北京大学附属中学	0.000	3.000	0.000	3.030
51	北京市广渠门中学	1.000	2.000	1.010	2.020
52	深圳市坪山高级中学	0.000	0.000	0.000	0.000
53	中央美术学院附中	4.000	2.000	4.040	2.020
54	洛阳一高	6.000	0.000	6.061	0.000
55	牛津国际公学成都学校	5.000	1.000	5.051	1.010
56	太原师院附属中学	0.000	0.000	0.000	0.000
57	上海市商业学校	0.000	0.000	0.000	0.000
58	鹰桥国际学校	0.000	0.000	0.000	0.000
59	北京市光明小学	1.000	0.000	1.010	0.000
60	首师大附中	0.000	2.000	0.000	2.020
61	USNewsRankings	1.000	2.000	1.010	2.020
62	UKEC 英国教育中心	3.000	3.000	3.030	3.030
63	澳洲留学辅导中心 ACAE	0.000	0.000	0.000	0.000
64	日本富士国际语学院	1.000	0.000	1.010	0.000
65	TENMEN 学联	0.000	0.000	0.000	0.000

		OutDegree	InDegree	NrmOutDeg	NrmInDeg
66	卉瞳	0.000	0.000	0.000	0.000
67	重庆一中国际部	5.000	2.000	5.051	2.020
68	U-Link-College	2.000	0.000	2.020	0.000
69	武汉留法学友俱乐部	2.000	1.000	2.020	1.010
70	杨炳辉 GRE	0.000	0.000	0.000	0.000
71	电子科大出国留学预备	1.000	0.000	1.010	0.000
72	武外英中	0.000	0.000	0.000	0.000
73	鄂巍	0.000	0.000	0.000	0.000
74	Schools-Victoria_Can	1.000	0.000	1.010	0.000
75	新通黄淑华	1.000	0.000	1.010	0.000
76	UMassAmherst_Chin	0.000	0.000	0.000	0.000
77	莱特州立大学招生处	0.000	0.000	0.000	0.000
78	美国留学 MBA	0.000	5.000	0.000	5.051
79	EducationUSA 中国	0.000	7.000	0.000	7.071
80	留学全接触	1.000	1.000	1.010	1.010
81	雅思中国网	0.000	4.000	0.000	4.040
83	亚东幼儿园	0.000	0.000	0.000	0.000
84	魔奇英语_劲松学校	0.000	0.000	0.000	0.000
85	贺冰新学校官方微博	0.000	0.000	0.000	0.000
86	中国农业大学 MBA	0.000	0.000	0.000	0.000
87	网络孔子学院 online	2.000	1.000	2.020	1.010
88	北京市电子工业干部学校	7.000	0.000	7.071	0.000
89	成都法国高等教育署	3.000	2.000	3.030	2.020
90	开欣英语酱	0.000	0.000	0.000	0.000
91	BSA 启星幼儿园	0.000	0.000	0.000	0.000
92	珈能教育	0.000	0.000	0.000	0.000
95	哈尔滨工业大学招生办	4.000	4.000	4.040	4.040
96	海博英语	1.000	1.000	1.010	1.010

续表

		OutDegree	InDegree	NrmOutDeg	NrmInDeg
97	长沙新东方学校	0.000	1.000	0.000	1.010
98	上海儒森教育进修学校	5.000	0.000	5.051	0.000
99	对外经济贸易大学HND	0.000	0.000	0.000	0.000
100	北京师范大学招生办	1.000	3.000	1.010	3.030

Descriptive Statistics

		OutDegree	InDegree	NrmOutDeg	NrmInDeg
1	Mean	2.490	2.490	2.515	2.515
2	Std Dev	3.282	4.051	3.315	4.092
3	Sum	249.000	249.000	251.515	251.515
4	Variance	10.770	16.410	10.989	16.743
5	SSQ	1697.000	2261.000	1731.456	2306.907
6	MCSSQ	1076.990	1640.990	1098.857	1674.309
7	Euc Norm	41.195	47.550	41.611	48.030
8	Minimum	0.000	0.000	0.000	0.000
9	Maximum	16.000	23.000	16.162	23.232

Network Centralization(Outdegree) = 13.784%.

Network Centralization(Indegree) = 20.926%.

学校中介中心度

		Betweenness	nBetweenness
30	复旦大学	755.528	7.787
7	华南理工大学校友会	622.658	6.418
37	华中科技大学	571.904	5.895
5	复旦大学校友会	546.359	5.631
10	哈德斯菲尔德大学	455.339	4.693
3	中国人民大学校友会	318.772	3.286

续表

		Betweenness	nBetweenness
42	北京王府学校	300.961	3.102
6	留英校友会 AlumniUK	278.772	2.873
22	北京电影学院	213.883	2.205
32	武汉大学	191.461	1.973
67	重庆一中国际部	149.711	1.543
28	清华大学微博协会	103.743	1.069
62	UKEC 英国教育中心	86.833	0.895
21	微博中学	84.000	0.866
94	华中科技大学本科招生	83.298	0.859
36	中央美术学院	76.474	0.788
13	浙江大学校友总会	75.133	0.774
12	武昌理工学院官方	60.173	0.620
9	南京邮电大学校友会	56.738	0.585
53	中央美术学院附中	56.529	0.583
16	北理工校友会	55.863	0.576
4	杭州浙江大学校友会	47.125	0.486
27	哈尔滨工程大学	46.864	0.483
33	清华大学	46.207	0.476
15	北京师范大学校友会	45.083	0.465
23	南京林业大学青春健康教育	44.000	0.454
51	北京市广渠门中学	44.000	0.454
55	牛津国际公学成都学校	44.000	0.454
69	武汉留法学友俱乐部	41.000	0.423
41	砀山二中	40.000	0.412
95	哈尔滨工业大学招生办	36.614	0.377
93	中山大学招生办	27.396	0.282
2	中国传媒大学校友会	26.917	0.277
100	北京师范大学招生办	22.512	0.232
26	浙江大学管理学院	20.933	0.216
19	CUCSSA 哥伦比亚大学中国学联	8.667	0.089

续表

		Betweenness	nBetweenness
11	华东师范大学校友会	6.383	0.066
89	成都法国高等教育署	4.000	0.041
31	北京工业大学	0.583	0.006
38	山东大学教育招生	0.583	0.006
14	大连海事大学校友总会	0.000	0.000
34	网上人大	0.000	0.000
24	西电华为创新俱乐部	0.000	0.000
40	纽约州立宾汉姆顿大学	0.000	0.000
8	中央戏剧学院校友会	0.000	0.000
46	宜宾县一中	0.000	0.000
35	作业答案来了	0.000	0.000
48	云南外国语学校	0.000	0.000
49	牛津国际公学常州学校	0.000	0.000
47	南村中学微博	0.000	0.000
1	惠经校友会	0.000	0.000
52	深圳市坪山高级中学	0.000	0.000
29	耶鲁大学	0.000	0.000
54	洛阳一高	0.000	0.000
18	湖南理工学院校友会	0.000	0.000
56	太原师院附属中学	0.000	0.000
20	华中科技大学上海校友	0.000	0.000
58	鹰桥国际学校	0.000	0.000
59	北京市光明小学	0.000	0.000
60	首师大附中	0.000	0.000
61	USNewsRankings	0.000	0.000
25	唱片街	0.000	0.000
63	澳洲留学辅导中心 ACAE	0.000	0.000
64	日本富士国际语学院	0.000	0.000
65	TENMEN 学联	0.000	0.000
66	卉瞳	0.000	0.000

续表

		Betweenness	nBetweenness
17	南京大学 EMBA 联合会	0.000	0.000
68	U-Link-College	0.000	0.000
57	上海市商业学校	0.000	0.000
70	杨炳辉 GRE	0.000	0.000
71	电子科大出国留学预备	0.000	0.000
72	武外英中	0.000	0.000
73	鄂巍	0.000	0.000
74	Schools-Victoria_Can	0.000	0.000
75	新通黄淑华	0.000	0.000
76	UMassAmherst_Chin	0.000	0.000
77	莱特州立大学招生处	0.000	0.000
78	美国留学 MBA	0.000	0.000
79	EducationUSA 中国	0.000	0.000
80	留学全接触	0.000	0.000
81	雅思中国网	0.000	0.000
82	京佳教育	0.000	0.000
83	亚东幼儿园	0.000	0.000
84	魔奇英语_劲松学校	0.000	0.000
85	贺冰新学校官方微博	0.000	0.000
86	中国农业大学 MBA	0.000	0.000
87	网络孔子学院 online	0.000	0.000
88	北京市电子工业干部学校	0.000	0.000
39	集美大学理学院就业会	0.000	0.000
90	开欣英语酱	0.000	0.000
91	BSA 启星幼儿园	0.000	0.000
92	珈能教育	0.000	0.000
43	北京市古城高级中学	0.000	0.000
44	广州市华美中加国际高中	0.000	0.000
45	北京新东方外国语学校	0.000	0.000
96	海博英语	0.000	0.000

		Betweenness	nBetweenness
97	长沙新东方学校	0.000	0.000
98	上海儒森教育进修学校	0.000	0.000
99	对外经济贸易大学 HND	0.000	0.000
50	北京大学附属中学	0.000	0.000

Descriptive Statistics For Each Measure

		Betweenness	nBetweenness
1	Mean	56.970	0.587
2	Std Dev	138.568	1.428
3	Sum	5697.000	58.720
4	Variance	19201.193	2.040
5	SSQ	2244677.500	238.469
6	MCSSQ	1920119.375	203.989
7	Euc Norm	1498.225	15.442
8	Minimum	0.000	0.000
9	Maximum	755.528	7.787

Network Centralization Index = 7.27%.

学校接近中心度

		Farness	nCloseness
30	复旦大学	7837.000	1.263
37	华中科技大学	7843.000	1.262
5	复旦大学校友会	7847.000	1.262
32	武汉大学	7848.000	1.261
16	北理工校友会	7849.000	1.261
27	哈尔滨工程大学	7851.000	1.261
95	哈尔滨工业大学招生办	7851.000	1.261
7	华南理工大学校友会	7851.000	1.261

续表

		Farness	nCloseness
12	武昌理工学院官方	7852.000	1.261
36	中央美术学院	7853.000	1.261
28	清华大学微博协会	7855.000	1.260
94	华中科技大学本科招生	7857.000	1.260
20	华中科技大学上海校友	7860.000	1.260
93	中山大学招生办	7861.000	1.259
3	中国人民大学校友会	7867.000	1.258
9	南京邮电大学校友会	7869.000	1.258
11	华东师范大学校友会	7871.000	1.258
22	北京电影学院	7872.000	1.258
53	中央美术学院附中	7872.000	1.258
31	北京工业大学	7872.000	1.258
33	清华大学	7875.000	1.257
2	中国传媒大学校友会	7889.000	1.255
10	哈德斯菲尔德大学	9505.000	1.042
67	重庆—中国际部	9506.000	1.041
6	留英校友会 AlumniUK	9508.000	1.041
62	UKEC 英国教育中心	9508.000	1.041
42	北京王府学校	9509.000	1.041
26	浙江大学管理学院	9702.000	1.020
4	杭州浙江大学校友会	9702.000	1.020
13	浙江大学校友总会	9702.000	1.020
23	南京林业大学青春健康教育	9801.000	1.010
89	成都法国高等教育署	9801.000	1.010
96	海博英语	9801.000	1.010
55	牛津国际公学成都学校	9801.000	1.010
69	武汉留法学友俱乐部	9801.000	1.010
49	牛津国际公学常州学校	9801.000	1.010

学校特征向量中心度

		Eigenvec	nEigenvec
1	惠经校友会	0.000	0.000
2	中国传媒大学校友会	0.012	1.629
3	中国人民大学校友会	0.044	6.171
4	杭州浙江大学校友会	0.000	0.000
5	复旦大学校友会	0.181	25.547
6	留英校友会 AlumniUK	0.000	0.000
7	华南理工大学校友会	0.186	26.289
8	中央戏剧学院校友会	0.000	0.000
9	南京邮电大学校友会	0.048	6.744
10	哈德斯菲尔德大学	0.000	0.000
11	华东师范大学校友会	0.045	6.351
12	武昌理工学院官方	0.285	40.296
13	浙江大学校友总会	0.000	0.000
14	大连海事大学校友总会	0.000	0.000
15	北京师范大学校友会	0.000	0.000
16	北理工校友会	0.170	24.057
17	南京大学 EMBA 联合会	0.000	0.000
18	湖南理工学院校友会	0.000	0.000
19	CUCSSA 哥伦比亚大学中国学联	0.000	0.000
20	华中科技大学上海校友	0.136	19.248
21	微博中学	0.000	0.000
22	北京电影学院	0.047	6.665
23	南京林业大学青春健康教育	0.000	0.000
24	西电华为创新俱乐部	0.000	0.000
25	唱片街	0.000	0.000
26	浙江大学管理学院	0.000	0.000
27	哈尔滨工程大学	0.320	45.197
28	清华大学微博协会	0.133	18.803
29	耶鲁大学	0.000	0.000
30	复旦大学	0.518	73.297

		Eigenvec	nEigenvec
31	北京工业大学	0.069	9.734
32	武汉大学	0.273	38.584
33	清华大学	0.032	4.542
34	网上人大	0.000	0.000
35	作业答案来了	0.000	0.000
36	中央美术学院	0.148	20.926
37	华中科技大学	0.326	46.131
38	山东大学教育招生	0.000	0.000
39	集美大学理学院就业会	0.000	0.000
40	纽约州立宾汉姆顿大学	0.000	0.000
41	砀山二中	0.000	0.000
42	北京王府学校	0.000	0.000
43	北京市古城高级中学	0.000	0.000
44	广州市华美中加国际高中	0.000	0.000
45	北京新东方外国语学校	0.000	0.000
46	宜宾县一中	0.000	0.000
47	南村中学微博	0.000	0.000
48	云南外国语学校	0.000	0.000
49	牛津国际公学常州学校	0.000	0.000
50	北京大学附属中学	0.000	0.000
51	北京市广渠门中学	0.000	0.000
52	深圳市坪山高级中学	0.000	0.000
53	中央美术学院附中	0.047	6.665
54	洛阳一高	0.000	0.000
55	牛津国际公学成都学校	0.000	0.000
56	太原师院附属中学	0.000	0.000
57	上海市商业学校	0.000	0.000
58	鹰桥国际学校	0.000	0.000
59	北京市光明小学	0.000	0.000
60	首师大附中	0.000	0.000

		Eigenvec	nEigenvec
61	USNewsRankings	0.000	0.000
62	UKEC 英国教育中心	0.000	0.000
63	澳洲留学辅导中心 ACAE	0.000	0.000
64	日本富士国际语学院	0.000	0.000
65	TENMEN 学联	0.000	0.000
66	卉瞳	0.000	0.000
67	重庆一中国际部	0.000	0.000
68	U-Link-College	0.000	0.000
69	武汉留法学友俱乐部	−0.000	−0.000
70	杨炳辉 GRE	−0.000	−0.000
71	电子科大出国留学预备	0.000	0.000
72	武外英中	−0.000	−0.000
73	鄂巍	0.000	0.000
74	Schools-Victoria_Can	0.000	0.000
75	新通黄淑华	−0.000	−0.000
76	UMassAmherst_Chin	−0.000	−0.000
77	莱特州立大学招生处	0.000	0.000
78	美国留学 MBA	−0.000	−0.000
79	EducationUSA 中国?	0.000	0.000
80	留学全接触	0.000	0.000
81	雅思中国网	0.000	0.000
82	京佳教育	0.000	0.000
83	亚东幼儿园	0.000	0.000
84	魔奇英语_劲松学校	0.000	0.000
85	贺冰新学校官方微博	0.000	0.000
86	中国农业大学 MBA	−0.000	−0.000
87	网络孔子学院 online	−0.000	−0.000
88	北京市电子工业干部学校	0.000	0.000
89	成都法国高等教育署	0.000	0.000
90	开欣英语酱	0.000	0.000

续表

		Eigenvec	nEigenvec
91	BSA 启星幼儿园	−0.000	−0.000
92	珈能教育	−0.000	−0.000
93	中山大学招生办	0.209	29.624
94	华中科技大学本科招生	0.237	33.550
95	哈尔滨工业大学招生办	0.310	43.884
96	海博英语	0.000	0.000
97	长沙新东方学校	0.000	0.000
98	上海儒森教育进修学校	0.000	0.000
99	对外经济贸易大学 HND	0.000	0.000
100	北京师范大学招生办	0.000	0.000

Descriptive Statistics

		Eigenvec	nEigenvec
1	Mean	0.038	5.339
2	Std Dev	0.093	13.095
3	Sum	3.775	533.935
4	Variance	0.009	171.491
5	SSQ	1.000	20000.000
6	MCSSQ	0.857	17149.135
7	Euc Norm	1.000	141.421
8	Minimum	−0.000	−0.000
9	Maximum	0.518	73.297
10	N of Obs	100.000	100.000

Network centralization index = 76.31%.

附录六 网民中心度

网民点度中心度

		OutDegree	InDegree	NrmOutDeg	NrmInDeg
14	BSS	45.000	28.000	4.132	2.571
70	LGS	36.000	2.000	3.306	0.184
5	XMZ	35.000	30.000	3.214	2.755
85	DYZLS	35.000	2.000	3.214	0.184
20	JPX	33.000	21.000	3.030	1.928
71	LCM	30.000	4.000	2.755	0.367
46	WL	24.000	1.000	2.204	0.092
29	SXJJ	21.000	20.000	1.928	1.837
1	LKF	21.000	44.000	1.928	4.040
62	CL	20.000	21.000	1.837	1.928
4	SSZJYLQ	0.000	0.000	0.000	0.000
9	ZTXXSJS	0.000	0.000	0.000	0.000
2	MY	3.000	4.000	0.275	0.367
3	LXP	0.000	19.000	0.000	1.745
6	XX	19.000	16.000	1.745	1.469
7	SGQ	2.000	3.000	0.184	0.275
8	MTYY	0.000	1.000	0.000	0.092
10	DSHF	3.000	7.000	0.275	0.643

续表

		OutDegree	InDegree	NrmOutDeg	NrmInDeg
11	CZW	14. 000	32. 000	1. 286	2. 938
12	ZJ	2. 000	6. 000	0. 184	0. 551
13	ZX	16. 000	20. 000	1. 469	1. 837
15	XXN	15. 000	26. 000	1. 377	2. 388
16	DB	12. 000	12. 000	1. 102	1. 102
17	YCTM	4. 000	11. 000	0. 367	1. 010
18	JNC	17. 000	21. 000	1. 561	1. 928
19	JWZY	16. 000	18. 000	1. 469	1. 653
21	MY	0. 000	18. 000	0. 000	1. 653
22	RMXWJZB	1. 000	0. 000	0. 092	0. 000
23	ITHLWDN	0. 000	0. 000	0. 000	0. 000
24	ITHLLTS	2. 000	0. 000	0. 184	0. 000
25	ITFDJ	0. 000	0. 000	0. 000	0. 000
26	LJ	11. 000	33. 000	1. 010	3. 030
27	BJSSCRFP	1. 000	0. 000	0. 092	0. 000
28	ZHW	15. 000	26. 000	1. 377	2. 388
30	SYZDXR	2. 000	23. 000	0. 184	2. 112
31	ITGCY	9. 000	9. 000	0. 826	0. 826
32	LDS	13. 000	20. 000	1. 194	1. 837
33	TM	6. 000	1. 000	0. 551	0. 092
34	MTWWX	4. 000	5. 000	0. 367	0. 459
35	ITHLWKR	2. 000	5. 000	0. 184	0. 459
36	WASMITKJ	5. 000	4. 000	0. 459	0. 367
37	YYF	14. 000	11. 000	1. 286	1. 010
38	ITHLWNDS	4. 000	4. 000	0. 367	0. 367
39	AGZFJ	19. 000	14. 000	1. 745	1. 286
40	TJ	1. 000	12. 000	0. 092	1. 102
41	RZQ	11. 000	35. 000	1. 010	3. 214
42	PSY	8. 000	44. 000	0. 735	4. 040
43	WS	18. 000	30. 000	1. 653	2. 755

		OutDegree	InDegree	NrmOutDeg	NrmInDeg
44	ZX	5.000	24.000	0.459	2.204
45	NRBAM	0.000	0.000	0.000	0.000
47	LC	16.000	2.000	1.469	0.184
48	MYS	19.000	24.000	1.745	2.204
49	YCJXW	1.000	0.000	0.092	0.000
50	ZX	9.000	11.000	0.826	1.010
51	HSS	1.000	0.000	0.092	0.000
52	SSCR	10.000	10.000	0.918	0.918
53	SSCRXY	7.000	9.000	0.643	0.826
54	SSDRSYX	9.000	9.000	0.826	0.826
55	SSCRZGR	4.000	10.000	0.367	0.918
56	LXZL	10.000	9.000	0.918	0.826
57	CRDN	9.000	9.000	0.826	0.826
58	SSXB	9.000	6.000	0.826	0.551
59	YDHLWGCJ	7.000	4.000	0.643	0.367
60	SSXW	5.000	0.000	0.459	0.000
61	AGGMY	2.000	6.000	0.184	0.551
63	CSQ	18.000	13.090	1.653	1.194
64	PJZEY	11.000	0.000	1.010	0.000
65	XYYM	6.000	2.000	0.551	0.184
66	ChristineLagarde	0.000	3.000	0.000	0.275
67	BJWH	5.000	9.000	0.459	0.826
68	FLP	0.000	2.000	0.000	0.184
69	BSLW	10.000	12.000	0.918	1.102
72	WZY	3.000	3.000	0.275	0.275
73	ZYX	9.000	9.000	0.826	0.826
74	XJZDZ	12.000	3.000	1.102	0.275
75	ZJHBK	0.000	3.000	0.000	0.275
76	GSLWZ	13.000	8.000	1.194	0.735
77	LZ	14.000	1.000	1.286	0.092

		OutDegree	InDegree	NrmOutDeg	NrmInDeg
78	CSZDNWJ	13.000	4.000	1.194	0.367
79	GSZ	8.000	6.000	0.735	0.551
80	NXQ	7.000	6.000	0.643	0.551
81	ZH	21.000	1.000	1.928	0.092
82	YYLLS	16.000	12.000	1.469	1.102
83	ZSF	12.000	2.000	1.102	0.184
84	JCXR	2.000	1.000	0.184	0.092
86	WPBP	5.000	0.000	0.459	0.000
87	LNS	7.000	4.000	0.643	0.367
88	ZQLS	4.000	4.000	0.367	0.367
89	FWFJ	2.000	0.000	0.184	0.000
90	DLZJ	9.000	6.000	0.826	0.551
91	SSDDRR	11.000	10.000	1.010	0.918
92	FXZSS	1.000	0.000	0.092	0.000
93	CH	3.000	0.000	0.275	0.000
94	MLNBJ	1.000	0.000	0.092	0.000
95	CLXXX	0.000	0.000	0.000	0.000
96	SSCRYLLL	10.000	8.000	0.918	0.735
97	LZ	4.000	8.000	0.367	0.735
98	SSMT	10.000	8.000	0.918	0.735
99	LPYLQ	0.000	1.000	0.000	0.092
100	SRL	6.000	0.000	0.551	0.000

Descriptive Statistics

		OutDegree	InDegree	NrmOutDeg	NrmInDeg
1	Mean	9.450	9.450	0.868	0.868
2	Std Dev	9.181	10.311	0.843	0.947
3	Sum	945.000	945.000	86.777	86.777

		OutDegree	InDegree	NrmOutDeg	NrmInDeg
4	Variance	84.287	106.308	0.711	0.896
5	SSQ	17359.000	19561.000	146.376	164.944
6	MCSSQ	8428.750	10630.750	71.073	89.641
7	Euc Norm	131.754	139.861	12.099	12.843
8	Minimum	0.000	0.000	0.000	0.000
9	Maximum	45.000	44.000	4.132	4.040

Network Centralization(Outdegree) = 3.297%.

Network Centralization(Indegree) = 3.205%.

网民中介中心度

		Betweenness	nBetweenness
29	SXJJ	1291.481	13.311
31	ITGCY	1283.277	13.227
1	LKF	879.294	9.063
90	DLZJ	834.176	8.598
62	CL	728.623	7.510
14	BSS	653.143	6.732
5	XMZ	610.667	6.294
28	ZHW	340.623	3.511
85	DYZLS	329.736	3.399
20	JPX	320.025	3.299
63	CSQ	294.617	3.037
19	JWZY	272.582	2.810
26	LJ	261.527	2.696
48	MYS	229.123	2.362
41	RZQ	219.004	2.257
32	LDS	201.792	2.080
42	PSY	194.483	2.005
39	AGZFJ	186.153	1.919
43	WS	180.723	1.863

		Betweenness	nBetweenness
87	LNS	171. 856	1. 771
69	BSLW	151. 125	1. 558
15	XXN	144. 232	1. 487
76	GSLWZ	131. 073	1. 351
91	SSDDRR	130. 681	1. 347
96	SSCRYLLL	128. 625	1. 326
11	CZW	121. 545	1. 253
73	ZYX	112. 309	1. 158
98	SSMT	112. 138	1. 156
56	LXZL	104. 433	1. 076
88	ZQLS	102. 588	1. 057
2	MY	86. 974	0. 896
18	JNC	86. 882	0. 896
59	YDHLWGCJ	83. 333	0. 859
6	XX	83. 212	0. 858
74	XJZDZ	81. 233	0. 837
82	YYLLS	66. 560	0. 686
13	ZX	53. 987	0. 556
70	LGS	49. 076	0. 506
37	YYF	47. 245	0. 487
81	ZH	46. 955	0. 484
10	DSHF	46. 488	0. 479
71	LCM	44. 717	0. 461
52	SSCR	35. 256	0. 363
54	SSDRSYX	34. 595	0. 357
57	CRDN	24. 042	0. 248
17	YCTM	21. 360	0. 220
67	BJWH	20. 716	0. 214
53	SSCRXY	16. 943	0. 175
79	GSZ	15. 121	0. 156

		Betweenness	nBetweenness
78	CSZDNWJ	14. 178	0. 146
61	AGGMY	12. 894	0. 133
50	ZX	7. 496	0. 077
36	WASMITKJ	6. 886	0. 071
16	DB	6. 163	0. 064
83	ZSF	5. 102	0. 053
30	SYZDXR	4. 963	0. 051
80	NXQ	4. 734	0. 049
44	ZX	4. 410	0. 045
47	LC	4. 117	0. 042
72	WZY	3. 757	0. 039
77	LZ	3. 583	0. 037
7	SGQ	2. 603	0. 027
40	TJ	2. 022	0. 021
38	ITHLWNDS	1. 994	0. 021
34	MTWWX	1. 910	0. 020
97	LZ	1. 556	0. 016
35	ITHLWKR	1. 494	0. 015
46	WL	0. 931	0. 010
55	SSCRZGR	0. 411	0. 004
65	XYYM	0. 325	0. 003
58	SSXB	0. 125	0. 001
25	ITFDJ	0. 000	0. 000
8	MTYY	0. 000	0. 000
9	ZTXXSJS	0. 000	0. 000
49	YCJXW	0. 000	0. 000
24	ITHLLTS	0. 000	0. 000
64	PJZEY	0. 000	0. 000
27	BJSSCRFP	0. 000	0. 000
4	SSZJYLQ	0. 000	0. 000

		Betweenness	nBetweenness
68	FLP	0.000	0.000
75	ZJHBK	0.000	0.000
45	NRBAM	0.000	0.000
33	TM	0.000	0.000
84	JCXR	0.000	0.000
60	SSXW	0.000	0.000
86	WPBP	0.000	0.000
12	ZJ	0.000	0.000
51	HSS	0.000	0.000
89	FWFJ	0.000	0.000
3	LXP	0.000	0.000
66	ChristineLagarde	0.000	0.000
92	FXZSS	0.000	0.000
93	CH	0.000	0.000
94	MLNBJ	0.000	0.000
95	CLXXX	0.000	0.000
21	MY	0.000	0.000
22	RMXWJZB	0.000	0.000
23	ITHLWDN	0.000	0.000
99	LPYLQ	0.000	0.000
100	SRL	0.000	0.000

Descriptive Statistics For Each Measure

		Betweenness	nBetweenness
1	Mean	117.580	1.212
2	Std Dev	240.395	2.478
3	Sum	11758.000	121.192
4	Variance	57789.957	6.139

续表

		Betweenness	nBetweenness
5	SSQ	7161501. 500	760. 819
6	MCSSQ	5778995. 500	613. 946
7	Euc Norm	2676. 098	27. 583
8	Minimum	0. 000	0. 000
9	Maximum	1291. 481	13. 311

Network Centralization Index = 12. 22%.

网民接近中心度

		Farness	nCloseness
29	SXJJ	3147. 000	3. 146
5	XMZ	3157. 000	3. 136
14	BSS	3159. 000	3. 134
20	JPX	3159. 000	3. 134
1	LKF	3162. 000	3. 131
62	CL	3163. 000	3. 130
19	JWZY	3169. 000	3. 124
6	XX	3173. 000	3. 120
15	XXN	3174. 000	3. 119
63	CSQ	3176. 000	3. 117
82	YYLLS	3177. 000	3. 116
31	ITGCY	3179. 000	3. 114
26	LJ	3180. 000	3. 113
37	YYF	3180. 000	3. 113
48	MYS	3181. 000	3. 112
11	CZW	3185. 000	3. 108
76	GSLWZ	3187. 000	3. 106
43	WS	3190. 000	3. 103
28	ZHW	3191. 000	3. 102
69	BSLW	3191. 000	3. 102

续表

		Farness	nCloseness
13	ZX	3191.000	3.102
32	LDS	3192.000	3.102
88	ZQLS	3195.000	3.099
18	JNC	3195.000	3.099
42	PSY	3197.000	3.097
85	DYZLS	3198.000	3.096
41	RZQ	3198.000	3.096
2	MY	3199.000	3.095
39	AGZFJ	3200.000	3.094
16	DB	3203.000	3.091
50	ZX	3204.000	3.090
71	LCM	3205.000	3.089
67	BJWH	3207.000	3.087
79	GSZ	3209.000	3.085
44	ZX	3213.000	3.081
84	JCXR	3215.000	3.079
80	NXQ	3218.000	3.076
78	CSZDNWJ	3220.000	3.075
47	LC	3222.000	3.073
90	DLZJ	3227.000	3.068
97	LZ	3227.000	3.068
36	WASMITKJ	3231.000	3.064
74	XJZDZ	3235.000	3.060
73	ZYX	3236.000	3.059
83	ZSF	3237.000	3.058
34	MTWWX	3238.000	3.057
61	AGGMY	3240.000	3.056
70	LGS	3240.000	3.056
17	YCTM	3242.000	3.054
59	YDHLWGCJ	3244.000	3.052

续表

		Farness	nCloseness
65	XYYM	3244.000	3.052
38	ITHLWNDS	3245.000	3.051
35	ITHLWKR	3246.000	3.050
81	ZH	3247.000	3.049
30	SYZDXR	3250.000	3.046
10	DSHF	3256.000	3.041
77	LZ	3259.000	3.038
40	TJ	3268.000	3.029
52	SSCR	3280.000	3.018
91	SSDDRR	3280.000	3.018
54	SSDRSYX	3282.000	3.016
53	SSCRXY	3284.000	3.015
7	SGQ	3296.000	3.004
72	WZY	3303.000	2.997
57	CRDN	3341.000	2.963
56	LXZL	3341.000	2.963
96	SSCRYLLL	3342.000	2.962
98	SSMT	3342.000	2.962
58	SSXB	3343.000	2.961
55	SSCRZGR	3345.000	2.960

网民特征向量中心度

		Eigenv	nEigen
1	LKF	0.270	38.163
2	MY	0.044	6.264
3	LXP	0.000	0.000
4	SSZJYLQ	0.000	0.000
5	XMZ	0.321	45.329

		Eigenv	nEigen
6	XX	0.196	27.692
7	SGQ	0.004	0.534
8	MTYY	0.000	0.000
9	ZTXXSJS	0.000	0.000
10	DSHF	0.017	2.373
11	CZW	0.232	32.778
12	ZJ	0.000	0.000
13	ZX	0.210	29.642
14	BSS	0.279	39.441
15	XXN	0.236	33.403
16	DB	0.100	14.180
17	YCTM	0.026	3.700
18	JNC	0.156	22.090
19	JWZY	0.190	26.912
20	JPX	0.273	38.583
22	RMXWJZB	0.000	0.000
23	ITHLWDN	0.000	0.000
24	ITHLLTS	0.000	0.000
25	ITFDJ	0.000	0.000
26	LJ	0.103	14.550
27	BJSSCRFP	0.000	0.000
28	ZHW	0.130	18.378
29	SXJJ	0.219	31.012
30	SYZDXR	0.025	3.480
31	ITGCY	0.024	3.376
32	LDS	0.191	27.059
33	TM	0.000	0.000
34	MTWWX	0.018	2.540
35	ITHLWKR	0.003	0.356
36	WASMITKJ	0.004	0.636

		Eigenv	nEigen
37	YYF	0. 106	14. 978
38	ITHLWNDS	0. 003	0. 380
39	AGZFJ	0. 119	16. 895
40	TJ	0. 010	1. 453
41	RZQ	0. 154	21. 728
42	PSY	0. 129	18. 200
43	WS	0. 219	31. 018
44	ZX	0. 086	12. 203
45	NRBAM	0. 000	0. 000
46	WL	0. 000	0. 000
47	LC	0. 038	5. 362
48	MYS	0. 251	35. 430
49	YCJXW	0. 000	0. 000
50	ZX	0. 095	13. 374
51	HSS	0. 000	0. 000
52	SSCR	0. 000	0. 047
53	SSCRXY	0. 000	0. 040
54	SSDRSYX	0. 000	0. 042
55	SSCRZGR	0. 000	0. 013
56	LXZL	0. 000	0. 021
57	CRDN	0. 000	0. 021
58	SSXB	0. 000	0. 017
59	YDHLWGCJ	0. 003	0. 408
60	SSXW	0. 000	0. 000
61	AGGMY	0. 013	1. 800
62	CL	0. 193	27. 299
63	CSQ	0. 083	11. 719
64	PJZEY	0. 000	0. 000
65	XYYM	0. 007	1. 008
66	ChristineLagarde	0. 000	0. 000

续表

		Eigenv	nEigen
67	BJWH	0.035	4.904
68	FLP	0.000	0.000
69	BSLW	0.106	15.026
70	LGS	0.013	1.800
71	LCM	0.054	7.695
72	WZY	0.001	0.201
73	ZYX	0.027	3.833
74	XJZDZ	0.016	2.332
75	ZJHBK	0.000	0.000
76	GSLWZ	0.065	9.205
77	LZ	0.009	1.292
78	CSZDNWJ	0.033	4.648
79	GSZ	0.045	6.415
80	NXQ	0.046	6.529
81	ZH	0.002	0.290
82	YYLLS	0.148	20.996
83	ZSF	0.016	2.315
84	JCXR	0.019	2.667
85	DYZLS	0.019	2.638
86	WPBP	0.000	0.000
87	LNS	0.000	0.000
88	ZQLS	0.023	3.232
89	FWFJ	0.000	0.000
90	DLZJ	0.002	0.305
91	SSDDRR	0.000	0.047
92	FXZSS	0.000	−0.000
93	CH	0.000	0.000
94	MLNBJ	0.000	−0.000
95	CLXXX	0.000	0.000
96	SSCRYLLL	0.000	0.016

续表

		Eigenv	nEigen
97	LZ	0.068	9.556
98	SSMT	0.000	0.020
99	LPYLQ	0.000	0.000
100	SRL	0.000	0.000

Descriptive Statistics

		Eigenvec	nEigenvec
1	Mean	0.055	7.819
2	Std Dev	0.083	11.784
3	Sum	5.529	781.893
4	Variance	0.007	138.864
5	SSQ	1.000	19999.996
6	MCSSQ	0.694	13886.427
7	Euc Norm	1.000	141.421
8	Minimum	-0.000	-0.000
9	Maximum	0.321	45.329
10	N of Obs	100.000	100.000

Network centralization index = 42.12%.

索　引

后　　记

　　2013年秋,我接到唐亚阳书记的邀请,加入"加强和改进网络内容建设研究"课题组,承担子课题"构建政府、学校、企业、网民协同共建的行动者网络"。冬去春来,伴随着2016年春天的脚步,本书的编著也终于接近尾声。

　　作为湖南大学工商管理学院的老师,我主要从事自然科学基金项目的研究,第一次加入教育部哲学社会科学重大攻关项目,学术压力倍增。社会科学类项目与自然科学类项目在研究方法、研究内容以及写作方式上存在很大不同。自然科学类研究项目主要以定量研究为主,通过构建模型、大数据研究分析经济和管理问题,而社会科学类研究则以定性研究为主,主要从问题现象出发,深入剖析事件运行机理,进行学术研究。故项目开始之初,我和研究团队都感到十分的困惑。为此,我和我的团队查阅了大量的社会科学类文献,购买了一批与网络内容建设相关的书籍进行研读。为了避免闭门造车的窘迫,课题组之间展开了积极交流,先后召开了多次开题报告会、进度研讨会和问题讨论会,课题组内也召开了数十次小组讨论会,商讨研究框架、确定研究方法。

　　为了充分发挥自身研究优势,挖掘研究创新点,我们将课题研究与自身学科相结合,通过定性和定量两种手段进行项目研究。在搭建政府、学校、企业、网民协同共建的行动者网络时,设计了专门针对政府、企业、学校、网民的调查问卷,并展开了有关行动主体之间关系的民意调查。为了保证问卷的信度与效度,与课题涉及的相关学科带头人积极商讨,在他们提供建议的基础上进行问卷修改,并展开问卷预调查。

与此同时,结合互联网发展现状,实例分析现有行动者网络的信息传播状况。鉴于常用的管理学研究方法不能定量分析行动者网络,与湖南大学数据挖掘领域的杨超老师展开了多次讨论,最终选取社会网络分析方法展开研究。随后花费 3 个月的时间深入学习 Ucinet 分析软件,并以新浪微博为例,利用两个月的时间手动收集政府、企业、学校、网民的二维关系数据,分析行动者网络信息传播主体的行为特征。

目前,本书的部分内容已经在《情报杂志》和《湖南大学学报》等杂志发表,感谢这些刊物为我们的研究提供发表空间,这一举动为我们的继续研究提供了动力,也正是因为这些研究成果的积累才让我们坚持至今。

整个研究过程受到了唐亚阳教授主持的教育部哲学社会科学重大攻关项目"加强和改进网络内容建设"的部分资助,以及我自己主持的国家自然科学基金项目"企业战略类型及模式组合与绩效的动态映射研究"、湖南省自然科学基金项目"企业战略行为与绩效权变关系研究"的部分资助,非常感谢这些项目的资助,让我能够顺利开展并完成本书的编著工作,同时,也掌握了相关理论和方法,为这两个课题的研究,提供了新的切入点,并训练了研究团队。在此我要感谢项目组成员:蔡建国、杨宽、聂珊珊、王鑫、王亚男、苏维、黄小宝、马伟。同时,我也要特别感谢蔡建国副书记和杨宽老师对项目的支持,与他们的交流让我受益匪浅,迸发出许多思想的火花。

互联网快速普及催生了新的经济增长点,在为人们生活提供便利的同时,也带来了信息过量问题。信息爆炸式增长导致网络内容纷繁复杂,网络负能量盛行,给人们的生活带来极大的困扰。政府、企业、学校、网民是社会发展的重要组成部分,但由于利益驱动不同,四个行动主体各自为政,无法保证网络内容建设。本课题组立足网络内容建设,结合多学科理论知识构建行动者网络,为肃清网络负能量,实现网络空间清朗建言献策。但是由于本人研究能力有限,本书编著过程中难免有所疏漏,希望各位读者予以谅解。

最后,希望所有阅读本书的读者朋友们都可以有所收获。

雷　辉

2017 年 3 月

责任编辑:汪　逸
封面设计:石笑梦
责任校对:张红霞

图书在版编目(CIP)数据

多主体协同共建的行动者网络构建研究/雷辉 著. —北京:人民出版社,
　2017.10
ISBN 978－7－01－018284－1

Ⅰ.①多…　Ⅱ.①雷…　Ⅲ.①互联网络-信息安全-研究
　Ⅳ.①TP393.408

中国版本图书馆 CIP 数据核字(2017)第 233343 号

多主体协同共建的行动者网络构建研究
DUOZHUTI XIETONG GONGJIAN DE XINGDONGZHE WANGLUO GOUJIAN YANJIU

雷　辉　著

人 民 出 版 社 出版发行
(100706　北京市东城区隆福寺街 99 号)

北京汇林印务有限公司印刷　新华书店经销

2017 年 10 月第 1 版　2017 年 10 月北京第 1 次印刷
开本:710 毫米×1000 毫米 1/16　印张:24.25
字数:384 千字

ISBN 978－7－01－018284－1　定价:73.00 元

邮购地址 100706　北京市东城区隆福寺街 99 号
人民东方图书销售中心　电话 (010)65250042　65289539

版权所有·侵权必究
凡购买本社图书,如有印制质量问题,我社负责调换。
服务电话:(010)65250042